高等职业教育教材

化学反应过程与操作

李玉才　主编　　　王　晖　副主编

化学工业出版社
·北京·

内容简介

《化学反应过程与操作》根据化工技术类专业课程标准编写。全书安排七个项目：化学反应过程与化学反应器，釜式反应器与操作，管式反应器与操作，塔式反应器与操作，固定床反应器与操作，流化床反应器与操作和其他类型反应器。内容包括理论、实训、故障处理及项目测试等部分，每个反应器项目都由典型的工业生产案例引入，理论部分主要介绍反应器的结构、分类、特点及反应器的设计选型等内容，实训部分介绍了反应器的仿真和实训操作，故障处理部分列举了典型反应器常见的故障现象及处理方法，项目测试供学生自我检测。本书配有微课、动画等数字化资源，读者可以扫描各任务标题处的二维码获取。

《化学反应过程与操作》具有综合性、实用性、典型性、先进性，可作高职院校化工技术类相关专业的教材，也可供有关部门的科研及生产一线技术人员阅读参考，同时可供化工企业进行员工培训和相关人员自学使用。

图书在版编目（CIP）数据

化学反应过程与操作 / 李玉才主编；王晖副主编
. —北京：化学工业出版社，2022.10
高等职业教育教材
ISBN 978-7-122-41955-2

Ⅰ.①化⋯ Ⅱ.①李⋯ ②王⋯ Ⅲ.①化学反应工程-高等职业教育-教材 Ⅳ.①TQ03

中国版本图书馆 CIP 数据核字（2022）第 136789 号

责任编辑：旷英姿　提　岩　　　　　　　文字编辑：杨凤轩　师明远
责任校对：刘曦阳　　　　　　　　　　　　装帧设计：王晓宇

出版发行：化学工业出版社（北京市东城区青年湖南街 13 号　邮政编码 100011）
印　　装：中煤（北京）印务有限公司
787mm×1092mm　1/16　印张 19½　字数 462 千字　2023 年 2 月北京第 1 版第 1 次印刷

购书咨询：010-64518888　　　　　　　　售后服务：010-64518899
网　　址：http://www.cip.com.cn
凡购买本书，如有缺损质量问题，本社销售中心负责调换。

定　　价：68.00 元

版权所有　违者必究

PREFACE
前 言

本书根据化工技术类专业的课程标准进行编写。全书以专业教学的针对性、实用性和先进性为指导思想，紧紧围绕"职业能力"这一主线，以立德树人为根本、工作任务为支撑、能力提升为本位、专业素养提高为核心，形成了"知识传授、价值塑造、能力提高"三位一体的项目化专业教材，在内容和编写层次上淡化了理论性强的学科内容和比较复杂的设计计算内容，以培养生产一线应用型技术人才为目标。对一些必备的知识点，设法通过最常用或学生最熟悉的途径予以呈现，并由此加强对学习者解决问题能力的训练；另外，在本书编写中，结合化工专业所要求的相关知识，注意与其他课程的合理衔接，始终体现实用和够用的编写特点。

本书设有七个项目，内容编排分三条主线，第一条是以各反应器（釜式反应器、管式反应器及管式加热炉、塔式反应器、固定床反应器、流化床反应器）的结构为主线，介绍了反应器的特点、工业应用、传质和传热、简单工艺计算；第二条以反应器的实际操作和仿真实训为主线，以实际工作任务为载体，结合化工生产实际，对生产工艺流程、产品主要设备、开停车操作步骤和要求、生产中常见异常现象的判断和处理等进行介绍，以掌握每一种反应器基本操作技术；第三条以反应器故障处理为主线，列举了典型反应器的常见故障现象及处理方法。本书配有微课、动画、图片等数字化资源和素材，利用互联网信息时代的二维码技术，以方便读者进行线上、线下学习。

本书编写方式灵活，每个项目都设有学习目标、学习建议、案例导入、知识拓展，使学生明确学习目的、学习内容、重点、难点及能够达到的基本技能和素养，提高学生学习兴趣，发挥其主体作用，促进自主学习，开拓视野。同时本书融入了近现代国内外典型的化工先锋、榜样的案例，体现了立德树人的根本任务。

本书由兰州石化职业技术大学李玉才主编并统稿，兰州石化职业技术大学王晖副主编。其中项目四、项目六、项目七由李玉才编写，项目一和项目五由王晖编写，项目二和项目三由兰州石化职业技术大学王广菊编写。全书的整理、校核和编排工作由李玉才完成。

本书在编写过程中，得到编者所在学校领导和同事的关心和帮助，同时也得到了化学工业出版社、东方仿真公司及甘肃刘化（集团）有限责任公司的大力支持，在此一并致谢。

由于编者水平有限，教材疏漏之处在所难免，恳请广大读者提出意见和建议，并深表谢意。

编 者
2022 年 3 月

项目五 固定床反应器与操作 170

项目一　化学反应过程与化学反应器

学习目标

🌐 **知识目标**

1. 描述化工生产过程;
2. 比较各种反应器的类型与特点;
3. 总结化工生产效果的评价指标。

🎯 **技能目标**

能根据反应特点和工艺要求选择反应器类型。

💡 **素质目标**

1. 激发学生亲近化工、热爱化工并渴望了解化工的情感;
2. 培养学生的家国情怀。

学习建议　通过识读设备图、参观实训装置,培养对工业生产中常用反应器的感性认识,以感性认识为基础,掌握有关反应器的基础知识。

任务一　了解化工生产过程

1.1　化工生产

1.1.1　化工生产工序

化工生产过程是将多个单元化学反应和化工单元操作,按照一定的规律组成的生产系统。其系统包括化学、物理的加工工序。

（1）化学工序　以化学反应的方式改变物料化学性质的过程,称为单元反应过程。一般单元反应根据其反应规律和特点,可分为磺化、硝化、卤化、酰化、烷基化、氧化、还原、缩合、水解等。

（2）物理工序　只改变物料的物理性质而不改变其化学性质的生产操作过程,称为化工单元操作过程。一般化工单元操作过程根据其操作过程的特点和规律可分为流体输送、传热、蒸馏、蒸发、干燥、结晶、萃取、吸收、吸附、过滤、破碎等。

1.1.2 化工生产过程

化工产品种类名目繁多，性质各异。不同的产品，其生产过程差异比较大。即使同一产品，原料路线的选择和加工方法不同，其生产过程也不尽相同。但无论产品和生产方法如何变化，一个化工生产过程一般都包括原料的预处理和净化、化学反应、产品的分离与提纯、"三废"处理与综合利用等，如图1-1所示。

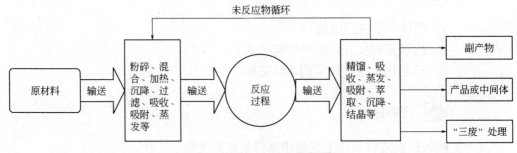

图 1-1 化工生产过程示意

1.2 化工生产效果的评价

在化工生产过程中，要想获得好的生产效果，就必须达到高效、优质、低耗、环保，由于每个产品的质量指标不同，其保障措施也不相同。对于一般化工生产过程来说，总是希望消耗最少的原料生产更多的优质产品。因此，如何采取措施、降低消耗、综合利用能量，是评价化工生产效果的重要方面之一。

1.2.1 生产能力与生产强度

（1）生产能力 生产能力是指生产装置每年生产的产品量，即在一定的工艺组织管理及技术条件下，所能生产规定等级的产品或加工处理一定数量原材料的能力。对于一个设备、一套装置或一个工厂来说其生产能力是指在单位时间内生产的产品量或在单位时间内处理的原料量。

生产能力一般有两种表示方法：一种是以产品产量来表示，即在单位时间内生产的产品数量，如年产50万吨的丙烯装置表示该装置生产能力为每年可生产丙烯50万吨；另一种是以原料处理量来表示，此种表示方法也称"加工能力"，例如，一个处理石油规模为每年300万吨的炼油厂，即该炼油厂规模为每年可将300万吨石油炼制成各种成品油。

（2）生产强度 生产强度指设备的单位特征几何尺寸的生产能力，例如单位体积或单位面积的设备在单位时间内生产得到的目的产品数量（或投入的原料量），单位是 $kg/(m^3 \cdot h)$、$t/(m^3 \cdot d)$ 或 $kg/(m^2 \cdot h)$、$t/(m^2 \cdot d)$ 等。

生产强度主要用于比较那些相同反应过程或物理加工过程的设备或装置性能的优劣。某设备内进行的过程速率越快，则生产强度就越高，说明该设备的生产效率就越高，提高设备的生产强度，就意味着用同一台设备可以生产出更多目的产品，进而也就提高了设备的生产能力。可以通过改进设备结构、优化工艺条件，对催化化学反应主要是选用性能优良的催化剂，总之就是通过提高过程进行的速率来提高设备生产强度。

在分析对比催化反应器的生产强度时，常要看在单位时间内、单位体积（或者单位质量）催化剂所获得的目的产物的数量，亦即催化剂的生产强度，有时也称为空时收率。单位常表示为：目的产物量的单位（kg）/催化剂量的单位（cm^3 或 kg）·时间的单位（h）。

1.2.2　转化率、选择性和收率

（1）转化率　转化率是反应物料中的某一反应物在一个系统中参加化学反应的量占其输入系统的总量的百分数，它表示化学反应进行的程度。

用表达式可表示为：

$$转化率 = \frac{参加反应的反应物料量}{输入系统的反应物料量} \times 100\% \qquad (1\text{-}1)$$

如有反应：$aA+bB \longrightarrow cC+dD$

对反应物 A 而言，其转化率的数学表达式为：

$$x_A = \frac{n_{A0} - n_A}{n_{A0}} \times 100\% \qquad (1\text{-}2)$$

式中　n_{A0}——输入系统的反应物 A 的量，mol；

$\quad\quad n_A$——反应后离开系统的反应物 A 的量，mol。

化工生产过程中原料转化率的高低说明某种原料在反应过程中转化的程度。转化率越高，则说明该物质参加反应的越多。一般情况下，进入反应体系中的每一种物质都难以全部参加反应，所以转化率常小于 100%。有的反应过程，原料在反应器中的转化率很高，进入反应器中的原料几乎都参加了反应。如萘氧化苯酐（邻苯二甲酸酐）的过程，萘的转化率几乎在 99% 以上，此时，未反应的原料就没有必要再回收利用。但是在很多情况下，由于反应本身的条件和催化剂性能的限制，进入反应器的原料转化率不可能很高，于是就需要将未反应的原料从反应后的混合物中分离出来循环使用，一方面提高原料的利用率，另一方面可以提高反应的选择性。

（2）选择性　一般说来，选择性是指体系中转化成目的产物的某反应物量占参加所有反应而转化的该反应物总量的百分数，即参加主反应而生成目的产物所消耗的某种原料量在全部转化了的该种原料量中所占的百分数。在复杂的反应体系中，选择性是个很重要的指标，它表达了主、副反应进行程度的大小，能确切反映原料的利用是否合理，所以可以用选择性这个指标来评价反应过程的效率。从选择性可以看出，反应过程的各种主、副反应中主反应所占的百分数。选择性愈高，说明反应过程的副反应愈少，当然这种原料的有效利用率也就愈高。

选择性用 S 表示，可表示为：

$$选择性(S) = \frac{目的产品实际产量}{以参加的某种原料计目的产品理论产量} \times 100\%$$

$$= \frac{生成目的产物所消耗的物料量}{参加反应所转换掉的原料量} \times 100\% \qquad (1\text{-}3)$$

（3）收率　收率亦称产率，是从产物角度描述反应过程的效率，一般泛指的反应过程及非反应过程中得到目的产品的百分数。

$$收率(y) = \frac{实际获得的目的产品产量}{输入反应器的原料产量} \times 100\% \qquad (1\text{-}4)$$

　　对于一些非反应的生产工序，如分离、精制等，由于在生产过程中也有物料损失，因此产品收率下降。对于由多个工序组成的化工生产过程，整个生产过程可以用总收率来表示实际效果。非反应工序阶段的收率是实际得到的目的产品的量占投入该工序的此种产品量的百分数，而总收率计算方法为各工序分收率的乘积。

　　收率用 y 表示，可表示为：

$$收率(y) = \frac{目的产品实际产量}{以输入反应器的原料计目的产品理论产量} \times 100\%$$

$$= \frac{生成目的产物所消耗的物料量}{输入反应器的该种原料量} \times 100\% \quad (1-5)$$

　　收率、转化率及选择性之间的关系为：

$$收率=转化率×选择性（即 y=x \cdot S）$$

　　【例 1-1】 已知丙烯氧化法生产丙烯醛的一段反应器，原料丙烯投料量为 600kg/h，出料中有丙烯醛 640kg/h，另有未反应的丙烯 25kg/h，试计算原料丙烯的转化率、选择性及丙烯醛的收率。

　　解　反应器物料变化如下所示。

　　丙烯氧化生产丙烯醛的化学反应方程式：

$$CH_2=CHCH_3+O_2 \longrightarrow CH_2=CHCHO+H_2O$$

丙烯转化率　$x=(600-25)/600×100\%=95.83\%$

丙烯的选择性　$S=(640/56)/[(600-25)/42]×100\%=83.48\%$

丙烯醛的收率　$y=(640/56)/(600/42)×100\%=80\%$

1.3　化学反应工艺技术经济指标分析

　　工艺技术管理工作的目标除了保证完成目的产品的产量和质量，还要努力降低物耗、能耗，以求获得最佳的经济效益，因此各化工企业都根据产品的设计数据和企业的具体情况在工艺技术规程中规定各种原材料和能量的消耗定额，作为企业的技术经济指标。如果超过了规定指标，必须查找原因，寻求解决问题的办法，降低消耗以达到生产强度大、单位产品成本低、产品质量高的目的。

　　所谓消耗定额指的是生产单位产品所需要的原料和辅助材料的消耗量（如氯碱法制纯碱，含93%氯化钠的原料消耗定额为 1.600t/t）。动力消耗定额：生产单位产品所需要的水、电、汽和燃料的消耗量。消耗定额越低，生产过程越经济，产品的单位成本就越低。但是消耗定额低到某一定值后，就难以再降低，此时的标准就是最佳状态。

　　在消耗定额的各个内容中，公用工程水、电、汽和各种辅助材料、燃料等的消耗都影响产品成本，应努力减少消耗。其中最重要的是原料的消耗定额，因此降低产品的成本，原料通常是最关键的因素之一。

1.3.1　原料消耗定额

　　如果将初始原料转化为具有一定纯度要求的最终产品，以化学反应方程式的化学计量为基础计算的消耗定额，称为理论消耗定额（用$A_理$表示），是生产单位目的产品时，必须消耗原料量的理论值，因此实际过程的原料消耗量绝对不可能低于理论消耗定额。在实际生产过程中，由于存在副反应，会多消耗一部分原料，在所有各个加工环节中也会损失一些物料，因此与理论消耗定额相比，自然要多消耗一些原料量。如果将原料损耗都计算在内，得出的原料消耗定额称为实际消耗定额。用$A_实$表示。实际消耗定额与理论消耗定额之间的关系为：

$$\frac{A_理}{A_实} \times 100\% = 1 - 原料损失率 = \eta$$

式中，η为原料利用率，是指生产过程中，原料真正应用于生产目的产品的原料量占投入原料量的百分数，说明原料的有效利用程度。

原料损失率是指在投入原料中，由于上述原因多消耗的那一部分原料量占投入原料量的百分数。

【例1-2】乙醛氧化法生产醋酸，已知原料投料量为纯度99.4%的乙醛500kg/h，得到的产物为纯度98%的醋酸580kg/h，试计算原料乙醛的理论消耗定额、实际消耗定额以及原料利用率。

解　乙醛氧化法生产醋酸的化学反应方程式为：

$$CH_3CHO + 1/2O_2 \longrightarrow CH_3COOH$$

原料乙醛的理论消耗定额、实际消耗定额以及原料利用率为：

$$A_理=(1000\times44/0.994)/(60/0.98)kg/t=723kg/t$$
$$A_实=(1000\times500)/580kg/t=862.07kg/t$$
$$\eta=(723/862.06)\times100\%=83.87\%$$

生产一种目的产品，若有两种或两种以上的原料，则每一种原料都有各自不同的消耗定额数据。对某一种原料，有时因为初始原料的组成情况不同，消耗定额也不同，差别可能还会比较大。而且，在选择原料品种时，还要考虑原料的运输费用，以及不同类型原料的消耗定额的估算等，选择一个最经济的方案。

1.3.2　公用工程的消耗定额

化工生产过程除需要原料外，还需要辅助材料，例如水、电、汽等，反应体系也不例外。公用工程是指化工厂的供电、供水、供热、供冷和供气等设施以及其他辅助设施，其设计和配置是否合理直接关系到化工运行和操作的安全，也关系到化工操作人员的健康和安全。

（1）供水　化工生产过程的用水包括工艺用水和非工艺用水两类。工艺用水包括原料用水和产品处理用水，由于与产品直接接触，对其质量要求较高，有明确的浑浊度、总硬度、铁离子和氯离子含量等水质指标规定，一般需将原水经过过滤、软化、离子交换和脱盐等处理工序才能满足要求；非工艺用水一般用作冷却剂，为了节约用水，尽可能使用循环冷却水，即换热温度升高，再经冷水塔冷却后重新使用，为了防止结垢、沉渣、腐蚀管道等，对非工艺用水的硬度、酸碱度与铁离子、氯离子、硫酸根离子和悬浮物含量等有一定要求。

（2）供电　供电系统就是由电源系统和输配电系统组成的产生电能并供应和输送给用电设备的系统。电能为化工过程提供热能、机械能和光能，电气设施在化工生产过程中起着重要的作用，并且必须根据化工生产的特点和用电的不同要求而供电，为了保证安全生产，对供电的可靠性有不同的要求，对特殊不能停电的生产过程应有备用电源设施。由于化工生产过程所固有的易燃、易爆、易腐蚀等危险性以及高温或者深冷、高压或真空等苛刻的操作条件，因此要求所有电气设备及电机均设有防爆和防静电设施，以及建筑物、高大设备应有避雷设施。

（3）供气　一般化工车间还需配有空气和氮气的气源。空气分为工艺空气和非工艺空气。工艺空气一般用作氧化剂，用之前要先通过除尘和精制等除去其中杂质，指标达到要求后才能使用；非工艺空气主要作为原料、吹扫气、保安气、仪表用气等。氮气是惰性气体，可用作设备的物料置换、保气、保压等安全措施使用，要求纯度比较高。

（4）供热　化工生产中的某些反应过程，蒸发、蒸馏、干燥和物料预热等都需要消耗热能，热能的供给一般是先用一次能源加热载体然后通过载热体传递。饱和水蒸气（使用方便、加热均匀、快速、易控制）、高温导热油、热源烟道气、电加热等用于化工生产供热。供热条件在化工生产中也是不可缺少的，如用来加速化学反应，进行蒸馏、蒸发、干燥或物料预热等操作。根据工艺生产温度要求和加热方法的不同，正确选择热源，充分利用热能，对生产进程的技术经济指标有很大的影响。

（5）供冷　化工厂为了将物料温度降到比水或者周围空气温度更低，需要消耗冷量，一般首先制冷，然后通过载冷体传递冷量。载冷体的选择应以温度要求不同而定，化工生产过程中常用的载冷体有四种：低温水用于常温以下且 5℃以上物料的冷冻；盐水用于 0～-15℃范围内物料的冷冻；$CaCl_2$水溶液用于 0～-45℃范围内物料的冷冻；有机物（乙醇、乙二醇、丙醇、F-11 等）适用于更低的温度。

各化工产品的工艺技术规程对所需使用的公用工程也与原料消耗定额一样要规定每一项目的消耗定额指标，以限制公用工程的使用量。

降低消耗定额的措施如下：

① 选择性能优良的催化剂；

② 工艺参数控制在适宜的范围，减少副反应，提高选择性和生产强度；

③ 提高生产技术管理水平，加强设备维修，减少泄漏；

④ 加强责任心，减少浪费，防止出现事故。

技术经济指标一定要科学、合理，一定要符合本厂的实际情况。化工企业的原料消耗定额数据是根据理论消耗定额，参考同类型的生产工厂的消耗定额数据，考虑本厂生产过程的实际情况而得到的。先进的技术经济指标是企业努力的方向，能否达到先进的技术经济指标要求，这与该企业的生产技术水平、管理水平、人员素质有很大关系。先进的生产技术、科学的管理方法和高素质的人才队伍是实现先进的工艺技术经济指标的有力保障。

化学反应效果衡量：转化率高，说明参加反应的原料多，但无法反映生成目的产物的多少；产率高，说明发生的副反应少，但无法说明参加反应原料的多少；转化率高，产率也高，说明参加反应的原料多且参加主反应的原料多，反应效果好。

化工生产效果的衡量指标：产品的产量、产品的质量、化学反应效果和消耗定额等。

化学反应是化工生产过程的核心，其效果是取得好的化工生产效果的主要基础，此外，管理好每一个生产环节、减少物料损失、节约能源也是保证高产、低耗最佳生产效果的重要条件。

学习
札记

1. 你学完本节内容，能说出一般化工生产过程包含哪些程序？

....

....

....

....

....

....

....

2. 在化工生产过程中要达到高效、优质、低耗的生产效果，你会采取怎样的措施？如何对工艺技术经济指标进行分析？

....

....

....

....

....

....

....

任务二　认识化学反应器

2.1　化学反应器概述

　　化学反应器是实现反应过程的设备，是化工生产过程的核心装置。如图 1-2 所示。反应器广泛应用于石油化工、有机化工、无机化工、精细化工、冶金化工、轻工等工业部门，工业反应器中主要的物理过程有：流体的返混、不均匀流动、传质过程和传热过程。这些物理过程与化学反应过程同时在反应器中进行，因此反应器设计是否科学、合理，其运行是否安全、可靠，直接关系到整套装置的安全性和经济效益。

图 1-2　某化工生产反应器实物图

2.2　反应器的类型与特点

　　反应器类型多种多样，划分依据不同，分类结果也就不一样。

2.2.1　按反应系统涉及的相态分类

均相反应与
非均相反应

　　反应器可分为均相和非均相两大类，见表 1-1。在均相反应器中无相界面，反应速率仅与温度和浓度（或压力）有关；非均相反应器内存在相界面，反应速率不仅与温度和浓度（或压力）有关，而且还与相界面的大小、相间扩散速度等因素有关。

表 1-1　反应器按物料相态分类

反应器种类		适用的装置型式	工业应用举例
均相	气相	管式	烃类热裂解、二氯乙烷热裂解
	液相	釜式、管式	氢过氧化异丙苯分解、环氧乙烷水合

续表

反应器种类		适用的装置型式	工业应用举例
非均相	气液相	釜式、塔式	苯烷基化、对二甲苯氧化
	液液相	釜式、塔式	苯磺化、苯硝化
	气固相	固定床、流化床	乙苯脱氢、裂解汽油加氢
	液固相	釜式、固定床	离子交换、树脂法三聚甲醛
	气液固相	釜式、固定床、流化床	减压柴油加氢裂化

2.2.2 按结构型式分类

这类分类方法的实质是按传递过程特性分类，同类结构的反应器中的物料往往具有相同的流体流动、传热和传质特性，常见的反应器可分为釜式、管式、塔式、固定床、流化床等几种，见表 1-2。它们的明显差异在于高径比不同或催化剂在反应器内的状态各异。

几种生产用反应器介绍

表 1-2　反应器按结构型式分类

结构型式	适用反应	特点	工业应用举例
釜式反应器	液相、液液相、气相、液固相、气液固相	靠机械搅拌保持温度及浓度的均匀；气液相反应的气体鼓泡	酯化、甲苯硝化、氯乙烯聚合、丙烯腈聚合等
管式反应器	气相、液相	流体通过管式反应器进行反应	轻柴油裂解生产乙烯、甲基丁炔醇合成、管式法高压聚乙烯、环氧乙烷水合制乙二醇等
塔式反应器	气液相、气液固相	气体以鼓泡的形式通过液体（固体）反应	苯的烷基化、乙烯氧化生产乙醛、乙醛氧化制成乙酸
固定床反应器	气固相（催化反应或非催化反应）、液固相、气液固相	流体通过静止的固体催化剂颗粒构成的床层进行化学反应	合成氨、乙苯脱氢制苯乙烯、乙烯环氧化、乙炔法制氯乙烯

续表

结构型式	适用反应	特点	工业应用举例
流化床反应器 	气固相（催化反应）、气液固相	固体催化剂颗粒受流体作用悬浮于流体中进行反应，床层温度比较均匀	萘氧化制苯酐、石油催化裂化、丙烯氨氧化、乙烯氧氯化制二氯乙烷

2.2.3 按流体流动及混合型式分类

反应器按流体流动及混合型式可分为：平推流反应器、理想混合流反应器、非理想混合流反应器。

（1）平推流反应器 物料在长径比很大的管式反应器中流动时，如果反应器中每一微元体积里的流体以相同的速度向前移动，此时在流体的流动方向不存在返混，这就是平推流。

特点：各物料微元通过反应器的停留时间相同，物料在反应器中沿流动方向逐段向前移动，无返混，物料组成和温度等参数沿管程递变，但是每一个截面上物料组成和温度等参数在时间进程中不变，如连续操作管式反应器。

（2）理想混合流反应器 进入反应器的新鲜流体粒子与存留在反应器内的流体粒子能在瞬间混合均匀，是一种返混程度为无穷大的理想流动模型。

特点：各物料微元在反应器的停留时间不相同，物料充分混合，返混最严重，反应器中各点物料组成和温度相同，不随时间变化，如连续搅拌釜式反应器。

（3）非理想混合流反应器 实际反应器，主要是工业生产中在反应器中的死角、沟流、旁路、短路及不均匀的速度分布使物料流动形态偏离理想流动。

理想流动和非理想流动

2.2.4 按操作方式分类

按操作方式，反应器可分为间歇式、连续式、半连续式三种，见表1-3。

反应器的操作方式

表1-3 反应器按操作方式分类

种类	特点	工业应用举例
间歇式	反应时间长、少批量、多产品品种	精细化学品合成
连续式	工艺成熟、大批量、反应时间短	基本化学品合成
半连续式	反应时间长、产物浓度要求较高	氨水吸收二氧化碳生产碳酸氢铵

2.2.5 按传热传质条件分类

反应器按传热传质条件可以分为绝热式、外热式和自热式三种，见表1-4。

表 1-4　反应器按传热传质条件分类

种类		特点	适用场合
绝热反应器		反应过程中不换热	热效应小，反应允许一定的温度变化
换热式	外热式	反应过程同时换热，换热介质来自反应体系以外	热效应大，反应要求温度变化小
	自热式	反应过程同时换热，换热介质来自反应体系	热效应适中，反应要求温度变化小

2.3　反应器在化工生产中的作用

工业反应器形体大、结构复杂，设计制造要求高，自动化程度高，价格昂贵，其运转的好坏直接影响到产品的质量、产量以及原料的利用程度等，甚至影响到后面的分离过程，最终影响到经济效益。

化工生产的原料、半产品、产品多为易燃、易爆、有毒、有害的化学危险物质，化工生产工艺过程复杂多变，且高温、高压、高速、深冷等不安全因素多。由于化学反应器是对物料进行化学加工的设备，其物料的危险性、条件的苛刻性、过程的复杂多变性，在各类化工设备中是最突出的，因而对安全性的要求也是最高的。

优质、高产、低消耗是化工企业的追求目标，是提高企业竞争能力，获取经济效益的核心问题，而这实质上就是最佳化的问题。化学反应器的最佳化必须服从整套装置最佳化的要求，但化学反应器的最佳化对全局又有决定性的影响。以烃类裂解生产乙烯、丙烯的装置为例，当市场上对丙烯的需求量增加，丙烯的价格增长时，同样的原料、同样一套装置能够产出更多的丙烯便是效益增加，改变裂解炉的操作条件、改变催化剂、增加生成丙烯的比例和产量，便是问题的关键。

优质与分离提纯关系更为密切，但一些复杂的分离问题可以通过反应的途径来解决，通过正确的选择反应器和催化剂，改变反应途径或者改变产品分布（提高选择性）来解决。同一个简单反应，在同样的进料和反应条件下，在体积相同的不同类型的连续操作反应器中进行时，所能达到的转化率不同。转化率低意味着原料利用率低、浪费大或者回收费用高。同一个复杂的反应体系，同样的条件下在不同的反应器中进行时，转化率不同，且选择性也不同。转化率低、选择性低意味着收率低、消耗大。因此，对不同的反应系统选择不同类型的反应器，设计出结构合理、性能优越的反应器非常重要，对现有反应器进行操作、控制的优化非常重要。

因此，并不是任意一个容器都可以作为反应器，为了使化工生产过程尽可能达到"优质、高产、低消耗、安全、环保"的目标，生产中对反应器有如下的要求：

① 反应器要有足够的体积，以满足生产能力的要求；

② 反应器要有适宜的结构，具有良好的传质条件，便于控制反应物料的浓度，以利于生产更多的目的产物；

③ 反应器要有足够的传热面积；

④ 反应器要有足够的机械强度和耐腐蚀能力；

⑤ 反应器要易操作、易制造、易安装、易维修。

学习札记

以上列举了典型的反应器，实际生产中所用的反应器还很多，查一查资料，你还能说出哪些？

联系实际

针对所熟悉的化工生产过程，试说明所用的反应器属于哪种类型？为什么选该类反应器？在什么情况下这些反应器可近似为理想反应器？

工业
文化

近代中国化工之父——范旭东

范旭东（1883 年 10 月 24 日—1945 年 10 月 4 日），原名源让，字明俊，后改名锐，字旭东，祖籍湖南湘阴，生于长沙，中国化工实业家，中国重化学工业的奠基人，被称为"中国民族化学工业之父"（图 1-3）。

1926 年，中国首个纯碱品牌"红三角"上市，遭到垄断碱市的英国公司残酷打压，命悬一刻，老板范旭东却离开中国去了日本。这家英国公司名叫卜内门，制碱工艺领先，号称"世界碱王"，多年前范旭东曾到那里考察，接待人员傲慢无礼地把他引进锅炉房说："我们用的是苏尔维制碱工艺，这种世界顶级技术，你们中国人看不懂，参观一下我们的锅炉房就可以了。"

这句话深深地刺痛了这位炎黄子孙的心，他对着蔚蓝的大海发誓："勿忘国耻，振兴工业，一定要搞出个名堂让英国人瞧瞧。"

图 1-3　范旭东

图 1-4　永利化学工业公司铔厂

回国后，范旭东四处奔走、努力筹措，成立了中国第一个制碱企业——永利制碱公司（图 1-4），经过 8 年试验研究，一次次失败，一次次反复实践，终于生产出了优质的"红三角"牌纯碱，并很快行销国内。卜内门公司一直独霸中国碱市，"红三角"的出现令其很不高兴，他们调来一大批纯碱，以原价 40% 的低价在中国市场上倾销，企图用压价倾销的手段，挤垮立足未稳的永利公司。

永利和卜内门相比实力悬殊，范旭东焦虑万分，他清楚，如果永利与卜内门在国内降价竞争，不要多久就会因财力枯竭而垮台、不降价碱卖不出去、资金收不回来无法再生产，"永利"也名存实亡了。反复思量，范旭东决定到日本走一遭，他曾在日本京都帝国大学化学工业系留学，毕业后还留校任教，不过这次他到日本不是为了寻师访友，而是"围魏救赵"。

日本是卜内门公司在远东最大的市场，由于"一战"刚结束，百废待兴，卜内门的产量有限，能运到远东来的碱为数不多，现在为了对付永利，还把大量的碱运到中国，那么日本的市场必然空虚。

范旭东迅速与日本的大财团三井协商，委托三井在日本以低于卜内门 10% 的价格代销永利的"红三角"牌纯碱，三井认为，这样既有利可图又能借此打击竞争对手三菱，便与永利公司达成了协议。品质相同、价格低廉的"红三角"牌纯碱，宛如一支奇兵，通过三井财团遍布全日本，向卜内门发起了猛烈进攻，为保市场份额，卜内门不得不随之降价，很快全日本的碱价大跌，由于卜内门在日本的碱销量远远大于中国，这一降价元气大伤。

经此一役，卜内门尝到了永利的厉害，权衡得失觉得还是保住日本市场重要，于是通过英国驻华机构向永利表示，愿意停止在中国市场上的减价倾销，希望永利在日本也相应停止行动。范旭东趁机提出，卜内门在中国销售纯碱的数量，不得超过市场份额的 45%，而永利碱厂可达 55%，而且卜内门要调整在中国市场上的纯碱价格，必须事先征得永利的同意。

卜内门虽不情愿但无可奈何，只好同意范旭东的要求，自此，永利制碱从"远东第一大厂"开始迈出了走向亚洲"第一基地"的第一步。

面对强大的对手，范旭东如果采取硬碰硬的办法，极有可能血本无归。避实就虚，范旭东不与卜内门在中国市场进行正面冲突，而是直插对方相对薄弱且重要的日本市场，给对方以重创，为国内市场争取了主动、赢得了胜利。此后，范旭东的纯碱也远销日本、东南亚等地，成为中国化学工业产品出海的一扇窗口。

1945 年 10 月 2 日，范旭东突患急性肝炎，10 月 4 日下午 3 点溘然长逝，终年 62 岁。临终前，仍然叮嘱后人要"齐心合力，努力前进"。人去魂亦在，范旭东先生虽然离开了，但是他的精神不会离开，他为中国工业做出的巨大贡献更不会离开，他的优秀事迹无时无刻不激励着我们刻苦钻研、积极奋斗，为祖国的建设献出力量。

 知识拓展

知识拓展

请扫码学习化学反应器常用的材料、反应器系统操作内容和化学反应器的研究方法。

 项目测试

一、填空题

1. 反应器根据操作方式不同，可分为_____、_____和间歇式反应器。

2. 反应器的结构型式主要为_____式、_____式、_____式、_____床和_____床。

3. 化工生产中应用于均相反应过程的化学反应器主要有_____反应器和_____反应器。

4. 化学反应工程中的"三传一反"中的三传是指_____、_____、_____。

5. 一个化工生产过程一般都包括：_____、_____、

_____、_____等。

6．生产能力一般有两种表示方法，分别是以_____和_____来表示。

7．评价化学反应效果的指标有_____、_____和_____。

二、选择题

1．化工生产过程按其操作方法可分为间歇、连续、半间歇操作。其中属于稳定操作的是（   ）。

A．间歇操作　　　　B．连续操作　　　　C．半间歇操作　　　　D．以上都不是

2．化工生产上，用于均相反应过程的化学反应器主要有（   ）。

A．管式　　　　B．鼓泡塔式　　　　C．固定床　　　　D．流化床

3．化学反应器的分类方法很多，按（   ）的不同可分为管式、釜式、塔式、固定床、流化床等。

A．聚集状态　　　　B．换热条件　　　　C．结构　　　　D．操作方式

4．下列属于均相反应的是（   ）。

A．乙酸乙酯水解　　B．CuO 的还原　　　C．加氢脱硫　　　　D．电石水解

5．下列属于均相反应的是（   ）。

A．催化重整　　　　B．催化裂解　　　　C．HCl 与 NaOH 的中和　　D．水泥制造

6．下列属于非均相反应的是（   ）。

A．乙酸乙酯水解　　B．氢气燃烧　　　　C．HCl 与 NaOH 的中和　　D．催化裂解

7．能反映化学反应进行的程度的指标是（   ）。

A．转化率　　　　B．选择性　　　　C．收率　　　　D．空时收率

8．下列（   ）能正确表达收率、转化率和选择性三者的关系。

A．转化率=收率×选择性　　　　　　　　B．收率=转化率×选择性

C．选择性=$\dfrac{转化率}{收率}$　　　　　　　　D．选择性=收率×转化率

三、判断题

1．反应器按结构型式分为均相和非均相反应器。（   ）

2．某设备内进行的过程速率越快，则生产强度就越高，说明该设备的生产效果就越好。（   ）

3．一般情况下，进入反应体系中每一种物质是难以完全参与反应的，所以转化率往往是小于 100%的。（   ）

4．收率和选择性、转化率成正比。（   ）

5．生产一种目的产品，若有两种或两种以上的原料，则每一种原料都有各自不同的消耗定额数据。（   ）

6．输电网送入的往往是高电压，因此要经过降压后方可使用。（   ）

7．热能的供给一般是先用一次能源加热载体，然后通过载热体传递。（   ）

8．加强对化工工艺安全的评定，是确保化工生产安全进行的一个重要手段。（   ）

9．不断对风险评价手段进行优化，加强对设备的安全管理，是降低安全事故发生的最佳途径。（   ）

10．一个化工生产过程一般都包括：原料的预处理和净化、化学反应、产品的分离

与提纯、"三废"处理与综合利用等。（　　）

四、思考题

1. 简述化工生产过程。

2. 简述化学反应器在化工生产中的作用。

3. 举例说明化学反应器的分类。

4. 化学反应器的操作方式有哪几种？各自有什么特点？

5. 何谓生产能力？生产能力评价指标在化工生产过程的评价作用主要体现在哪些方面？

6. 何谓生产强度？生产强度评价指标在化工生产过程中的评价作用主要体现在哪些方面？

7. 何谓转化率？正确理解转化率数学表达式的含义。

8. 何谓选择性？正确理解选择性数学表达式的含义。

9. 分析提高反应选择性的措施。

10. 何谓收率？正确理解收率数学表达式的含义。

11. 公用工程是指什么？

12. 正确区分理论消耗定额和实际消耗定额。两者的关系是什么？

13. 为了能使工艺用水和非工艺用水满足工业生产的要求，一般分别对其做怎么样的处理？

14. 综合分析影响化学反应效果的因素主要有哪些？

15. 针对如何提高化学反应效果的问题，谈谈你的想法。

项目二　釜式反应器与操作

学习目标

知识目标

1. 说出釜式反应器分类、结构和特点；
2. 解释釜式反应器内流体的流动及换热；
3. 区别釜式反应器与管式反应器；
4. 操作与控制釜式反应器。

技能目标

1. 能根据流体的流动模型和工艺要求选择反应器类型；
2. 能按规范要求正确填写岗位操作记录；
3. 能根据实验结果分析判定物料性质对釜式反应器的操作和控制产生的影响；
4. 能熟练根据釜式反应器出现的故障，正确选择维护措施。

素质目标

1. 培养学生自我学习、自我提高、终身学习的意识；
2. 培养学生灵活运用所学专业知识解决实际问题的能力；
3. 培养学生爱岗敬业的职业情操；
4. 培养学生的团队意识。

学习建议　通过阅读设备图，参观实训装置，观看仿真素材图片，初步建立对间歇、连续操作釜式反应器的感性认识，以感性认识为基础，掌握釜式反应器的基础知识。通过装置和仿真的实操训练，掌握釜式反应器操作-控制的基本技能。

案例导入

　　硝基苯是一种重要的化工原料和中间体，广泛用于生产苯胺、联苯胺和二硝基苯等多种医药和染料中间体，也可用作农药、炸药及橡胶硫化促进剂的原料，还可用于香料和整形外科。目前 90% 以上硝基苯用于生产苯胺，其余用于生产间二硝基苯、间氨基苯磺酸以及医药和染料等方面。工业上硝基苯是以苯和硝酸为原料，硫酸为催化剂，在一定条件下，经硝化制得的。

　　早期采用的是混酸间歇硝化法，随着对苯胺需求量的迅速增长，20 世纪 60 年代后，逐渐发展了釜式串联，管式、环式或泵式循环等连续硝化工艺，后来又发展了绝热硝化法，这些都为非均相混酸硝化工艺。

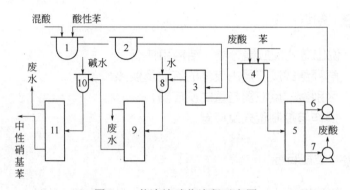

图 2-1　苯连续硝化流程示意图

1，2—硝化釜；3，5，9，11—分离器；4—萃取锅；6，7—泵；8，10—文丘里管混合器

　　混酸硝化工艺过程包括：混酸配制、硝化、产物分离、产品精制、废酸处理等。传统硝化有釜式硝化、环形硝化、静态混合器硝化等多种方式。目前，国内最成熟可靠的是釜式硝化。我国广泛采用的是釜式串联工艺，其简要流程如图 2-1。首先将质量分数为 64%的硝酸和质量分数为 93%的浓硫酸配成混酸，与一定量的酸性苯连续加料至 1# 硝化釜(硝化反应器)，且温度控制在 68～70℃；2#硝化釜温度控制在 65～68℃，由 2# 硝化釜流出的物料，经连续分离器自动分离成废酸和酸性硝基苯。废酸进入苯萃取锅中用新鲜苯连续萃取，萃取后的酸性苯中含 2%～4%的硝基苯，用泵连续送硝化萃取后的废酸去浓缩成浓硫酸再循环使用，酸性硝基苯则经过连续水洗、碱洗和分离等操作，得到中性的硝基苯。

任务一　认识釜式反应器

1.1　釜式反应器的种类及特点

釜式反应器原理展示

　　釜式反应器是最常用的一种用于间歇反应的设备，是一种高径比较小（$H/D<3$）的圆筒形反应器，统称为反应釜。习惯上，又把高径比小、直径较大（$D>2m$）、非标准型的、外形像槽的圆筒形反应器称为槽式反应器。工业中常用的如图 2-2～图 2-5 所示的釜式反应器的外观。

图 2-2　釜式反应器的外观

图 2-3　电加热反应釜

电加热管

图 2-4　不锈钢反应釜

图 2-5　搪玻璃反应釜

1.1.1　釜式反应器的种类

　　釜式反应器在化工生产上应用广泛，不同的生产环境对反应釜的材质、结构等要求也不同，因此反应釜的种类比较多。分类方式不同，种类也不相同。

　　（1）按操作方式分类　　按操作方式不同分为间歇（分批）式、半间歇（半连续）式、连续式（或多釜串联式）。

　　① 间歇（分批）式反应釜　　间歇式反应釜俗称间歇釜，在间歇式反应釜中，反应物料一次加入，在一定的反应条件下，经过一定的反应时间，当达到所要求的转化率时取出全部产物的生产过程，如图 2-6（a）所示。间歇式操作设备利用率不高，每处理一批物料，都要有准备、加料和卸料等操作，花费大量辅助时间，降低了反应釜的生产能力，同时也增加了劳动强度，因此不适合大批量的生产，只适用于小批量、多品种生产，在染料及制药工业中广泛采用这种间歇式操作反应器。

间歇式反应釜

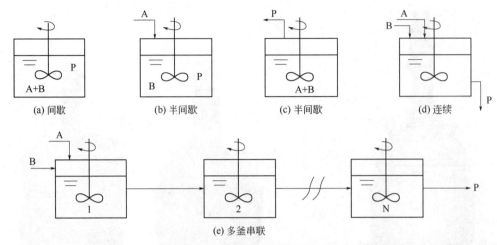

图 2-6　反应釜的操作方式

②　半间歇（半连续）式反应釜　搅拌釜式反应器也可以进行半间歇操作，即一种物料分批加入，而另一种物料连续加入的生产过程，如图 2-6（b）所示；或者是一批加入物料，用蒸馏的方法连续移走部分产品的生产过程，如图 2-6（c）所示。半间歇操作特别适用于要求一种反应物浓度高而另一种反应物浓度低的化学反应，适用于可以通过调节加料速度来控制所要求反应温度的反应。

③　连续式（或多釜串联式）釜式反应器　连续式反应釜又称连续釜，有单级连续式和多级串联式两种。单级连续式反应釜只有一个反应釜。反应物料连续加入反应釜，釜内物料连续排出反应釜，如图 2-6（d）所示。多釜串联是指有两个或两个以上反应釜串联在一起，如图 2-6（e）所示。

三釜串联

连续搅拌釜式反应器，是化学工业中最先应用于连续生产的一种反应设备。由于连续式操作，节省了大量的辅助操作时间，使得反应器的生产能力得到充分发挥；同时，也大大地减轻了体力劳动强度，容易全面地实现机械化和自动化，也降低了原材料和能量的损耗。另外在反应釜内由于强烈的机械搅拌作用，反应器中的物料得到了充分接触，这对于化学反应或传热来说，都是十分有利的。这种反应釜的操作稳定，适用范围较广，设备利用率高，产品质量稳定，易于自动控制，适用于大规模生产。

（2）按材质分类　按材质不同可分为钢制（或衬瓷板）反应釜、铸铁反应釜和搪玻璃反应釜。

①　钢制（或衬瓷板）反应釜　钢制反应釜是化工生产上普遍采用的一种反应釜，其材料一般为 Q235A（或容器钢）。钢制反应釜的设计、制造与普通的压力容器一样。钢制（或衬瓷板）反应釜设计时选用的操作压力、温度为反应过程中最高压力和最高温度。钢制（或衬瓷板）反应釜装有夹套的壳体依照外压容器计算，而夹套本身按内压容器计算，附属零部件如人孔、手孔、工艺接管等通常设置在釜盖上，壳体、封头直径及壁厚可参照标准选用。钢制反应釜的特点是制造工艺简单，造价费用较低，维护检修方便，抗压能力强。

用 Q235A 材料制成的反应釜不耐酸性介质、易腐蚀，不锈钢材料制的反应釜可以耐一般酸性介质，经过镜面抛光的不锈钢制反应釜还特别适用于高黏度体系聚合反应。衬瓷板反应釜可耐任何浓度的硝酸、硫酸、盐酸及低浓度的碱液等介质，是目前化工生产中防腐蚀的有效方法。

② 铸铁反应釜 常用作容器的铸铁有灰铸铁、可锻铸铁和球墨铸铁。灰铸铁制压力容器的设计压力不得大于 0.8MPa，设计温度为 0～250℃；可锻铸铁和球墨铸铁制压力容器的设计压力不得大于 1.6MPa，设计温度为-10～350℃。铸铁反应釜对于碱性物料有一定抗腐蚀能力，但铸铁反应釜的韧性低，抗压能力低，应用受到一定限制。铸铁反应釜在氯化、磺化、硝化、缩合、硫酸增浓等反应过程中使用较多。

③ 搪玻璃反应釜 搪玻璃反应釜俗称搪瓷锅。在碳钢锅的内表面涂上含有二氧化硅的玻璃釉，经 900℃左右的高温焙烧，形成玻璃搪层。搪玻璃反应釜的夹套用 Q235A 型等普通钢材制造，若使用低于 0℃的冷却剂时则须改用合适的夹套材料。由于搪玻璃反应釜对许多介质具有良好的抗腐蚀性，所以广泛用于精细化工生产中的卤化反应及有盐酸、硫酸、硝酸等存在时的各种反应。

我国标准搪玻璃反应釜有 K 型和 F 型两种。K 型反应釜是锅盖和锅体分开，可以装置尺寸较大的锚式、框式和桨式等各种形式的搅拌器。反应釜容积有 50～10000L 的不同规格，因而适用范围广。F 型是锅盖锅体不分的结构，盖上都装置人孔，搅拌器为尺寸较小的锚式或桨式，适用于低黏度、容易混合的液液相、气液相等反应。F 型反应釜的密封面比 K 型小很多，所以对一些气液相卤化反应以及带有真空和压力的操作更为适宜。

有关选用技术参数可查阅有关设计手册和产品样本。

（3）按操作压力分类 反应釜按所能承受的操作压力分为低压反应釜和高压反应釜。

低压反应釜，是化工生产中最常见的搅拌釜式反应器。在搅拌轴和壳体之间采用动密封结构，操作压力在 1.6MPa 以下的条件下能够防止物料的泄漏。另外有一种真空反应釜，操作压力最低为-0.1MPa，具有静密封、无泄漏、低噪声、无污染、运转平稳、操作简单的特点，因而能在高温、低压、高真空、高转速、悬浮、对流状态下，使反应介质完全处于静密封状态中，安全地进行易燃、易爆、剧毒等苛刻介质的高效反应。

高压反应釜，操作压力大于 1.6MPa。在高压条件下，常规的动密封难以保证物料不泄漏。目前，高压反应釜常采用磁力搅拌釜，磁力釜的主要特点是以静密封代替了传统的填料密封或机械密封，从而实现整台反应釜在全密封状态下工作，保证无泄漏。因此，更适合于各种剧毒、易燃、易爆以及其他渗透力极强的化工工艺过程，是石油化工、有机合成、化学制药、食品等工艺中进行硫化、氟化、氢化、氧化等反应的理想设备。

1.1.2 釜式反应器的特点

目前，在化工生产中，反应釜所用的材料、搅拌装置、加热方法、轴封结构、容积大小、温度、压力等种类繁多，但基本具有以下共同特点：

（1）结构基本相同 除有反应釜体外，还有传动装置、搅拌器和加热(或冷却)装置等，以改善传热条件，使反应温度控制均匀，并且强化传质过程。

（2）操作压力较高 釜内的压力是由化学反应产生或温度升高形成的，压力波动较大，有时操作不稳定，压力突然增高可能超过正常压力几倍，所以反应釜大部分属于受压容器。

（3）操作温度较高　化学反应需要在一定的温度条件下才能进行，所以反应釜既承受压力又承受温度。

（4）反应釜中通常要进行化学反应　为保证反应能均匀而较快地进行，提高效率，在反应釜中装有相应的搅拌装置，这样就需要考虑传动轴的动密封和防止泄漏问题。

（5）反应釜多属间歇操作　有时为保证产品质量，每批出料后须进行清洗。釜顶装有快开人孔及手孔，便于取样、观察反应情况和进入设备内部检修。

1.2　釜式反应器工业应用及发展趋势

1.2.1　工业应用

装有搅拌器的釜式设备(或称槽、罐)是化学工业中广泛采用的反应器之一，它可用来进行液液相均相反应，也可用于非均相反应，如非均相液相、液固相、气液相、气液固相等。普遍应用于石油化工、橡胶、农药、染料、医药等工业，用来完成磺化、硝化、氢化、烃化、聚合、缩合等工艺过程，以及有机染料和医药中间体的许多其他工艺过程。聚合反应过程约 90%采用搅拌釜式反应器，如聚氯乙烯，在美国 70%以上用悬浮法生产，采用 $10\sim150m^3$ 的搅拌釜式反应器；德国氯乙烯悬浮聚合采用 $200m^3$ 的大型釜式反应器；中国生产聚氯乙烯，多采用 $13.5m^3$、$33m^3$ 不锈钢或复合钢板的聚合釜式反应器，以及 $7m^3$、$14m^3$ 的搪瓷釜式反应器。又如涤纶树脂的生产采用本体熔融缩聚，聚合反应也使用釜式反应器。在染料、医药、香精等精细化工的生产中，几乎所有的单元操作都可以在釜式反应器内进行。

釜式反应器的应用范围之所以广泛，是因为这类反应器结构简单、加工方便，传质效率高，温度分布均匀，操作条件(如温度、浓度、停留时间等)的可控范围较广，操作灵活性大，便于更换品种，能适应多样化的生产。

1.2.2　发展趋势

（1）大容积化　这是增加产量、减少批量生产之间的质量误差、降低产品成本的必然发展趋势，如染料行业生产用反应釜国内为 6000L 以下，其他行业有的可达 $30m^3$；而国外在染料行业有的可达 $20000\sim30000L$，其他行业的可达 $120m^3$。

（2）搅拌器改进　反应釜的搅拌器已由单搅拌器发展到双搅拌器或外加泵强制循环。国外除了装有搅拌装置外，还使釜体沿水平线旋转，从而提高反应速率。

（3）生产自动化和连续化　如采用计算机集散控制，既可稳定生产、提高产品质量、增加效益、减轻体力劳动，又可减少对环境的污染，甚至可防止和减少事故的发生。

（4）合理利用热能　工艺选择最佳的操作条件，加强保温措施，提高传热效率，使热损失降至最小，充分利用余热或反应后产生的热能。

1. 你学完本节内容、对釜式反应器有了哪些认识?

2. 你认为釜式反应器的哪些特点决定了这类反应器在工业生产中运用之广泛性?

任务二 学习釜式反应器的结构

2.1 釜式反应器基本结构

釜式反应器主要由壳体、搅拌装置、轴封和换热装置四大部分组成。釜式反应器的基本结构如图 2-7 所示。

釜式反应器结构

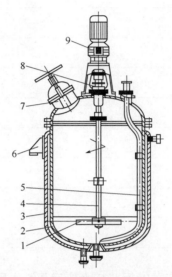

图 2-7 搅拌釜式反应器的基本结构

1—搅拌器；2—釜体；3—夹套；4—搅拌轴；5—压料管；6—支座；7—人孔；8—轴封；9—传动装置

2.1.1 壳体

壳体由圆形筒体、上盖、下封头构成。上盖与筒体连接有两种方法：一种是上盖与筒体直接焊死，构成一个整体；另一种形式是考虑拆卸方便用法兰连接，上盖开有人孔、手孔和工艺接口等。壳体材料根据工艺要求确定，最常用的是铸铁和钢板，也有采用合金钢或复合钢板。当用来处理腐蚀性介质时，则需用耐腐蚀材料来制造反应釜，或者将反应釜内衬表搪瓷、衬瓷板或橡胶。

釜底常用的形状有平面形、碟形、椭圆形和球形，如图 2-8 所示，平面形结构简单，容易制造，一般在釜体直径小、常压（或压力不大）条件下操作时采用；椭圆形或碟形应用较多；球形多用于高压反应器；当反应后物料需用分层法使其分离时可用锥形底。

（1）平面形 造价低，结构简单，但抗压性低，适用于常压或压力不大的场合；

（2）碟形 抗压能力稍强，适用于中低压的场合；

（3）椭圆形 抗压能力强，适用于高中压的场合；

（4）球形 造价高，但抗压能力强，多用于高压反应釜。

另外，还有锥形釜底，这种釜底做的反应釜可处理需要分层的产物。

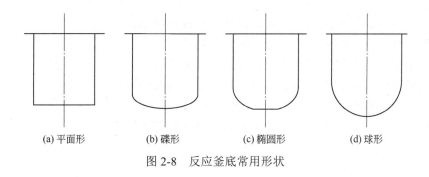

(a) 平面形　　　(b) 碟形　　　(c) 椭圆形　　　(d) 球形

图 2-8　反应釜底常用形状

2.1.2　搅拌装置

搅拌装置由搅拌轴和搅拌电机组成，其目的是加强反应釜内物料的混合，以强化反应的传质和传热。

2.1.3　轴封

轴封用来防止釜的主体与搅拌轴之间的泄漏，为动密封结构，主要有填料密封和机械密封两种。

（1）填料密封　填料密封结构如图 2-9 所示，填料箱由箱体、填料、油环、衬套、压盖和压紧螺栓等零件组成，旋转压紧螺栓时，压盖压紧填料，使填料变形并紧贴在轴表面上，达到密封目的。在化工生产中，轴封容易泄漏，一旦有毒气体逸出会污染环境，甚至发生事故，因而需控制好压紧力。压紧力过大，轴旋转时轴与填料间摩擦增大，会使磨损加快，在填料处定期加润滑剂可减少摩擦，并能减少因螺栓压紧力过大而产生的摩擦发热。填料要富有弹性，有良好的耐磨性和导热性。填料的弹性变形要大，使填料紧贴转轴，对转轴产生收缩力，同时还要求填料有足够的圈数。

使用中由于磨损应适当增补填料，调节螺栓的压紧力，以达到密封效果。填料压盖要防止歪斜。有的设备在填料箱处设有冷却夹套，可防止填料摩擦发热。

填料密封安装要点如下：

安装时，应先将填料制成填料环，接头处应互为搭接，其开口坡度为 45°，搭接后的直径应与轴径相同；每层接头在圆周内的错角按 0°、180°、90°、270°交叉放置；压紧压盖时，应均匀、对称地拧紧，压盖与填料箱端面应平行，且四个方位的间距相等。填料箱体的冷却系统应畅通无阻，保证冷却的效果。

（2）机械密封　机械密封在反应釜上已广泛应用，它的结构和类型繁多，工作原理和基本结构相同。如图 2-10 所示为一种结构比较简单的釜用机械密封装置。

机械密封由动环、静环、弹簧加荷装置(弹簧、螺栓、螺母、弹簧座、弹簧压板)及辅助密封圈四个部分组成。由于弹簧力的作用使动环紧紧压在静环上，当轴旋转时，弹簧座、弹簧、弹簧压板、动环等零件随轴一起旋转，而静环则固定在座架上静止不动，动环与静环相接触的环形密封端面阻止了物料的泄漏。机械密封结构较复杂，但密封效果甚佳。

机械密封的安装及日常维护要点如下。

① 拆装要按顺序进行，不得磕碰、敲打；

② 安装前检验每个弹簧的压紧力，严格按过程装配；

③ 保持动、静环的垂直和平行，防止脏物进入；

④ 开车前一定要将平衡管排空，保证冷却液体在前、后密封的流道畅通；

⑤ 要盘车看是否有卡住现象，以及密封处的渗漏情况；

⑥ 开车后检查泄漏情况，不大于 15～30 滴/min；

⑦ 检查动、静环的发热情况，平衡管及过滤网有无堵塞现象。

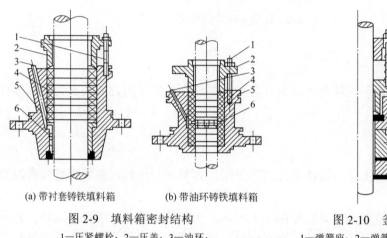

(a) 带衬套铸铁填料箱	(b) 带油环铸铁填料箱

图 2-9　填料箱密封结构

1—压紧螺栓；2—压盖；3—油环；

4—填料；5—箱体；6—衬套

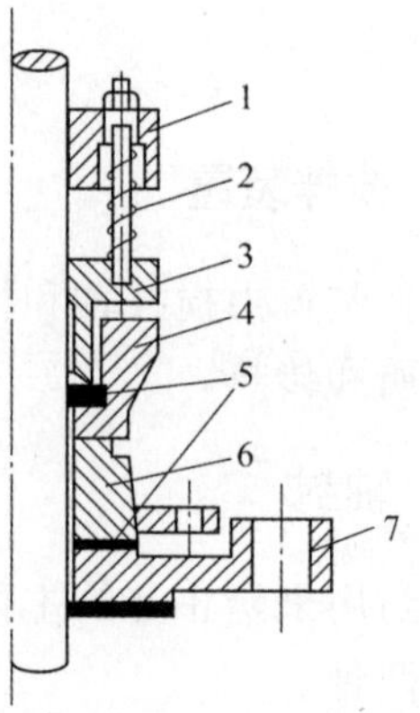

图 2-10　釜用机械密封装置

1—弹簧座；2—弹簧；3—弹簧压板；4—动环；

5—密封圈；6—静环；7—静环座

2.1.4　换热装置

换热装置是用来加热或冷却反应物料，使之符合工艺要求的温度条件的设备。其结构类型主要有夹套式、蛇管式、列管式、外部循环式等，也可用直接火焰或电感加热，如图 2-11 所示。

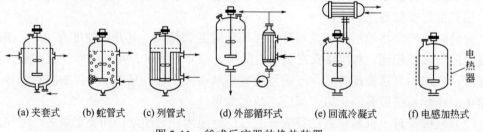

(a) 夹套式	(b) 蛇管式	(c) 列管式	(d) 外部循环式	(e) 回流冷凝式	(f) 电感加热式

图 2-11　釜式反应器的换热装置

2.2　无泄漏磁力釜基本结构

无泄漏磁力釜的结构如图 2-12 所示。

2.2.1　釜体

釜体主要由釜身与釜盖两大部件组成。釜身用高强度合金钢板卷制而成，其内侧一般衬以能承受腐蚀介质的耐用腐蚀材料，其中以 $OCr_{18}Ni_{11}Ti$ 或 $OCr_{17}Ni_{14}Mo_2$ 等材料占多数，在内衬与釜身之间填充铅锑合金，以利于导热和受力。也有直接用 $OCr_{18}Ni_{11}Ti$ 等材料单层制成的。

釜盖为平板盖或凸形封头，它也由高强度合金钢制成，盖上设置按工艺要求的进气口、加料口、测压口及安全附件等不同口径接管。为了防止介质对釜盖的腐蚀，在与介质接触的一侧也可以衬填耐腐蚀材料。釜身与釜盖之间装有密封垫片，通过主螺栓及主螺母使其密封成一体。

2.2.2 搅拌转子

为了使釜内物料进行激烈搅拌，以利化学反应，在釜内垂直悬置一根搅拌转子，其上配置与釜体内径成比例的搅拌器（如涡轮式、推进式等），搅拌器离釜底较近，以方便物料翻动。

2.2.3 传热构件

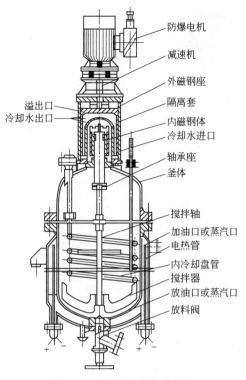

图 2-12 无泄漏磁力反应釜

釜内介质的热量传递，可通过在釜外焊制的传热夹套，通入适当载热体逆行热交换；也可以在釜内设置螺旋盘管，在管内通进载热体把釜内物料的热量带走或传入，以满足反应需要。

2.2.4 传动装置

搅拌转子的旋转运动是通过一个磁力驱动器来实现的，它位于釜盖中央，与搅拌转子连成一体，以同步转速旋转。磁力驱动装置用高压法兰、螺钉与釜盖连接为一体，中间由金属密封垫片实现与釜盖静密封。传动装置采用的电机与减速器安装有两种形式：一种为用三角皮带侧面传动，另一种为电机与减速器直接驱动。

磁力驱动器是一种非接触传动机械，它的驱动原理是磁的库仑定律。釜内介质被一个与釜盖密封成一体的护套隔开，从而构成一个全封闭式反应釜。

2.2.5 安全与保护装置

隔爆型三相异步电动机可保护电机在易燃易爆工况下安全运转，釜盖上设置有安全阀或爆破片泄压安全附件。当釜内压力超过规定压力时，打开泄放装置，自行降压，以保证设备的安全。安全阀必须经过校准后才能使用，校正后加铅封。

釜盖与釜体法兰上均备有衬里夹层排气小孔，如有渗漏，首先在此发现，可及时采取措施。密闭釜体内部转轴运转情况，可借助于装在磁力驱动器外部的转速传感器显示出来，如有异常情况，可及时采取停车检查措施。

学习
札记

1. 你认为釜式反应器的哪部分结构是这类反应器的核心？说明原因。

2. 学习完本任务的内容，你觉得重点、难点是什么？有怎样的体会？

任务三　熟悉釜式反应器内搅拌器及换热装置

化工过程的各种变化，是以参加反应物质的充分混合以及维持适宜的反应温度等工艺条件为前提的。就釜式反应器而言，达到充分混合的条件是对反应混合物进行充分的搅拌；满足适宜反应温度的根本途径是良好的传热等。釜式反应器配套设施主要是壳体、搅拌装置、轴封和换热装置等，它们都是釜式反应器正常工作的重要设施。

3.1　搅拌器设计与选型

搅拌器是搅拌釜式反应器的一个关键部件。搅拌器的类型选择及计算是否正确，直接关系到搅拌釜式反应器的操作和反应的结果。如果搅拌器不能使物料混合均匀，可能会导致某些副反应的发生，使产品质量恶化，收率下降，反应结果严重偏离小试结果，即产生所谓的放大效应。另外，不良的搅拌还可能会造成生产事故。例如某些硝化反应，如果搅拌效果不好，可能使某些反应区域的反应非常剧烈，严重时会发生爆炸。由于搅拌的存在使搅拌釜式反应器物料侧的传热系数增大，因此搅拌对传热过程也有影响。

3.1.1　搅拌的目的和要求

（1）搅拌目的

① 均相液体的混合　通过搅拌使反应釜中的互溶液体达到分子规模的均匀程度。

② 液液分散　把不互溶的两种液体混合起来，使其中的一相液体以微小的液滴均匀分散到另一相液体中。被分散的一相为分散相，另一相为连续相。被分散的液滴越小，两相接触面积越大。

③ 气液分散　在气液接触过程中，搅拌器把大气泡打碎成微小气泡并使之均匀分散到整个液相中，以增大气液接触面积。另外，搅拌还造成液相的剧烈湍动，以降低液膜的传质阻力。

④ 固液分散　让固体颗粒悬浮于液体中，例如硝基化合物的液相加氢还原反应，一般以骨架镍为固体催化剂，反应时需要把固体颗粒催化剂悬浮于液体中，才能使反应顺利进行。

⑤ 固体溶解　当反应物之一为固体而溶于液体时，固体颗粒需要悬浮于液体之中。搅拌可加强固液间的传质，以促进固体溶解。

⑥ 强化传热　有些物理或化学过程对传热有很高的要求，或需要消除釜内的温度差，或需要提高釜内壁的传热系数，搅拌可以达到上述强化传热的要求。

（2）搅拌要求　工艺过程对搅拌的要求，可以分为混合、搅动、悬浮、分散四种。

① 混合-搅拌　使密度、黏度不同的物料混合均匀。

② 搅动-搅拌　使物料强烈流动，以提高传热及传质速率。

③ 悬浮-搅拌　使原来在静止的液体中会沉降的固体颗粒或液滴悬浮在液体介质中。

④ 分散-搅拌　使气体、液体或固体分散在液体介质中，增大不同物质相间的接触

面积，加快传热和传质过程。

在实际生产过程中，对搅拌的要求通常是综合性的，但由于过程的特殊性，往往对某一个或两个方面着重提出要求。如悬浮聚合过程，着重要求通过搅拌使单体均匀地分散并悬浮在分散相中，而对于高黏度的物料，如本体聚合过程，主要要求搅拌起混合和搅动作用。

3.1.2　搅拌液体的流动特性

搅拌器之所以能起到液液、气液、固液分散等搅拌效果，主要由于搅拌器的混合作用。

搅拌器运转时，叶轮把能量传给它周围的液体，使这些液体以很高的速度运动起来，产生强烈的剪切作用。在这种剪应力的作用下，静止或低速运动的液体也跟着以很高的速度运动起来，从而带动所有的液体在设备范围内流动。这种设备范围内的循环流动称为宏观流动，由此造成的设备范围内的扩散混合作用称为主体对流扩散。

高速旋转的漩涡又对它周围的液体造成强烈的剪切作用，从而产生更多的漩涡。众多的漩涡把更多的液体挟带到做宏观流动的主体液流中去，同时形成局部范围内液体快速而紊乱的对流运动，即局部的湍流流动。这种局部范围内的漩涡运动称为微观流动，由此造成的局部范围内的扩散混合作用称为涡流对流扩散。

搅拌设备里不仅存在涡流对流扩散和主体对流扩散，还存在分子扩散，其强弱程度依次减小。

实际的混合作用是上述三种扩散作用的综合。但从混合的范围和混合的均匀程度来看，三种扩散作用对实际混合过程的贡献是不同的。主体对流扩散只能把物料破碎分裂成微团，并把这些微团在设备范围内分布均匀。而通过微团之间的涡流对流扩散，可以把微团的尺寸降低到漩涡本身的大小。搅拌越剧烈，涡流运动就越强烈，湍流程度就越大，分散程度就越高，即漩涡的尺寸就越小。在通常的搅拌条件下，漩涡的最小尺寸为几十微米。然而，这种最小的漩涡也比分子大得多。因此，主体对流扩散和涡流对流扩散都不能达到分子水平上的完全均匀混合。分子水平上的完全均匀混合程度只有通过分子扩散才能达到。在设备范围内呈微团均匀分布的混合过程称为宏观混合，达到分子规模分布均匀的混合称为微观混合。可见，主体对流扩散和涡流对流扩散只能进行宏观混合，只有分子扩散才能进行微观混合。但是，漩涡运动不断更新微团的表面，大大增加分子扩散的表面积，减小了分子扩散的距离，因此提高了微观混合速率。

不同的搅拌过程对宏观混合和微观混合的要求是不同的。对于某些化学反应过程要求达到微观混合，否则就不可避免地发生反应物的局部浓集，其后果是对主反应不利、选择性降低、收率下降。对于液液分散或固液分散，不存在相间的分子扩散，只能达到宏观混合，并依靠漩涡的湍流运动减小微团的尺寸。而对于均相液体的混合，由于分子扩散速率很快，混合速率受宏观混合控制，应设法提高宏观混合速率。

液体在设备范围内作循环流动的途径称为液体的"流动模型"，简称"流型"，在搅拌设备中起主要作用的是循环流和涡流，不同的搅拌器所产生循环流的方向和涡流的程度不同，因此搅拌设备内流体的流型可以归纳成三种。

（1）轴向流　物料沿搅拌轴的方向循环流动，如图 2-13（a）所示。叶轮与旋转平面的夹角小于 90°的搅拌器转速较快时所产生的流型主要是轴向流。轴向流的循环速度大，有利于宏观混合，适合于均相液体的混合、沉降速度低的固体悬浮。

（2）径向流 物料沿着反应釜的半径方向在搅拌器和釜内壁之间流动，如图 2-13（b）所示。径向流的液体剪切作用大，造成的局部涡流运动剧烈。因此，它特别适合需要高剪切作用的搅拌过程，如气液分散、液液分散和固体溶解。

（3）切线流 物料围绕搅拌轴做圆周运动，如图 2-13（c）所示。平桨式搅拌器在转速不大且没有挡板时所产生的主要是切线流。切线流的存在除了可以提高反应釜内壁的对流传热系数外，对其他的搅拌过程是不利的。切线流严重时，液体在离心力的作用下涌向器壁，使器壁周围的液面上升，而中心部分液面下降，形成一个大漩涡，这种现象称为"打漩"，如图 2-14 所示。液体打漩时几乎不产生轴向混合作用，所以一般情况下应防止打漩。

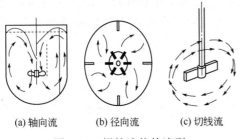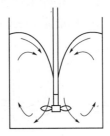

(a) 轴向流 　 (b) 径向流 　 (c) 切线流

图 2-13 搅拌液体的流型 　　　　　　 图 2-14 "打漩"现象

这三种流型不是孤立的，常常同时存在两种或三种流型。

搅拌器应具有两方面的性能：①产生强大的液体循环流量；②产生强烈的剪切作用。

基本原则：在消耗同等功率的条件下，如果采用低转速、大直径的叶轮，可以增大液体循环流量，同时减少液体受到的剪切作用，有利于宏观混合；反之，如采用高转速、小直径的叶轮，结果与此恰恰相反。

3.1.3 常用搅拌器的类型、结构和特点

在化学工业中常用的搅拌装置是机械搅拌装置，典型的机械搅拌装置如图 2-15 所示。它包括下列主要部分。

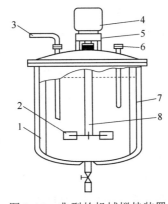

图 2-15 典型的机械搅拌装置

1—釜体；2—搅拌器；3—加料管；4—电动机；5—减速箱；6—温度计套；7—挡板；8—搅拌轴

① 搅拌器，包括旋转的轴和装在轴上的叶轮。

② 辅助部件和附件，包括密封装置、减速箱、搅拌电机、支架、挡板和导流筒等。

搅拌器是实现搅拌操作的主要部件，其主要的组成部分是叶轮，它随旋转轴运动将机械能施加给液体，并促使液体运动。针对不同的物料系统和不同的搅拌目的出现了许多类型的搅拌器。

工业上较为常用的搅拌器类型有以下几种，如图 2-16 所示。

（1）桨式搅拌器　图 2-16 所示的桨式搅拌器由桨叶、键、轴环、竖轴组成。桨叶一般用扁钢或角钢制造，当被搅拌物料对钢材腐蚀严重时，可用不锈钢或有色金属制造，也可采用钢制桨叶的外面包覆橡胶、环氧树脂或酚醛树脂、玻璃钢等材质。桨式搅拌器的转速较低，一般为 20～80r/min，圆周速度在 1.5～3m/s 范围内比较合适。桨式搅拌器直径取反应釜内径 D 的 1/3～2/3，桨叶不宜过长，因为搅拌器消耗的功率与桨叶直径的五次方成正比。桨式搅拌器已有标准系列 HG/T 3796.3—2005。当反应釜直径很大时采用两个或多个桨叶。

桨式搅拌器

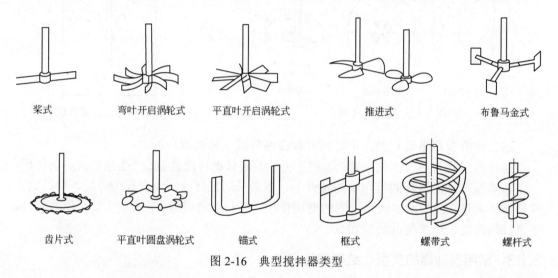

桨式　　弯叶开启涡轮式　　平直叶开启涡轮式　　推进式　　布鲁马金式

齿片式　　平直叶圆盘涡轮式　　锚式　　框式　　螺带式　　螺杆式

图 2-16　典型搅拌器类型

桨式搅拌器适用于流动性大、黏度小的液体物料，也适用于纤维状和结晶状的溶解液，如果液体物料层很深时可在轴上装置数排桨叶。

（2）涡轮式搅拌器　涡轮式搅拌器按照有无圆盘可分为圆盘涡轮搅拌器和开启涡轮搅拌器；按照叶轮的形状又可分为平直叶和弯叶两种。涡轮式搅拌器速度较大，线速度约为 3～8m/s，转速范围为 300～600r/min。开启平直叶涡轮搅拌器的标准系列见 HG/T 3796.4—2005。

涡轮式搅拌器

涡轮式搅拌器的主要优点是当能量消耗不大时搅拌效率较高，搅拌产生很强的径向流。因此它适用于乳浊液、悬浮液等。

（3）推进式搅拌器　推进式搅拌器常用整体铸造，加工方便。搅拌器可用轴套以平键（或紧固螺钉）与轴固定。通常为两个桨叶，第一个桨叶安装在反应釜的上部，把液体或气体往下压，第二个桨叶安装在下部，把液体往上推。搅拌时能使物料在反应釜内循环流动，所起作用以容积循环为主，剪切作用较小，上下翻腾效果良好。当需要有更大的流速时，反应釜内设有导流筒。

推进式搅拌器直径约取反应釜内径 D 的 1/4～1/3，线速度可达 5～15m/s，转速范围为 300～600r/min，搅拌器的材料常用铸铁和铸钢。推进式搅拌器的标准系列见 HG/T 3796.8—2005。

（4）框式和锚式搅拌器　框式搅拌器可视为桨式搅拌器的变形，即将水平的桨叶与垂直的桨叶连成一体成为刚性的框子，其结构比较坚固，搅动物料量大。如果这类搅拌器底部形状和反应釜下封头形状相似时，通常称为锚式搅拌器。

框式、锚式搅拌器

框式搅拌器直径较大，一般取反应器（釜）内径的 2/3～9/10，线速度约 0.5～1.5m/s，转速范围为 50～70r/min。钢制框式搅拌器标准系列见 HG/T 2051.2。框式搅拌器与釜壁间隙较小，有利于传热过程的进行，快速旋转时，搅拌器叶片所带动的液体把静止层从反应釜壁上带下来；慢速旋转时，有刮板的搅拌器能产生良好的热传导。这类搅拌器常用于传热、晶析操作和高黏度液体、高浓度淤浆和沉降性淤浆的搅拌。

（5）螺带式搅拌器和螺杆式搅拌器　螺带式搅拌器常用扁钢按螺旋形绕成，直径较大，常做成几条紧贴釜内壁，与釜壁的间隙很小，所以搅拌时能不断地将粘于釜壁的沉积物刮下来。螺带的高度通常取罐底至液面的高度。

螺带式搅拌器

螺带式搅拌器和螺杆式搅拌器的转速都较低，通常不超过 50r/min，产生以上下循环流为主的流动，主要用于高黏度液体的搅拌。

3.1.4　搅拌器的选型

搅拌器的选型主要根据物料黏度、搅拌目的及各种搅拌器的性能特征来进行。

（1）按物料黏度选型　在影响搅拌状态的诸物理性质中，液体黏度的影响最大，所以可根据液体黏度来选型。对于低黏度液体，应选用小直径、高转速搅拌器，如推进式、涡轮式；对于高黏度液体，应选用大直径、低转速搅拌器，如锚式、框式和桨式。图 2-17 表明了几种典型的搅拌器随黏度的高低而有不同的使用范围。

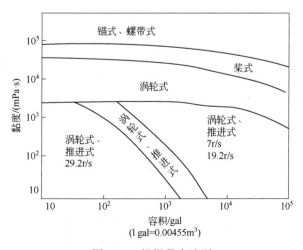

图 2-17　根据黏度选型

（2）按搅拌目的选型　搅拌目的、工艺过程对搅拌的要求是选型的关键。

对于低黏度均相液体混合，要求达到微观混合程度，已知均相液体的分子扩散速率很快，控制因素是宏观混合速率，亦即循环流量。各种搅拌器的循环流量从大到小顺序排列：推进式、涡轮式、桨式。因此，应优先选择推进式搅拌器。

对于非均相液液分散过程，要求被分散的"微团"越小越好，以增大两相接触面积；还要求液体涡流湍动剧烈，以降低两相传质阻力。因此，该类过程的控制因素为剪切作用，同时也要求有较大的循环流量。各种搅拌器的剪切作用从大到小的顺序排列：涡轮式、推进式、桨式。所以，应优先选择涡轮式搅拌器。特别是平直叶涡轮搅拌器，其剪切作用比折叶和弯叶涡轮搅拌器都大，且循环流量也较大，更适合液液分散过程。

对于气液分散过程，要求得到高分散度的"气泡"。从这一点来说，与液液分散相似，控制因素为剪切作用，其次是循环流量。所以，可优先选择涡轮式搅拌器。但气体的密度远远小于液体，一般情况下气体由液相的底部导入，如何使导入的气体均匀分散，不出现短路跑空现象，就显得非常重要。开启式涡轮搅拌器由于无中间圆盘，极易使气体分散不均，导入的气体容易从涡轮中心沿轴向跑空。而圆盘式涡轮搅拌器由于圆盘的阻碍作用，圆盘下面可以积存一些气体，使气体分散很均匀，也不会出现气体跑空现象。因此，平直叶圆盘涡轮搅拌器最适合气液分散过程。

对于固体悬浮操作，必须让固体颗粒均匀悬浮于液体之中，主要控制因素是总体循环流量。但固体悬浮操作情况复杂，要具体分析。如固液密度差小、固体颗粒不易沉降的固体悬浮操作，应优先选择推进式搅拌器。当固液密度差大、固体颗粒沉降速度大时，应选用开启式涡轮搅拌器。因为推进式搅拌器会把固体颗粒推向釜底，不易浮起来，而开启式涡轮搅拌器可以把固体颗粒抬举起来。在釜底呈锥形或半圆形时更应注意选用开启式涡轮搅拌器。当固体颗粒对叶轮的磨蚀性较大时，应选用开启式弯叶涡轮搅拌器。因弯叶可减小叶轮的磨损，还可降低功率消耗。

对于固体溶解，除了要有较大的循环流量外，还要有较强的剪切作用，以促使固体溶解。因此，开启式涡轮搅拌器最适合。在实际生产中，对一些易溶的块状固体则常用桨式或框式等搅拌器。

对于结晶过程，往往需要控制晶体的形状和大小。对于微粒结晶，要求有较强的剪切作用和较大的循环流量，所以应选择涡轮式搅拌器。对于粒度较大的结晶，只要求有一定的循环流量和较低的剪切作用，因此可选择桨式搅拌器。

对于以传热为主的搅拌操作，控制因素为总体循环流量和换热面上的高速流动。因此，可选用涡轮式搅拌器。

3.1.5　搅拌附件

搅拌附件通常指在搅拌罐内为了改善流动状态而增设的零件，如挡板、导流筒等。有时，搅拌罐内的某些零件不是专为改变流动状态而设的，但因为它对液流也有一定阻力，也会起到这方面的部分作用，如传热蛇管、温度计套管等。

（1）挡板　挡板一般是指长条形的竖向固定在罐壁上的板，主要是在湍流状态时为了消除切线流和"打漩"现象而增设的。做圆周运动的液体碰到挡板后改变 90°方向，或顺着挡板做轴向运动，或垂直于挡板做径向运动。因此，挡板可把切线流转变为轴向流和径向流，提高了宏观混合速率和剪切性能，从而改善了搅拌效果。

而在层流状态下，挡板并不影响流体的流动，所以对于低速搅拌高黏度液体的锚式和框式搅拌器来说，安装挡板是毫无意义的。

挡板的数量及其大小以及安装方式都不是随意的，它们都会影响流型和动力消耗。挡板宽度 W 为（1/10～1/12）d_t（d_t 为反应釜内径），挡板的数量在小直径罐时用 2～4个，在大直径罐时用 4～8 个，以 4 个或 6 个居多。挡板沿罐壁轴向均匀分布地直立安装。挡板的安装方式如图 2-18 所示。

液体为低黏度时挡板可紧贴罐壁上，且与液体环向流成直角，如图 2-18（a）所示。当黏度较高，如 7～10Pa·s 时，或固-液相操作时，挡板要离壁安装，如图 2-18（b）所示。当黏度更高时还可将挡板倾斜一个角度，如图 2-18（c）所示，以有效防止黏滞液体在挡板处形成死角及防止固体颗粒的堆积。当罐内有传热蛇管时，挡板一般安在蛇管内侧，如图 2-18（d）所示。

（2）导流筒　导流筒主要用于推进式、螺杆式搅拌器的导流，涡轮式搅拌器有时也用导流筒。导流筒是一个圆筒体，紧包围着叶轮。应用导流筒可使流型得以严格控制，还可得到高速涡流和高倍循环。导流筒可以为液体限定一个流动路线防止短路；也可迫使流体高速流过加热面以利于传热。对于混合和分散过程，导流筒也能起到强化作用。

对于涡轮式搅拌器，导流筒安置在叶轮的上方，使叶轮上方的轴向流得到加强，如图 2-19（a）所示。对于推进式搅拌器，如图 2-19（b）所示，导流筒安置在叶轮的外面，使推进式搅拌器所产生的轴向流得到进一步加强。

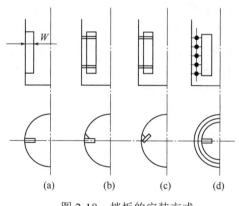

图 2-18　挡板的安装方式

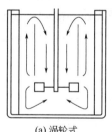

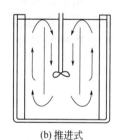

（a）涡轮式　　　（b）推进式

图 2-19　导流筒的安装方式

3.2　换热装置的设计与选择

3.2.1　换热装置及特点

（1）夹套　传热夹套一般由钢板焊接而成，它是套在反应器筒体外面能形成密封空间的容器，既简单又方便。夹套内通蒸汽时，其蒸汽压力一般不超过 0.6MPa。当反应器的直径大或者加热蒸汽压力较高时，夹套必须采取加强措施。图 2-20 所示为几种加强的夹套传热结构。

夹套式换热器

图 2-20（a）为一种支撑短管加强的"蜂窝夹套"，可用 1MPa 的饱和水蒸气加热至 180℃；图 2-20（b）为冲压式"蜂窝夹套"，可耐更高的压力。图 2-20（c)和（d）为角钢焊在釜的外壁上的结构，耐压可达到 5～6MPa。

夹套与反应釜内壁的间距视反应釜直径的大小采用不同的数值，一般取 25～100mm。夹套的高度取决于传热面积，而传热面积由工艺要求确定。但必须注意夹套高度一般应高于料液的高度，应比釜内液面高出 50～100mm 左右，以保证充分传热。

有时，对于较大型的搅拌釜，为了提高传热效果，在夹套空间装设螺旋导流板，如图 2-21 所示，以缩小夹套中流体的流通面积，提高流速并避免短路。螺旋导流板一般焊在釜壁上，与夹套壁有小于 3mm 的间隙。加设螺旋导流板后，夹套侧的传热系数一般可由 500W/(m^2·K)增大到 1500～2000W/(m^2·K)。

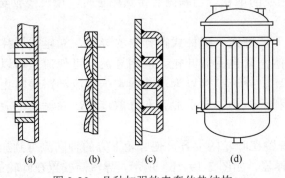

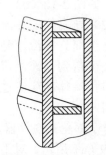

图 2-20　几种加强的夹套传热结构　　　　图 2-21　螺旋导流板

（2）蛇管　当工艺需要的传热面积大，单靠夹套传热不能满足要求时，或者反应器内壁衬有橡胶、瓷砖等非金属材料时，可采用蛇管、插入套管、插入 D 形管等传热。

工业上常用的蛇管有两种：水平式蛇管，如图 2-22 所示；直立式蛇管，如图 2-23 所示。排列紧密的水平式蛇管能同时起到导流筒的作用，排列紧密的直立式蛇管同时可以起到挡板的作用，它们对于改善流体的流动状况和搅拌的效果起积极作用。

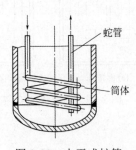

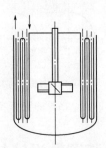

图 2-22　水平式蛇管　　　　　　　　图 2-23　直立式蛇管

蛇管浸没在物料中，热量损失少，且由于蛇管内传热介质流速高，它的传热系数比夹套大得多。但对于含有固体颗粒的物料及黏稠的物料，容易引起物料堆积和挂料，影响传热效果。

工业上常用的几种插入式传热构件如图 2-24 所示。图中（a）为垂直管，（b）为指型管，（c）为 D 型管。这些插入式结构适用于反应物料容易在传热壁上结垢的场合，检修、除垢都比较方便。

（3）列管　对于大型反应釜，需高速传热时，可在釜内安装列管式换热器，如图 2-25 所示。它的主要优点是单位体积所具有的传热面积大，传热效果好；此外结构简单，操作弹性较大。

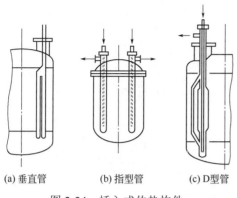

(a) 垂直管　　(b) 指型管　　(c) D型管

图 2-24　插入式传热构件

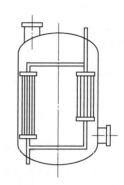

图 2-25　内装列管的反应釜

（4）外部循环式　当反应器的夹套和蛇管传热面积仍不能满足工艺要求，或由于工艺的特殊要求无法在反应器内安装蛇管而夹套的传热面积又不能满足工艺要求时，可以通过泵将反应器内的料液抽出，经过外部换热器换热后再循环回反应器中。

（5）回流冷凝式　当反应在沸腾温度下进行且反应热效应很大时，可以采用回流冷凝法进行换热，使反应器内产生的蒸汽通过外部的冷凝器加以冷凝，冷凝液返回反应器中。采用这种方法进行传热，由于蒸汽在冷凝器中以冷凝的方式散热，可以得到很高的传热系数。

3.2.2　换热介质的选择

（1）高温热源的选择　用一般的低压饱和水蒸气加热时温度最高只能达 150～160℃，需要更高加热温度时则应考虑加热剂的选择问题。化工厂常用的加热剂如下。

① 高压饱和水蒸气　高压饱和水蒸气来源于高压蒸汽锅炉、利用反应热的废热锅炉或热电站的蒸汽透平。蒸汽压力可达数兆帕。用高压蒸汽作为热源的缺点是需高压管道输送蒸汽，其建设投资费用大，尤其需远距离输送时热损失也大，很不经济。

② 高压汽水混合物　当车间内有个别设备需高温加热时，设置一套专用的高压汽水混合物作为高温热源，可能是比较经济可行的。这种加热装置的原理如图 2-26 所示，由焊在设备外壁上的高压蛇管(或内部蛇管)、空气冷却器、高温加热炉和安全阀等部分构成一个封闭的循环系统。管内充满70%的水和30%的蒸汽，形成汽水混合物。从加热炉到加热设备这一段管道内蒸汽比例高、水的比例低，而从冷却器返回加热炉这一段管道内蒸汽比例低、水的比例高，于是形成一个自然循环系统。循环速度的大小决定于加热的设备与加热炉之间的高位差及汽水比例。

这种高温加热装置适用于 200～250℃的加热要求。加热炉的燃料可用气体燃料或液体燃料，炉温达 800～900℃，炉内加热蛇管用耐温耐压合金钢管。

③ 有机载热体　利用某些有机物常压沸点高、熔点低、热稳定性好等特点可提供高温的热源。如联苯导生油，YD、SD 导热油等都是良好的高温载热体。联苯导生油是

含联苯 26.5%、二苯醚 73.5%的低共沸混合物，熔点 12.3℃，沸点 258℃。它的突出优点是能在较低的压力下得到较高的加热温度。在同样的温度下，它的饱和蒸气压力只有水蒸气压力的几十分之一。

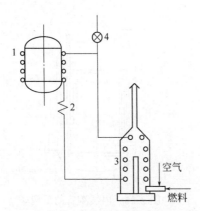

图 2-26　高压汽水混合物的加热装置

1—高压蛇管；2—空气冷却器；

3—高温加热炉；4—安全阀

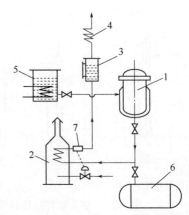

图 2-27　液体联苯混合物自然循环加热装置

1—被加热设备；2—加热炉；3—影胀器；4—回流冷凝器；

5—熔化炉；6—事故槽；7—温度自控装置

当加热温度在 250℃以下时，可采用液体联苯混合物加热，有三种加热方案。

a．液体联苯混合物自然循环加热法如图 2-27 所示。加热设备与加热炉之间保持一定的高位差才能使液体有良好的自然循环。

b．液体联苯混合物强制循环加热法采用屏蔽泵或者液下泵使液体强制循环。

c．夹套内盛联苯混合物，将管式电热器插入液体内的加热法应用于传热速率要求不太高的场合，如图 2-28 所示。

当加热温度超过 250℃时，可采用联苯混合物的蒸气加热。根据其冷凝液回流方法的不同，也可分为自然循环与强制循环两种方案。自然循环法设备较简单，不需使用循环泵，但要求加热器与加热炉之间有一定的位差，以保证冷凝液的自然循环。位差的高低决定于循环系统阻力的大小，一般可取 3～5m。如厂房高度不够，可以适当放大循环液管径以减少阻力。当受条件限制不能达到自然循环要求时，或者加热设备较多，操作中容易产生互相干扰等情况，可用强制循环流程。

另一种较为简易的联苯混合物蒸气加热装置，是将蒸气发生器直接附设在加热设备上面。用电热棒加热液体联苯混合物，使它沸腾，产生蒸气，如图 2-29 所示。当加热温度小于 280℃、蒸气压力低于 0.07MPa 时，采用这种方法较为方便。

④ 熔盐　反应温度在 300℃以上可用熔盐作载热体。熔盐的组成为 KNO_3 53%、$NaNO_3$ 7%、$NaNO_2$ 40%（质量分数，熔点 142℃）。

⑤ 电加热法　这是一种操作方便、热效率高、便于实现自控和遥控的高温加热方法。常用的电加热方法可以分为以下三种类型。

a．电阻加热法　电流透过电阻产生热量实现加热。可采用以下几种结构型式。

（a）辐射加热即把电阻丝暴露在空气中，依靠辐射和对流传热直接加热反应釜。此种型式只能适用于不易燃易爆的操作过程。

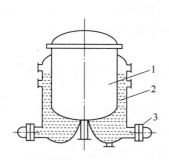

图 2-28　液体联苯混合物夹套浴电加热装置

1—被加热设备；2—加热夹套；3—管式电热器

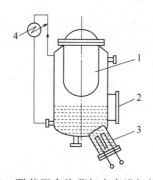

图 2-29　联苯混合物蒸气夹套浴加热装置

1—被加热设备；2—液面计；3—电加热棒；4—回流冷凝器

（b）电阻夹布加热将电阻丝夹在用玻璃纤维织成的布中，包扎在被加热设备的外壁。这样可以避免电阻丝暴露在大气中，从而减少引起火灾的危险性。但必须注意的是电阻夹布不允许被水浸湿，否则将引起漏电和短路的危险事故。

（c）插入式加热将管式或棒状电热器插入被加热的介质中或夹套浴中实现加热，如图 2-28 和图 2-29 所示。这种型式仅适用于小型设备的加热。

电阻加热法可采用可控硅电压调节器自动调节加热温度，实现较为平稳的温度控制。

b. 感应电流加热法　感应电流加热是利用交流电路所引起的磁通量变化在被加热体中感应产生的涡流损耗变为热能。感应电流在加热体中透入的深度与设备的形状以及电流的频率有关。在化工生产中应用较方便的是普通的工业交流电产生感应电流加热，称为工频感应电流加热法，它适用于壁厚在 5～8mm 以上、圆筒形设备加热（高径比最好在 2～4 以上），加热温度在 500℃以下。其优点是施工简便，无明火，在易燃易爆环境中使用比其他加热方式安全，升温快，温度分布均匀。

c. 短路电流加热法　将低电压如 36V 的交流电直接通到被加热的设备上，利用短路电流产生的热量进行高温加热。这种电加热法适用于加热细长的反应器。

⑥ 烟道气加热法　用煤气、天然气、石油加工废气或燃料油等燃烧时产生的高温烟道气作热源加热设备，可用于 300℃以上的高温加热。缺点是热效率低，传热系数小，温度不易控制。

（2）低温冷源的选择

① 冷却用水　如河水、井水、城市水厂给水等，水温随地区和季节而变。深井水的水温较低而稳定，一般在 15～20℃左右。水的冷却效果好，也最为常用。随水的硬度不同，对换热后的水出口温度有一定限制，一般不宜超过 60℃，在不宜清洗的场合不宜超过 50℃，以免水垢的迅速生成。

② 空气　在缺乏水资源的地方可采用空气冷却，其主要缺点是传热系数低，需要的传热面积大。

③ 低温冷却剂　有些化工生产过程需要在较低的温度下进行，这种低温采用一般冷却方法难以达到，必须采用特殊的制冷装置进行人工制冷。

在制冷装置中一般多采用直接冷却方式，即利用制冷剂的蒸发直接冷却冷间内的空气，或直接冷却被冷却物体。制冷剂一般有液氨、液氮等。由于需要额外的机械能量，故成本较高。

在有些情况下则采用间接冷却方式，即被冷却对象的热量是通过中间介质传送给在蒸发器中蒸发的制冷剂。这种中间介质起着传送和分配冷量的媒介作用，称为载冷剂。常用的载冷剂有三类，即水、盐水及有机物载冷剂。

a．水　比热容大，传热性能良好，价廉易得，但冰点高，仅能用来制取 0℃以上冷量的载冷剂。

b．盐水　氯化钠及氯化钙等盐的水溶液，通常称为冷冻盐水。盐水的起始凝固温度随浓度而变（见表 2-1）。氯化钙盐水的共晶温度（−55℃）比氯化钠盐水低，可用于较低温度，故应用较广。氯化钠盐水无毒，传热性能较氯化钙盐水好。

表 2-1　冷冻盐水起始凝固温度与浓度的关系

相对密度（15℃）	氯化钠盐水			氯化钙盐水		
	浓度/%	100kg 水加盐量/kg	起始凝固温度/℃	浓度/%	100kg 水加盐量/kg	起始凝固温度/℃
1.05	7.0	7.5	−4.4	5.9	6.3	−3.0
1.10	13.6	15.7	−9.8	11.5	13.0	−7.1
1.15	20.0	25.0	−16.6	16.8	20.2	−12.7
1.175	23.1	30.1	−21.2			
1.20				21.9	28.0	−21.2
1.25				26.6	36.2	−34.4
1.286				29.9	42.7	−55.0

氯化钠盐水及氯化钙盐水均对金属材料有腐蚀性，使用时需加缓蚀剂重铬酸钠及氢氧化钠，以使盐水的 pH 值达 7.0～8.5，呈弱碱性。

c．有机物载冷剂　有机物载冷剂适用于比较低的温度，常用的有如下几种。

（a）乙二醇、丙二醇的水溶液。乙二醇无色无味，可全溶于水，对金属材料无腐蚀性。乙二醇水溶液使用温度可达−35℃（质量分数为 45%），但用于−10℃（质量分数为 35%）时效果最好。乙二醇黏度大，故传热性能较差，稍具毒性，不宜用于开放式系统。

丙二醇是极稳定的化合物，全溶于水，对金属材料无腐蚀性。丙二醇的水溶液无毒，黏度较大，传热性能较差。丙二醇的使用温度通常为−10℃或−10℃以上。

乙二醇和丙二醇溶液的凝固温度随其浓度而变（见表 2-2）。

表 2-2　乙二醇和丙二醇溶液的凝固温度与浓度的关系

体积分数/%		20	25	30	35	40	45	50
凝固温度/℃	乙二醇	−8.7	−12.0	−15.9	−20.0	−24.7	−30.0	−35.9
	丙二醇	−7.2	−9.7	−12.8	−16.4	−20.9	−26.1	−32.0

（b）甲醇、乙醇的水溶液。在有机物载冷剂中甲醇是最便宜的，而且对金属材料不腐蚀，甲醇水溶液的使用温度范围是 0～−35℃，相应的体积分数是 15%～40%，−35～−20℃范围内具有较好的传热性能。甲醇用作载冷剂的缺点是有毒和可以燃烧，在运送、储存和使用中应注意安全问题。

乙醇无毒，对金属不腐蚀，其水溶液常用于啤酒厂、化工厂及食品化工厂。乙醇也可燃，比甲醇贵，传热性能比甲醇差。

针对所熟悉的化工生产过程，试说明哪些产品的生产工艺过程使用釜式反应器。试总结釜式反应器的结构及工业应用。

任务四 釜式反应器的实训操作

4.1 生产治疗血吸虫病药物中间体的实训

4.1.1 反应原理

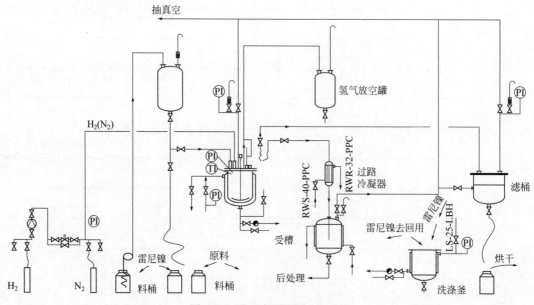

4.1.2 流程简述

生产工艺流程如图 2-30 所示。

图 2-30 高压氢化反应流程图

将原料环化物、溶剂醋酸乙酯、催化剂雷尼镍（RNi）加入高压釜中，用氮气置换，然后通入 4~5MPa 的氢气，水浴加热，反应 8~9h 后降温、泄压，含氢化物的上层清液去后处理工序，真空抽滤下层雷尼镍，滤液与上层清液合并，雷尼镍洗涤后回用。

4.1.3　实施准备

任务卡

任务编号		任务名称	
学员姓名		指导教师	
任务组组长		任务组成员	
学习任务	生产治疗血吸虫病药物中间体高压加氢间歇釜式反应器的操作与控制		
学习目标	知识目标 （1）描述治疗血吸虫病药物中间体的反应原理和生产流程； （2）评价间歇釜式反应器实验装置。 技能目标 （1）具有对工艺参数（温度、压力等）调节和控制的能力； （2）会进行正常的开停车操作； （3）在生产过程中，具有随时对发生的其他事故进行判断和处理的能力； （4）能做好个体防护，实现安全、清洁生产。 素养目标 （1）培养良好的语言表达和沟通能力； （2）培养过硬的应急应变能力，遇突发事件能冷静分析、正确处理； （3）严格遵守操作规程的职业操守及培养团结协作、积极进取的团队合作精神。		

工作内容及要求

实施前	1. 填写任务卡，明确任务目标、内容及要求
	2. 学习实训岗位操作规程（SOP），明确操作要领
	3. 回答引导问题，填写任务预习记录
实施中	1. 穿戴整洁、干净的实训服；佩戴乳胶手套、防毒口罩等防护用品
	2. 严格按 SOP 完成备料
	3. 严格按 SOP 完成投料、反应过程的控制、产物的进一步处理
	4. 正确进行产品质量分析
实施完成	1. 提交纸质版的任务完成工作册
	2. 在教师引导下，总结完成任务的要点，系统地完成相关理论知识的学习
	3. 归纳总结实验得出的结论
	4. 通过分析计算，对整个任务完成的过程进行评价
	5. 对实施过程和成果进行互评，得出结论

进度要求

1. 任务实施的过程、相关记录、成果和考核要在任务规定实操时间内完成

2. 理论学习在任务完成后一天内完成（含自学内容）

预习活页

任务名称		子任务名称	
学员姓名/学号		任务组成员	

引导问题

引导问题回答

任务预习记录

一、原辅料和产物理化性质、主要危险性及个体防护措施

1	原辅料/产物名称	物质的量/mol	密度/(kg/m³)	主要危险性	个体防护措施
2					
3					
4					
5					

二、实训操作注意事项

三、问题和建议

预习完成时间：　　年　　月　　日

4.1.4 任务实施

题目：治疗血吸虫病药物中间体合成岗位操作规程（SOP）

文件号：	生效日期：		审核期限：	页码：
起草人：	第一审核人：	第二审核人：	批准人：	发布部门：
日期：　年　月　日	日期：　年　月　日	日期：　年　月　日	日期：　年　月　日	

（1）开车前的准备

① 现场检查

a. 操作人员必须按规定穿戴工作服（实验服）、帽（长发者）、鞋、防毒口罩、乳胶手套，才能进入生产岗位。

b. 检查房间是否挂有"待用、已清洁"标志。

c. 检查仪器设备清洁状态，是否在清洁效期内，设备挂有设备状态标志。

d. 检查所用反应仪器设备的清洁维护及运转情况，应符合要求，并做好记录。

e. 检查仪器，按置零键置零，是否在校验合格期内。

f. 检查设备完好证明与校验合格证，并且在校验期内。

g. 检查操作间与设备是否已换上生产状态标识牌。

h. 根据 GMP 认证管理制度，检查生产现场水、电是否达到生产要求。

i. 检查所用原料环化物、溶剂醋酸乙酯、催化剂雷尼镍是否符合要求，并做记录。

j. 做好检查记录，指导教师现场引导检查。

② 雷尼镍的制备

a. 在搪瓷桶内投入称量好的片碱（NaOH）及称量好的蒸馏水，沉淀 30 min。

b. 往反应釜中小心地抽入配好的碱液，同时夹套开水冷却，搅拌 15 min 左右。

c. 夹套水浴加热，当温度升至 45℃时，缓慢均匀地加 60～80 目铝镍合金，加料温度维持在 48～54℃之间，5h 左右加完铝镍合金。

d. 加料毕，水浴升温至 75～80℃，保温 4h。

e. 保温毕，水冷却至 65～70℃放料。

f. 将反应好的物料放入搪瓷桶内，用倾泻法分出上层废液，再用温水递降洗涤，直至 pH 中性为止。

g. 用冷水洗涤、计量装入塑料桶盖紧，水封。

雷尼镍的制备操作要点如下：

a. 碱度、温度及铝镍合金目数与雷尼镍的活性和安全密切有关，故对配料量、操作温度等均应严格按规定控制。

b. 铝镍合金与碱的反应是剧烈的放热反应，加料时应严格遵守缓慢、均匀、逐渐，不可一下子加入过多，以防冲料。

c. 加铝镍合金的后阶段放热量会随之减少，应适当关小冷却水，以防反应温度过低。

d. 热水洗的水温不能低于规定温度，否则将会使铝酸钠盐析出，造成洗涤困难。

e. 干燥的雷尼镍遇空气会立即自燃，故在放料水时要注意将釜壁上及桶壁上粘有的雷尼镍冲洗干净，以防雷尼镍干燥后自燃产生明火。

f. 雷尼镍存放时间不能过长（在<20℃下，可储存1周），否则将影响雷尼镍的活性。

③雷尼镍的活化操作

a. 将配好的2% NaOH溶液盛于搪瓷桶内，再将配好的纯化水放入含有雷尼镍的桶内（先倒出塑料桶中上层浸泡水），一起真空抽入搪玻璃反应釜。

b. 搅拌下夹套蒸汽缓慢加热，待内温升至75～80℃左右，停止升温，搅拌下保温2h。

c. 保温毕，搅拌下趁热将雷尼镍和碱溶液放入搪瓷桶内，待分层沉淀后（约10min）上层溶液倾斜倒出。

e. 把预先在釜已加热到65～70℃的蒸馏水，以1:3配比放入盛雷尼镍的搪瓷桶内进行梯降洗涤数次，洗涤时必须充分搅拌。

f. 经数次温洗后，再以蒸馏水洗涤，重复上述操作多次至pH呈中性。每次洗涤沉淀时间约10min，必须洗涤至洗涤液澄清，切勿把雷尼镍带出。

g. 工业乙醇处理。纯化水洗涤后的雷尼镍倒出水分，用工业乙醇以1:2配比洗涤交换出水分。应充分搅和，不使雷尼镍沉于底部。搅和后进行沉淀，再倾斜倒出含水乙醇。按此方法用工业乙醇洗涤三次。

h. 无水乙醇洗涤。按工业乙醇处理方法进行，分三次以上洗涤，经洗涤后乙醇含量要达96%以上，以确保雷尼镍中含水量达到最低限度。

i. 处理完毕的雷尼镍，按配比投料量配好盛于搪瓷桶内。投料前必须转移到醋酸乙酯溶剂中，待投料之用。

（2）开车

① 投料

a. 将称量好的环化物倒入一定量的醋酸乙酯中搅和后，真空抽入高压釜中。

b. 以真空吸入法将浸泡在醋酸乙酯中雷尼镍抽进釜中，边抽边以少量醋酸乙酯浇洗粘在搪瓷桶壁上的雷尼镍，直至抽尽，再以醋酸乙酯抽洗投料管道，防止雷尼镍残留而燃烧。

c. 封进料口，用精白纱蘸上醋酸乙酯仔细抹净球面的杂质，再拧紧封口。

② 排除空气

a. 先开N_2进气阀，然后开釜盖上排气阀，充N_2 1MPa连续两次洗涤空气。

b. N_2洗涤空气两次后，关闭控制室N_2进气阀，打开H_2进气阀，用H_2洗涤空气四次，每次1MPa。

③ 复查检漏与启动搅拌

a. H_2洗涤空气四次后，充入4～5MPa H_2压力于釜中，关闭排气阀，用肥皂水进行查漏，检查釜盖上各接触点是否漏气，包括轴封、排气口等接触部分。

b．检查完毕，开启搅拌轴封冷却水，开启搅拌。

（3）正常操作

①升温

a．搅拌下，夹套水浴加热（应先放掉存水），水浴加热时应做到缓慢加热，逐渐上升。

b．当外温升到 100℃左右，内温升到 70℃左右，开始吸 H_2 反应。

c．在吸 H_2 反应过程中，有放热现象，温度上升较快，注意调小或关闭蒸汽加热。

② 保温

a．当内温升到 90℃时，开始保温反应。

b．H_2 压力自保温始应保持 4～5MPa，温度严格控制在 96℃±2℃，严禁超过 100℃。

c．自保温始每批反应时间控制在 8～9h，注意观察吸 H_2 情况，特殊情况及时采取措施。

（4）正常停车

① 降温

a．保温反应结束后，关闭蒸汽阀与釜底出气阀。

b．夹套改用自来水冷却，外温在 60～65℃之间，关自来水，待内温和外温冷热交换均匀后内温在 60～65℃之间，停止搅拌，静置 30min 分层。

c．若外温过低，内温未达到出料温度，外温应稍加热，使外温回升，保持在 60～65℃之间，防止过冷析出结晶体。

② 放气出料

a．内温保持在 60～65℃之间，小心打开釜盖上放气阀，关 H_2 进气阀，排出釜内余氢压力，放光为止。

b．再充入 1MPa N_2 洗涤两次。注意放气时切勿过快，以防压力过高，冲出加成物和液体，其中还残留有雷尼镍粉，会堵塞针型阀与通气管道。

③ 松盖排气

a．小心稍开釜上出料口，让釜内少量余压跑尽，切勿过快。

b．压力跑尽后，打开出料口。

④ 通 N_2 吸料

a．出料口打开后，立即通入小流量 N_2，防止空气进入而燃烧。

b．打开过路冷凝器中的冷冻盐水，以防吸料时醋酸乙酯被抽入缓冲罐中。

c．滤缸用蒸汽预热，防止过滤时析出固体，同时在滤缸内铺好滤袋。

d．插入塑料管，真空吸出釜内经沉淀后的上层氢化液入滤缸内过滤。

⑤ 过滤防燃

a．过滤时密切注意切不可抽干，让溶剂保持湿润状态，滤袋壁上的雷尼镍粉末用料液冲洗下去，防止雷尼镍自燃而引起溶剂燃烧

b．料液出尽后，关 N_2。真空吸入法抽进下批反应物料时滤缸内可充入小流量的 N_2

以防燃烧。

⑥ 出活性镍操作

待一轮雷尼镍反应完毕（即氢化 20 批），需将雷尼镍全部清出，其操作过程可用两种方法。

方法一

a. 抽料加热。第 20 批反应氢化液抽出过滤后，关 N_2；真空下将醋酸乙酯抽入釜内，盖料口，开搅拌（此时釜内开进少量 N_2）；夹套水浴加热，内温达 60℃左右，搅拌数分钟。

b. 通 N_2 出料。放 N_2，打开出料口，再充入微量 N_2 保护，真空下将液体与镍粉一并抽出，倾泻于搪瓷桶内；沉淀后上层液再抽入釜内，洗涤尚未全部抽出的镍粉（在出洗涤液时也必须开小流量 N_2），防止空气进入而燃烧，尽量将釜内镍出尽。

c. 过滤防燃。在出镍过滤时切勿滤干，保持湿润状态，滤袋壁用料液冲洗至液体中，滤饼将近干时，以少量醋酸乙酯洗一次。镍经过滤或沉淀后置于搪瓷桶内，放入水中。

方法二

a. 在出第 20 批料液时，继续搅拌。

b. 做好一切抽料准备后，开启釜盖盖头，再停搅拌。

c. 通小流量 N_2，立即伸入抽料管到底部同时进行出料液及出镍粉的操作，将镍一并抽入滤缸内。

d. 待氢化液滤干后，及时将滤袋放入预先准备好的搪瓷桶内，覆上盖子，随即将其倒入水缸之中，过滤防燃措施同前。

（5）清场

检查生产使用的仪器、设备水电是否关闭，将剩余原料、生产记录本、设备运行记录等按照标准化管理要求，放到指定位置。清洗仪器：设备外表面擦拭干净，打扫卫生，垃圾和废物收集到指定位置。房间内挂上"待用、已清洁"状态标志。填写清场记录。

4.1.5　成果

（1）结果与产率

产物名称	生产日期	批号	重量	熔点	产率
产物外观：					
记录人：　　　　　年　月　日		计算人：　　　　　　　　　　年　月　日			
任课教师：　　　　　　　　　　　　　　　　　　　　　　　　年　月　日					
备注：					

（2）单耗与成本

原料名称	单价/（元/g）	单耗/（g/g）	成本/（元/g）
原料环化物			
醋酸乙酯			
片碱			
铝镍合金			
2% NaOH 溶液			
记录人：　　　　　　年　月　日	计算人：　　　　　　年　月　日		
任课教师：　　　　　　　　　　　　　　　　　　　年　月　日			

治疗血吸虫病药物中间体合成作业活页笔记

1. 学习完该任务，你有哪些收获、感受和建议？

....

....

....

2. 你对治疗血吸虫病药物中间体的合成，有哪些新认识和见解？

....

....

....

3. 你还有哪些尚未明白或者未解决的疑惑？

....

....

....

4.1.6 评价与考核

任务名称：高压加氢间歇釜式反应器的实训操作		实训地点：	
学习任务：治疗血吸虫病药物中间体合成操作规程		授课教师：	学时：
任务性质：理实一体化实训任务		综合评分：	

知识掌握情况评分（20分）

序号	知识考核点	教师评价	配分	得分
1	反应物料的选择		3	
2	合成原理		3	
3	反应条件的控制		5	
4	反应时间的控制		2	
5	产品质量的评估		2	
6	催化剂的制备		1	
7	催化剂的再利用		2	
8	加氢反应特别注意的要点		2	

工作任务完成情况评分（60分）

序号	能力操作考核点	教师评价	配分	得分
1	对任务的解读分析能力		10	
2	正确按规程操作的能力		20	
3	处理应急任务的能力		10	
4	与组员的合作能力		10	
5	对自己的管控能力		10	

违纪扣分（20分）

序号	违纪考核点	教师评价	分数	扣分
1	不按操作规程操作		5	
2	不遵守实训室管理规定		5	
3	操作不爱惜器皿、设备		4	
4	操作间打电话		2	
5	操作间吃东西		2	
6	操作间玩游戏		2	

4.2 连续操作釜式反应器的实训操作

4.2.1 反应原理

$$n\mathrm{H_2C}{=\!=}\mathrm{CH_2} \xrightarrow{\text{催化剂}} {\mskip-5mu}{\leftarrow}\mathrm{CH_2}{-}\mathrm{CH_2}{\rightarrow}_n$$

单体　　　　　　　　　聚乙烯

4.2.2 工艺流程简述

如图 2-31 所示，乙烯、溶剂己烷以及催化剂、分子量调节剂等连续不断地加入反应器中，在一定的温度、压力条件下进行聚合，聚合热采用夹套及气体外循环、浆液外循环等方式除去，通过调节聚合条件精确控制聚合物的分子量及其分布，反应完成后聚合物浆液靠本身压力出料。

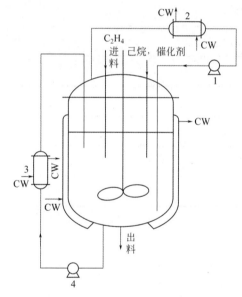

图 2-31　搅拌釜聚合系统示意图
1—循环风机；2，3—换热器；4—循环泵；CW—冷却水

笔记

4.2.3　实施准备

任务卡

任务编号		任务名称	
学员姓名		指导教师	
任务组组长		任务组成员	
学习任务	高密度低压聚乙烯生产连续操作釜式反应器的操作与控制		
学习目标	知识目标 （1）描述高密度低压聚乙烯合成反应原理； （2）分析高密度低压聚乙烯生产的工艺条件； （3）评价连续操作釜式反应器装置。 技能目标 （1）具有识读与表述工艺流程图的能力； （2）具有对现场装置、主要设备、仪表、阀门等的位号、功能及工作原理分析和运用的能力； （3）在生产过程中，具有随时对发生的其他事故进行判断和处理的能力； （4）能做好个体防护，实现安全、清洁生产。 素养目标 （1）良好的语言表达和沟通能力； （2）具有强的应急应变能力，遇突发事件能冷静分析、正确处理； （3）严格遵守操作规程的职业操守及具有团结协作、积极进取的团队合作精神。		

工作内容及要求		
实施前	1. 填写任务卡，明确任务目标、内容及要求	
	2. 学习实训岗位操作规程（SOP），明确操作要领	
	3. 回答引导问题，填写任务预习记录	
实施中	1. 穿戴整洁、干净的实训服，佩戴乳胶手套、防毒口罩等防护用品	
	2. 严格按 SOP 完成备料	
	3. 严格按 SOP 完成投料、反应过程的控制、产物的进一步处理	
	4. 正确进行产品质量分析	
实施完成	1. 提交纸质版的任务完成工作册	
	2. 在教师引导下，总结完成任务的要点，系统地完成相关理论知识的学习	
	3. 归纳总结实验得出的结论	
	4. 通过分析计算，对整个任务完成的过程进行评价	
	5. 对实施过程和成果进行互评，得出结论	

进度要求
1. 任务实施的过程、相关记录、成果和考核要在任务规定实操时间内完成
2. 理论学习在任务完成后一天内完成（含自学内容）

预习活页			
任务名称		子任务名称	
学员姓名/学号		任务组成员	

引导问题

引导问题回答

任务预习记录

一、原辅料和产物物理化性质、主要危险性及个体防护措施

1	原辅料/产物名称	物质的量/mol	密度/(kg/m³)	主要危险性	个体防护措施
2					
3					
4					
5					

二、实训操作注意事项

三、问题和建议

预习完成时间：　　年　　月　　日

4.2.4　任务实施

题目：高密度低压聚乙烯聚合岗位操作规程（SOP）

文件号：	生效日期：		审核期限：	页码：
起草人：	第一审核人：	第二审核人：	批准人：	发布部门：
日期：　年　月　日	日期：　年　月　日	日期：　年　月　日	日期：　年　月　日	

（1）聚乙烯搅拌反应釜的操作与控制

① 开车　首先，通入氮气对聚合系统进行试漏，氮气置换。检查转动设备的润滑情况。投运冷却水、蒸汽、热水、氮气、工厂风、仪表风、润滑油、密封油等系统。投运仪表、电气、安全联锁系统。往聚合釜中加入溶剂或液态聚合单体。当釜内液体淹没最低一层搅拌叶后，启动聚合釜搅拌器。继续往釜内加入溶剂或单体，直到达正常料位止。升温使釜温达到正常值。在升温的过程中，当温度达到某一规定值时，向釜内加入催化剂、单体、溶剂、分子量调节剂等，并同时控制聚合温度、压力、聚合釜料位等工艺指标，使之达到正常值。

② 聚合系统的操作

a．温度控制　聚合温度的控制对于聚合系统操作是最关键的。聚合温度的控制一般有如下三种方法：

（a）通过夹套冷却水换热。

（b）如图 2-31 所示，循环风机、气相换热器 2、聚合釜组成气相外循环系统。通过气相换热器 2 能够调节循环气体的温度，并使其中的易冷凝气相冷凝，冷凝液流回聚合釜，从而达到控制聚合温度的目的。

（c）浆液循环泵 4、浆液换热器 3 和聚合釜组成浆液外循环系统。通过浆液换热器 3 能够调节循环浆液的温度，从而达到控制聚合温度的目的。

b．压力控制　聚合温度恒定时，在聚合单体为气相时主要通过催化剂的加料量和聚合单体的加料量来控制聚合压力。如聚合单体为液相时，聚合釜压力主要决定于单体的蒸气分压，也就是聚合温度。聚合釜气相中，不凝性惰性气体的含量过高是造成聚合釜压力超高的原因之一。此时需放火炬，以降低聚合釜的压力。

c．液位控制　聚合釜液位应该严格控制。一般聚合釜液位控制在 70%左右，通过聚合浆液的出料速率来控制。连续聚合时聚合釜必须有自动料位控制系统，以确保液位准确控制。液位控制过低，聚合产率低；液位控制过高，甚至满釜，就会造成聚合浆液进入换热器、风机等设备中，造成事故。

d．聚合浆液浓度控制　浆液过浓，造成搅拌器电机电流过高，引起超负载跳闸，停转，就会造成釜内聚合物结块，甚至引发飞温、爆聚事故。停搅拌是造成爆聚事故的主要原因之一。控制浆液浓度主要通过控制溶剂的加入量和聚合产率来实现

③ 停车　首先停进催化剂、单体，溶剂继续加入，维持聚合系统继续运行，在聚合反应停止后停进所有物料，卸料，停搅拌器和其他设备，用氮气置换，置换合格后交检修。

④ 高密度低压聚乙烯生产异常现象及处理方法

　　a. 聚合温度失控　应立即停进催化剂、聚合单体，增加溶剂进料量，加大循环冷却水量，紧急放火炬泄压，向后系统排聚合浆液，并适时加入阻聚剂。

　　b. 停搅拌事故　应立即加入阻聚剂，并采取其他相应的措施。

　　（2）清场　检查生产使用的仪器、设备水电是否关闭，将剩余原料、生产记录本、设备运行记录等按照标准化管理要求，放到指定位置。清洗仪器：设备外表面擦拭干净，打扫卫生，垃圾和废物收集到指定位置。房间内挂上"待用、已清洁"状态标志。填写清场记录。

4.2.5　成果

（1）结果与产率

产物名称	生产日期	批号	重量	熔点	产率

产物外观：

记录人：	年　月　日	计算人：		年　月　日

任课教师：　　　　　　　　　　　　　　　　　　　　　　年　月　日

备注：

（2）单耗与成本

原料名称	单价/(元/g)	单耗/(g/g)	成本/(元/g)
催化剂			
单体			
溶剂			
分子量调节剂			

记录人：	年　月　日	计算人：	年　月　日

任课教师：　　　　　　　　　　　　　　　　　　　　　　年　月　日

高密度低压聚乙烯聚合反应生产过程作业活页笔记

1. 学习完这个子任务，你有哪些收获、感受和建议？

2. 你对高密度低压聚乙烯的合成，有哪些新认识和见解？

3. 你还有哪些尚未明白或者未解决的疑惑？

4.2.6　评价与考核

任务名称：连续操作釜式反应器的实训操作		实训地点：	
学习任务：高密度低压聚乙烯合成操作与控制		授课教师：	学时：
任务性质：理实一体化实训任务		综合评分：	

知识掌握情况评分（20 分）

序号	知识考核点	教师评价	配分	得分
1	反应物料的选择		3	
2	聚合原理		3	
3	反应温度的控制		5	
4	聚合釜料位的控制		2	
5	催化剂的选用		2	
6	分子量调节剂的选用		1	
7	溶剂的选择		2	
8	产品质量		2	

工作任务完成情况评分（60 分）

序号	能力操作考核点	教师评价	配分	得分
1	对任务的解读分析能力		10	
2	正确按规程操作的能力		20	
3	处理应急任务的能力		10	
4	与组员的合作能力		10	
5	对自己的管控能力		10	

违纪扣分（20 分）

序号	违纪考核点	教师评价	分数	扣分
1	不按操作规程操作		5	
2	不遵守实训室管理规定		5	
3	操作不爱惜器皿、设备		4	
4	操作间打电话		2	
5	操作间吃东西		2	
6	操作间玩游戏		2	

任务五　釜式反应器的仿真操作

下面以 2-巯基苯并噻唑的生产仿真操作为例说明釜式反应器的仿真操作。

5.1　反应原理及工艺流程简述

5.1.1　反应原理

间歇反应在助剂、制药、染料等行业的生产过程中很常见。本工艺过程的产品（2-巯基苯并噻唑）是橡胶制品硫化促进剂 DM（2,2′-二硫代二苯并噻唑）的中间产品，它本身也是硫化促进剂，但活性不如 DM。

反应工序共有三种原料：多硫化钠（Na_2S_n）、邻硝基氯苯（$C_6H_4ClNO_2$）及二硫化碳（CS_2）主反应如下：

$$2C_6H_4ClNO_2+Na_2S_n \longrightarrow C_{12}H_8N_2S_2O_4+2NaCl+(n-2)S \downarrow$$

$$C_{12}H_8N_2S_2O_4+2CS_2+2H_2O+3Na_2S_n \longrightarrow 2C_7H_4NS_2Na+2H_2S \uparrow +2Na_2S_2O_3+(3n-4)S \downarrow$$

副反应如下：$C_6H_4ClNO_2+Na_2S_n+H_2O \longrightarrow C_6H_6ClN+Na_2S_2O_3+(n-2)S \downarrow$

主反应的活化能要比副反应的活化能高，因此升温后更利于反应收率。在 90℃时，主反应和副反应的速率比较接近，因此，要尽量延长反应温度在 90℃以上的时间，以获得更多的主反应产物。

5.1.2　工艺流程

生产工艺流程如图 2-32 所示，图 2-33 为间歇反应釜 DCS 图，图 2-34 为间歇反应釜

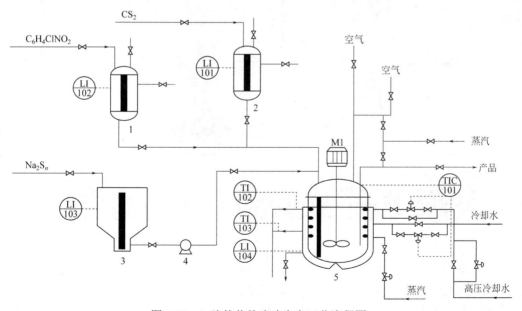

图 2-32　2-巯基苯并噻唑生产工艺流程图

1—邻硝基氯苯计量罐；2—二硫化碳计量罐；3—多硫化钠沉淀罐；4—离心泵；5—间歇反应釜

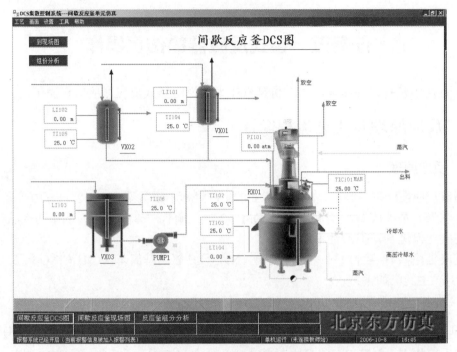

图 2-33　间歇反应釜 DCS 图

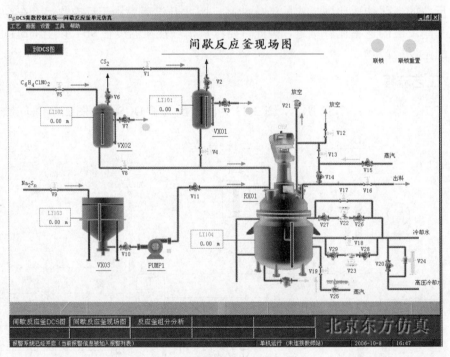

图 2-34　间歇反应釜现场图

现场图，来自备料工序的 CS_2、$C_6H_4ClNO_2$、Na_2S_n 分别注入计量罐及沉淀罐中，经计量沉淀后利用位差及离心泵压入反应釜中，釜温由夹套中的蒸汽、冷却水及蛇管中的冷却水控制，通过控制反应釜温度来控制反应速率及副反应速率，来获得较高的收率及确保反应过程安全。

5.2 常压间歇釜式反应器的操作与控制

5.2.1 开车

（1）备料

① 向 Na_2S_n 沉淀罐进料：打开 Na_2S_n 沉淀罐进料阀，向 Na_2S_n 沉淀罐充液；当 Na_2S_n 沉淀罐液位至规定液位后关闭进料阀；静置数小时备用。

② 向 CS_2 计量罐进料：打开 CS_2 计量罐放空阀和 CS_2 计量罐溢流阀；打开 CS_2 计量罐进料阀，向 CS_2 计量罐充液，出现溢流后关闭进料阀和溢流阀。

③ 向邻硝基氯苯计量罐进料：打开邻硝基氯苯计量罐放空阀；打开邻硝基氯苯计量罐溢流阀；打开邻硝基氯苯计量罐进料阀，向邻硝基氯苯计量罐充液，出现溢流后关闭进料阀和溢流阀。

（2）进料

① 微开反应釜放空阀。

② 从 Na_2S_n 沉淀罐向反应釜进料：打开泵前阀，向进料泵充液；打开进料泵，打开泵后阀。向反应釜进料；当 Na_2S_n 沉淀罐的液位小于规定值后停止进料；关泵后阀，关泵，关泵前阀。

③ 从 CS_2 计量罐向反应釜进料：打开 CS_2 计量罐进反应釜的进料阀，向反应釜进料，进料完毕后关闭进料阀。

④ 从邻硝基氯苯计量罐向反应釜进料：打开邻硝基氯苯计量罐进反应釜的进料阀，向反应釜进料，进料完毕后关闭进料阀。

⑤ 关闭反应釜放空阀，打开联锁控制。

（3）开车

① 开启反应釜搅拌电机。

② 适当打开夹套蒸汽加热阀，观察反应釜内温度和压力上升情况，控制适当的升温速度，逐渐使反应温度、压力等工艺指标达到正常值。

5.2.2 正常操作

（1）工艺参数要求

① 反应釜中压力不大于 8 atm（1 atm=101325Pa，下同）。

② 冷却水出口温度不小于 60℃，如小于 60℃易使硫在反应釜壁和蛇管表面结晶，使传热不畅。

（2）主要工艺生产指标的调整方法

① 温度调节：操作过程中以温度为主要调节对象，以压力为辅助调节对象。升温慢会引起副反应速率大于主反应速率的时间段过长，因而引起反应的产率低。升温快则容易反应失控。

② 压力调节：压力调节主要是通过调节温度实现的，但在超温的时候可以微开放空阀，使压力降低，以达到安全生产的目的。

③ 收率：由于在 90℃以下时副反应速率大于正反应速率，因此在安全的前提下快

速升温是高收率的保证。

（3）反应过程控制

① 当温度升至 55～65℃时关闭夹套蒸汽加热阀，停止通蒸汽加热。

② 当温度升至 70～80℃时微开冷却水阀，控制升温速度。

③ 当温度升至 110℃以上时，是反应剧烈的阶段，应小心加以控制，防止超温。当温度难以控制时，打开高压冷却水阀并可关闭搅拌器以使反应降速。当压力过高时，可微开反应釜放空阀以降低气压，但放空会使 CS_2 损失，污染大气。

④ 反应温度大于 128℃时，相当于压力超过 8 atm，已处于事故状态，联锁启动（开高压冷却水阀，关搅拌器，关加热蒸汽阀）。

⑤ 压力超过 15 atm（相当于温度大于 160℃），反应釜安全阀作用。

5.2.3　停车

在冷却水量很小的情况下，反应釜的温度下降仍较快，则说明反应接近尾声，可以进行停车出料操作了。

① 打开反应釜放空阀，放掉釜内残存的可燃气体，然后关闭放空阀。

② 打开蒸汽总阀，打开蒸汽加压阀给釜内升压，使釜内气压高于 4 atm。

③ 打开蒸汽预热阀片刻。

④ 打开反应釜出料阀门出料，出料完毕后进行吹扫，然后关闭出料阀，关闭蒸汽阀。

5.3　2-巯基苯并噻唑用反应釜常见异常现象及处理

表 2-3 为 2-巯基苯并噻唑的生产中常见异常现象及处理方法。

表 2-3　2-巯基苯并噻唑的生产中常见异常现象及处理方法

序号	异常现象	产生原因	处理方法
1	温度大于 128℃（气压大于 8 atm）	反应釜超温（超压）	① 开大冷却水，打开高压冷却水阀； ② 关闭搅拌器，使反应速率下降； ③ 如果气压超过 12 atm，打开反应釜放空阀
2	反应速率逐渐下降为低值，产物浓度变化缓慢	搅拌器坏	停止操作，出料维修
3	开大冷却水阀对控制反应釜温度无作用，且出口温度稳步上升	蛇管冷却水阀卡住	开冷却水旁路阀调节
4	出料时，内气压较高，但釜内液位下降很慢	出料管硫黄结晶，堵住出料管	开出料预热蒸汽阀吹扫，拆下出料管用火烧化硫黄，或更换管段及阀门
5	温度显示置零	测温电阻连线断	改用压力显示对反应进行调节（调节冷却水用量） ① 升温至压力为 0.3～0.75 atm 停止加热； ② 压力为 1.0～1.6 atm 开始通冷却水； ③ 压力在 3.5～4 atm 以上为反应剧烈阶段； ④ 压力大于 7 atm 相当于温度大于 128℃，处于故障状态； ⑤ 压力大于 10 atm，反应器联锁启动； ⑥ 压力大于 15 atm，反应釜安全阀启动（以上压力均为表压）

学习成果考核

关闭操作提示，现场仿真考试，最后得分以系统评分为准。

学习
札记

任务六　掌握釜式反应器的常见故障及维护要点

6.1　釜式反应器的维护与保养

表 2-4 给出了釜式反应器在开停车及工作时遇到的常见故障及处理方法。

表 2-4　釜式反应器常见的故障及处理方法

序号	故障现象	故障原因	处理方法
1	壳体损坏（腐蚀、裂纹、透孔）	① 受介质腐蚀（点蚀、晶间腐蚀） ② 热应力影响产生裂纹或碱脆 ③ 磨损变薄或均匀腐蚀	① 用耐腐蚀材料衬里的壳体需重新修衬或局部补焊 ② 焊接后要消除应力，产生裂纹要进行修补 ③ 超过设计最低的允许厚度需要换本体
2	超温、超压	① 仪表失灵，控制不严格 ② 误操作，原料配比不当，产生剧烈的放热反应 ③ 因传热或搅拌性能不佳发生副反应 ④ 进气阀失灵，进气压力过大，压力高	① 检查、修复自控系统，严格执行操作规程 ② 根据操作法，紧急放压，按规定定量、定时投料，严防误操作 ③ 增加传热面积或清除结垢，改善传热效果；修复搅拌器，提高搅拌效率 ④ 关总气阀，切断气源管理阀门
3	密封泄漏（填料密封）	① 搅拌轴在填料处磨损或腐蚀，造成间隙过大 ② 油环位置不当或油路堵塞不能形成油封 ③ 压盖没压紧，填料质量差或使用过久 ④ 填料箱腐蚀（机械密封） ⑤ 动静环端面变形、碰伤 ⑥ 端面比压过大，摩擦副产生热变形 ⑦ 密封圈选材不对，压紧力不够或 V 形密封圈装反，失去密封性 ⑧ 轴线与静环端面垂直度误差过大 ⑨ 操作压力、温度不稳，硬颗粒进入摩擦副 ⑩ 轴窜量超过指标 ⑪ 镶装或粘接动、静环的镶缝泄漏	① 更换或修补搅拌轴，并在机床上加工，保证表面粗糙度 ② 调整油环位置，清洗油路 ③ 压紧填料或更换填料 ④ 修补或更换 ⑤ 更换摩擦副或重新研磨 ⑥ 调整比压要合适，加强冷却系统，及时带走热量 ⑦ 密封圈选材、安装要合理，要有足够的压紧力 ⑧ 停车，重新找正，保证垂直度误差小于 0.5mm ⑨ 严格控制工艺指标，颗粒及结晶物不能进入摩擦副 ⑩ 调整、检修使轴的窜量达到标准 ⑪ 改进安装工艺或过盈量要适当，胶黏剂要好用，粘接牢固
4	釜内有异常的杂音	① 搅拌器摩擦釜内附件（蛇管、温度计管等）或刮壁 ② 搅拌器松脱 ③ 衬里鼓包，与搅拌器撞击 ④ 搅拌器弯曲或轴承损坏	① 停车检修找正，使搅拌器与附件有一定距离 ② 停车检查，紧固螺栓 ③ 修鼓包或更换衬里 ④ 检修或更换轴及轴承
5	搪瓷搅拌器脱落	① 被介质腐蚀断裂 ② 电动机旋转方向相反	① 更换搪瓷轴或用玻璃修补 ② 停车改变转向
6	搪瓷法兰漏气	① 法兰瓷面损坏 ② 选择垫圈材质不合理，安装接头不正确、空位、错移 ③ 卡子松动或数量不足	① 修补、涂防腐漆或树脂 ② 根据工艺要求，选择垫圈材料，垫圈接口要搭接，位置要均匀 ③ 按设计要求，有足够数量的卡子，并要紧固

续表

序号	故障现象	故障原因	处理方法
7	瓷面产生鳞爆及微孔	① 夹套或搅拌轴管内进入酸性杂质，产生氢脆现象 ② 瓷层不致密，有微孔隐患	① 用碳酸钠中和后，用水冲净或修补，腐蚀严重的需更换 ② 微孔数量少的可修补，严重的更换
8	电动机电流超过额定值	① 轴承损坏 ② 釜内温度低，物料黏稠 ③ 主轴转速较快 ④ 搅拌器直径过大	① 更换轴承 ② 按操作规程调整温度，物料黏度不能过大 ③ 控制主轴转速在一定的范围内 ④ 适当调整检修

6.2　维护要点

6.2.1　釜式反应器的维护要点

① 反应釜在运行中，严格执行操作规程，禁止超温、超压。
② 按工艺指标控制夹套（或蛇管）及反应器的温度。
③ 避免温差应力与内压应力叠加，使设备产生应力变形。
④ 严格控制配料比，防止剧烈反应。
⑤ 注意反应釜有无异常振动和声响，如发现故障，应检查修理并及时消除。

6.2.2　搪玻璃反应釜正常操作要点

① 加料要严防金属硬物掉入设备内，运转时要防止设备振动，检修时按化工厂搪玻璃反应釜维护检修规程（FSBSOP·021·001）文件执行。
② 尽量避免冷罐加热料和热罐加冷料，严防温度骤冷骤热。搪玻璃耐温剧变小于120℃。
③ 尽量避免酸碱液介质交替使用，否则将会使搪玻璃表面失去光泽而腐蚀。
④ 严防夹套内进入酸液（如果清洗夹套一定要用酸液时，不能用 pH<2 的酸液），酸液进入夹套会产生氢效应，引起搪玻璃表面像鱼鳞片一样大面积脱落。一般清洗夹套可用 2%的次氯酸钠溶液，最后用水清洗夹套。
⑤ 出料釜底堵塞时，可用非金属棒轻轻疏通，禁止用金属工具铲打。对粘在罐内表面上的反应物料要及时清洗，不宜用金属工具，以防损坏搪玻璃衬里。

工业
文化

化学与医疗

在古代，人们经过用柳树皮、树叶涂抹身体来缓解关节炎和背部疼痛，之后人们研究发现，起到镇痛效果的是柳树皮和树叶中所含的一种化学成分水杨酸。19世纪末，在德国拜耳公司工作的化学家菲利克斯霍夫曼的父亲老霍夫曼，在用水杨酸驱除关节炎带来的疼痛时，呕吐和胃部不适让他痛不欲生。为解除父亲服药时的巨大痛苦，霍夫曼查阅了一系列论文，最终找到了一种方法，生产出了稳定且副作用较小的乙酰水杨酸（阿司匹林的主要成分）。

1899年，阿司匹林的发明专利申请获通过，拜耳公司开始在德国生产这一药物，随后，可用于发热、头痛、关节痛的治疗及防止心血管老化等的阿司匹林成为全球用量最大的药品之一。20世纪，化学家在抗菌药方面的发明包括已经禁用了的磺胺类药物和青霉素等挽救了无数人的生命，宣告了合成药物时代的到来。经过百余年的发展，全球化学合成药物种类约达1500种。合成药物是用化学合成或生物合成等方法制成的药物。化学合成包括有机合成和无机合成。生物合成包括全生物合成和部分生物及部分化学合成。药物合成在医药工业中占极重要的地位。合成药物在医疗实践中被广泛应用。有些合成药物与天然药物的结构很类似，但不完全相同，例如优奎宁与奎宁相似，但不完全相同。有些合成药物则与天然药物毫无关系，例如阿司匹林、呋喃西林等。

化学与医学的关系很密切，在很早以前，欧洲的化学家就提出化学要为医治疾病制造药物，不少医生也参加了化学药物的研究工作，所以化学推动了医学的发展。我国居民平均寿命的提高，传染病死亡率的下降，其重要原因是普遍应用了各种新型的药物，阿司匹林和青霉素等新型药物的发现和使用，推动了医药科学的进程。高分子材料在医学上应用广泛，各种人造器官的发明，给患者带来了福音，使他们也能融入正常人的生活；锂盐可治疗精神错乱；金化合物可治疗关节炎；口服锌盐可治疗伊朗侏儒症；化学检验方法在临床检验技术中是最先使用也是最常使用的，糖尿病的检验、尿胆素的检验，都离不开化学；麻醉在临床医学发挥着重要的作用，1800年，英国化学家发现一氧化氮有麻醉作用，两年后，美国马萨诸塞州总医院首次利用乙醚麻醉进行外科手术获得成功。

生活中涉及化学的方面很多很多，涉及的具体指示更多，在不断观察、探索中我们生活的奥秘也将进一步被发现。化学给人们带来了精彩、带来了神奇，所以我们在享受幸福生活的同时，不要忘记为化学做出贡献的先辈，不要忘记为化学工业的发展做出贡献的人们！

 知识拓展

请扫码学习釜式反应器的计算，釜式反应器试车验收与正常开、停车。

知识拓展

项目测试

一、填空题

1. 搅拌釜式反应器由四大部分组成，即＿＿＿＿＿＿、＿＿＿＿＿＿、＿＿＿＿＿＿和＿＿＿＿＿＿。

2. 密封装置按密封的原理和方法不同，分为＿＿＿＿＿＿和＿＿＿＿＿＿两类。

3. 釜式反应器按操作方式不同，分为＿＿＿＿＿＿、＿＿＿＿＿＿和＿＿＿＿＿＿。

4. 常用的载冷剂有三类，即＿＿＿＿＿＿、＿＿＿＿＿＿和＿＿＿＿＿＿。

5. 搅拌装置是釜式反应器的关键设备，在反应器中起到强化＿＿＿＿＿＿和＿＿＿＿＿＿

的作用。

6．工业上常用的电加热法有_____、_____和_____三种。

7．常用制作容器的铸铁有_____、_____和_____。

8．如果釜内操作压力为负压时，可用_____反应釜。

9．温差应力和内压应力叠加，容易使反应釜产生_____。

10．我国标准搪玻璃反应釜有_____和_____两种。

11．工艺过程对搅拌的要求，可以分为_____、_____、_____和_____四种。

12．液体在设备范围内循环流动的途径称为液体的_____。

13．搅拌设备内流体的流型主要有三种，分别是_____、_____和_____。

14．搅拌器应具有两方面的性能，分别是_____和_____。

15．切线流严重时，液体在离心力的作用下涌向器壁，使器壁周围的液面上升，而中心部分液面下降，形成一个大漩涡，这种现象称为_____。

16．换热装置是用来加热或冷却反应物料，使之符合工艺要求的温度条件的设备。其结构形式主要有_____、_____、_____、_____等。

17．工业上常用的蛇管有两种，是_____蛇管和_____蛇管。

18．化工厂常用的加热剂有_____、_____和_____。

19．操作周期又称_____，是指生产每一批物料的全部操作时间。

20．由于间歇反应器是分批操作，其操作时间由两部分构成：一是_____；二是_____。

二、选择题

1．下列各项不属于釜式反应器特点的是（　　）。

A．物料混合均匀　　　　　　　　B．传质、传热效率高

C．返混程度小　　　　　　　　　D．适用于小批量生产

2．手孔和人孔的作用是（　　）。

A．检查内部零件　　　　　　　　B．窥视内部工作状况

C．泄压　　　　　　　　　　　　D．装卸物料

3．反应釜底的形状不包括（　　）。

A．平面形　　　　B．球形　　　　C．碟形　　　　D．锥形

4．旋桨式搅拌器适用于（　　）搅拌。

A．高黏度液体　　B．相溶的液体　　C．气体　　　　D．液固反应

5．反应温度在300℃以上一般用（　　）作载热体较好。

A．高压饱和水蒸气　　　　　　　B．熔盐

C．有机载热体　　　　　　　　　D．高压汽水混合物

6．搪玻璃反应釜的材质含有较高的（　　）。

A．SiO_2　　　　B．C　　　　　　C．CaO　　　　D．稀有气体元素

7．反应釜的壳体损坏的原因是（　　）。

A．介质腐蚀　　　B．仪表失灵　　C．压盖没压紧　　D．法兰面损坏

8．烟道气加热法的特点不包括（　　）。

A．高温加热　　　　B．传热效率高　　　C．温度不易控制　　D．传热系数小

9．釜式反应器正常停车时应（　　　）。

A．切断电源，再停止搅拌　　　　　　　B．不用关闭阀门

C．可用碱水冲洗残渣　　　　　　　　　D．下班前检查各种零部件是否正常

10．反应釜工作时釜内有异常的杂音，原因有可能是（　　　）。

A．电动机旋转方向相反　　　　　　　　B．卡子松动

C．密封圈选材不对　　　　　　　　　　D．搅拌器摩擦釜内附件

三、判断题

1．釜式反应器是一种低高径比的圆筒形反应器。（　　　）

2．釜式反应器的壳体上开有人孔、手孔及视镜。（　　　）

3．旋桨式搅拌器比螺带式搅拌器更适用于搅拌高黏度流体。（　　　）

4．密封装置中的密封面间无相对运动。（　　　）

5．换热器是用来加热或冷却反应物料的一种设备。（　　　）

6．低压饱和水蒸气可满足反应器对较高温度的要求。（　　　）

7．盐水的冷却温度比冷却水的冷却温度可以更低。（　　　）

8．连续式反应器的生产可节约大量的劳动时间，容易实现自动化控制。（　　　）

9．紧急停车时应先停止搅拌再切断电源。（　　　）

10．电动机反转会导致电动机电流超过额定值。（　　　）

11．釜式反应器不适合大批量的生产，只适用于小批量、多品种生产。（　　　）

12．由于连续式操作，节省了大量的辅助操作时间，使得反应器的生产能力得到充分发挥。（　　　）

13．衬瓷板的反应釜可耐任何浓度的硝酸、硫酸、盐酸及低浓度碱液等介质，是目前化工生产中防腐蚀的有效方法。（　　　）

14．搅拌设备里只存在涡流对流扩散和主体对流扩散，不存在分子扩散。（　　　）

15．间歇操作反应器达到一定转化率所需的反应时间只取决于过程的反应速率，而与反应器的大小无关。（　　　）

16．一般来说，液相反应时的体积变化是很小的，而气相反应时，气相物料必须充满整个反应空间。因此，间歇反应过程大多属于恒容过程。（　　　）

四、思考题

1．釜式反应器的种类有哪些？各有哪些特点和应用？

2．釜式反应器的基本结构及其作用是什么？

3．釜式反应器常用的换热装置有哪些？

4．常用的高温热源有哪些？

5．釜式反应器按材质不同分为哪几种？

6．釜式反应器壳体损坏的原因有哪些？

7．无泄漏磁力釜的安全与保护装置有哪些？

8．搅拌器的作用是什么？有哪些类型？根据什么原则选型？

9．搅拌釜式反应器的传热装置有哪些？各有什么特点？

10．如何有效避免反应器搅拌过程中产生的打漩现象？

11．常用的高温热源和低温热源有哪些？各适用于什么场合？

12. 釜式反应器常见故障有哪些？产生的原因是什么？如何排除和维护？

13. 釜式反应器在操作时应注意哪些问题？

14. 搪玻璃反应釜在操作时应注意哪些问题？

15. 乙酸和丁醇在催化剂作用下制乙酸丁酯，用什么反应器合适？应采用什么生产方式？搅拌器、换热器应如何选择？

16. 比较填料密封和机械密封的优缺点。

17. 釜式反应器按操作方式不同分为哪些？并讨论一下它们的应用场合。

18. 试分析间歇式操作和连续式操作有什么不同？

19. 釜式反应器开车前应如何准备？

项目三　管式反应器与操作

学习目标

 知识目标

1. 说出管式反应器的分类、结构和特点；
2. 描述管式反应器的传热方式；
3. 区别管式反应器与釜式反应器；
4. 操作和控制管式反应器及管式裂解炉。

技能目标

1. 能根据反应特点和工艺要求选择反应器类型；
2. 能按规范要求填写岗位操作记录；
3. 能根据实验结果分析不同裂解原料对裂解产物分布的影响；
4. 能正确维护管式反应器。

素质目标

1. 培养学生自我学习、自我提高、终身学习意识；
2. 培养学生灵活运用所学专业知识解决实际问题的能力；
3. 培养惜岗敬业、爱岗乐业的职业素养。

学习建议　通过阅读设备图，参观实训装置，观看仿真素材图片，培养对管式反应器、管式裂解炉的感性认识，以感性认识为基础，掌握管式反应器、裂解炉的基础知识。通过装置和仿真的实操训练，掌握管式反应器、管式裂解炉操作的基本技能。

案例导入

　　图3-1是国内某公司研发的硫酸-氨气管式反应器装置生产巯基复合肥工艺流程图，其原理是：在管式反应器内硫酸和氨气反应生成高温低湿的料浆，同时将湿法回收的除尘料浆返回到管式反应器内，充分反应，生成的硫酸铵通过喷管均匀地喷洒在造粒机的表面，由于反应放出大量的热，预热了造粒机内的床层物料，省去了传统工艺的水蒸气预热，节能效果显著，产品颗粒光滑圆润，有效避免了传统工艺中硫酸在床层的副反应，

保证了装置的稳态运行。

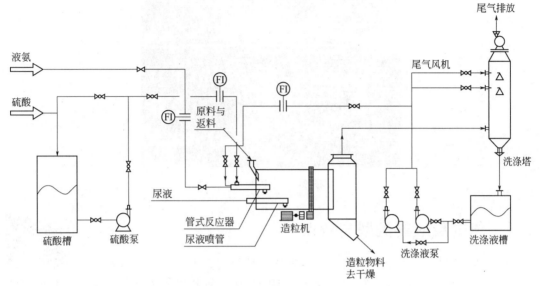

图 3-1　硫酸铵管式反应器生产巯基复合肥工艺流程

任务一　认识管式反应器

管式反应器在化工生产中的应用越来越多，而且向大型化和连续化发展，如图 3-2 所示。同时工业上大量采用催化技术，将催化剂装入管内，使之成为换热式反应器，也是固定床反应器的一种结构型式，常用于气固催化过程，图 3-3 是天然气加压催化蒸汽转化法制合成氨原料气中的"一段转化炉"。

管式反应器
原理展示

图 3-2　大型化工厂管式反应器实物图

图 3-3　一段转化炉

1.1　管式反应器类型与特点

裂解炉原理

化工生产中，管式反应器是一种呈管状、长径比大于 100 的连续操作反应器，这种反应器可以很长，如丙烯二聚的反应器管长以千米计；反应器的结构可以是单管，也可以是多管并联；可以是空管，如管式裂解炉，也可以是在管内填充颗粒状催化剂的填充管，以进行多相催化反应，如列管式固定床反应器。通常，反应物流处于湍流状态时，空管的长径比大于50，填充段长与粒径之比大于 100（气体）或 200（液体），物料的流动可近似地视为平推流。

管式固定床
反应器

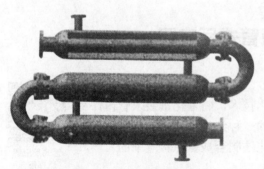

图 3-4　水平管式反应器

1.1.1　管式反应器的分类

管式反应器结构类型多种多样，常用的管式反应器有以下几种类型：

（1）水平管式反应器　图 3-4 给出的是进行气相或均液相反应常用的一种管式反应器，由无缝钢管与 U 形管连接而成。这种结构易于加工制造和检修。高压反应管道的连接采用标准槽对焊钢法兰，可承受 1600～10000kPa 压力。如用透镜面钢法兰，承受压力可达 10000～20000kPa。

（2）立管式反应器　图 3-5 给出几种立管式反应器。图 3-5（a）为单程式立管式反应器，图 3-5（b）为带中心插入管的立管式反应器。有时也将一束立管安装在一个加热套筒内，以节省安装面积，如图 3-5（c）所示。立管式反应器被应用于液相氨化反应、液相加氢反应、液相氧化反应等工艺中。

（3）盘管式反应器　将管式反应器做成盘管的形式，设备紧凑，节省空间。但检修和清刷管道比较困难。图 3-6 所示的反应器由许多水平盘管上下重叠串联组成。每一个盘管是由许多半径不同的半圆形管子相连接成螺旋形式，螺旋中央留出 ϕ400mm 的空间，便于安装和检修。

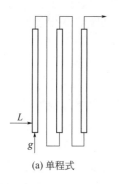
(a) 单程式

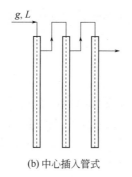
(b) 中心插入管式

(c) 夹套式

图 3-5　立管式反应器

（4）U 形管式反应器　U 形管式反应器的管内设有多孔挡板或搅拌装置，以强化传热与传质过程。U 形管的直径大，物料停留时间增长，可应用于反应速率较慢的反应。例如带多孔挡板的 U 形管式反应器，被应用于己内酰胺的聚合反应。带搅拌装置的 U 形管式反应器适用于非均液相物料或液固相悬浮物料，如甲苯的连续硝化、蒽醌的连续磺化等反应。图 3-7 是一种内部设有搅拌和电阻加热装置的 U 形管式反应器。

图 3-6　盘管式反应器

图 3-7　U 形管式反应器

（5）多管并联管式反应器　多管并联结构的管式反应器一般用于气固相反应，例如气相氯化氢和乙炔在多管并联装有固相催化剂的反应器中反应制氯乙烯，气相氮和氢混合物在多管并联装有固相铁催化剂的反应器中合成氨。

1.1.2　管式反应器的特点

管式反应器有以下几个特点：

① 由于反应物的分子在反应器内停留时间相等，所以在反应器内任何一点上的反应物浓度和化学反应速率都不随时间而变化，只随管长变化。

② 管式反应器具有容积小、比表面和单位容积的传热面积大，特别适用于热效应较大的反应。

③ 由于反应物在管式反应器中反应速率快、流速快，所以它的生产能力高。

④ 管式反应器适用于大型化和连续化的化工生产。

⑤ 和釜式反应器相比较，其返混较小，在流速较低的情况下，其管内流体流型接近于理想流体。

⑥ 管式反应器既适用于液相反应，又适用于气相反应。用于加压反应尤为合适。

此外，管式反应器可实现分段温度控制。其主要缺点是，反应速率很低时所需管道过长，工业上不易实现。

1.1.3　管式反应器与釜式反应器的差异

一般来说，管式反应器属于平推流反应器，釜式反应器属于全混流反应器，管式反应器的停留时间一般要短一些，而釜式反应器的停留时间一般要长一些。从移走反应热来说，管式反应器要难一些，而釜式反应器容易一些，可以在釜外设夹套或釜内设盘管解决，有时可以考虑管式加釜的混合反应进行，即釜式反应器底部出口物料通过外循环进入管式反应器再返回到釜式反应器，可以在管式反应器后设置外循环冷却器来控制温度，反应原料从管式反应器的进口或外循环泵的进口进入，反应完成后的物料从釜式反应器的上部溢流出来，这样两种反应器都用了进去。

1.2　管式反应器的传热方式

管式反应器的加热或冷却可采用各种方式。

1.2.1　套管或夹套传热

如图 3-4、图 3-5（a）、图 3-5（b）等所示的反应器，均可用套管或夹套传热结构。套管一般由钢板焊接而成，它是套在反应器筒体外面能够形成密封空间的容器，套管内通入载热体进行传热。

1.2.2　套筒传热

如图 3-5（c）、图 3-6 所示反应器可置于套筒内进行换热。套筒传热是把一系列列管束构成的管式反应器放置于套筒内进行传热。

1.2.3　短路电流加热

将低电压、大电流的电源直接通到管壁上，使电能转变为热能。这种加热方法升温快、加热温度高、便于实现遥控和自控。短路电流加热已应用于邻硝基氯苯的氨化和乙酸热裂解制乙烯酮等反应的管式反应器上。

1.2.4　烟道气加热

利用气体或液体燃料燃烧产生的烟道气辐射直接加热管式反应器，可达数百摄氏度的高温，此方法在石油化工中应用较多，如裂解生产乙烯、乙苯脱氢生产苯乙烯等。图 3-8 表示一种采用烟道气加热的圆筒式管子炉。

管式反应器可用于气相、均液相、非均液相、气液相、气固相、固相等反应。例如乙酸裂解制乙烯酮、乙烯高压聚合、对苯二甲酸酯化、邻硝基氯苯氨化制邻硝基苯胺、氯乙醇氨化制乙醇胺、椰子油加氢制脂肪醇、石蜡氧化制脂肪酸、单体聚合以及某些固相缩合反应均已采用管式反应器进行工业化生产。

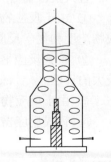

图 3-8　圆筒式管子炉

1. 你学完本节内容，对管式反应器有哪些认识？

2. 你认为管式反应器的哪些特点决定了这类反应器在工业生产中运用的广泛性？

任务二　学习管式反应器和管式炉的结构

2.1　管式反应器的结构

下面以套管式反应器为例介绍管式反应器的具体结构。

套管式反应器由长径比很大（L/D=20～25）的细长管和密封环通过连接件的紧固串联安放在机架上面组成（见图3-9）。它包括直管、弯管、密封环、法兰及紧固件、温度补偿器、传热夹套及联络管和机架等几部分。

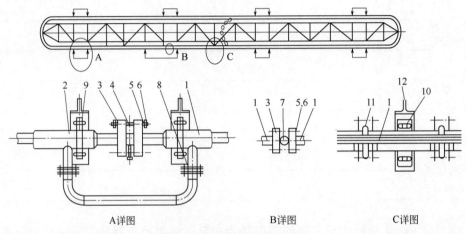

A详图　　　　　　　　　　B详图　　　　　　　　　C详图

图 3-9　套管式反应器结构

1—直管；2—弯管；3—法兰；4—带接管的 T 形透镜环；5—螺母；6—弹性螺柱；7—圆柱形透镜环；8—联络管；9—支架（抱箍）；10—支架；11—温度补偿器；12—机架

2.1.1　直管

直管的结构如图3-10所示。内管长8m，根据反应段的不同，内管内径通常也不同，（如ϕ27mm 和ϕ34mm）。夹套管用焊接形式与内管固定。夹套管上对称地安装一对不锈钢制成的 Ω 形补偿器，以消除开停车时内外管线膨胀系数不同而附加在焊缝上的拉应力。

反应器预热段夹套管内通蒸汽加热进行反应，反应段和冷却段通热水移去反应热或冷却。所以在夹套管两端开了孔，并装有连接法兰，以便和相邻夹套管相连通。为安装方便，在整管中间部位装有支座。

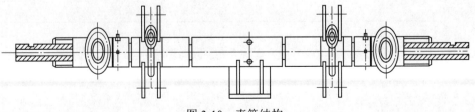

图 3-10　直管结构

2.1.2　弯管

弯管结构与直管基本相同（见图 3-11）。弯头半径 $R \geqslant 5D \pm 4\%$（D 为公称直径）。弯管在机架上的安装方法允许其有足够的伸缩量，故不再另加补偿器。内管总长（包括弯头弧长）也是 8m。

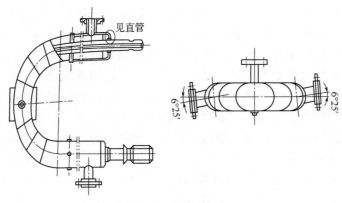

图 3-11　弯管结构

2.1.3　密封环

套管式反应器的密封环为透镜环。透镜环有两种形状。一种是圆柱形的，另一种是带接管的"T"形透镜环，如图 3-12 所示。圆柱形透镜环采用与反应器内管同一材质制成。带接管的"T"形透镜环是安装测温、测压元件用的。

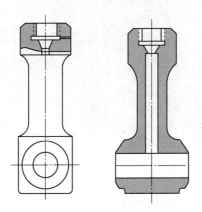

图 3-12　带接管的"T"形透镜环

2.1.4　管件

反应器的连接必须按规定的紧固力矩进行。所以对法兰、螺柱和螺母都有一定要求。

2.1.5　机架

反应器机架用桥梁钢焊接成整体。地脚螺栓安放在基础桩的柱头上，安装管子支架部位装有托架。管子用抱箍与托架固定。

2.2　管式炉结构

管式炉是工业炉的一种结构型式，是炼油、化工、石油化工装置以及油田建设和长输管道工程中的重要工艺生产设备。所谓工业炉，一般是相对蒸汽锅炉而言的，通常是指除蒸汽锅炉之外的用于各工业生产装置中的各种炉窑。如冶金工业用的各种高炉、热风炉、立式转炉和卧式转炉、平炉、混铁炉、反射炉、闪速炉、煅烧炉和焙烧炉，化工工业用的转化炉、裂解炉、煤气发生炉、焚烧炉，石油工业用的加热炉、重整炉以及玻璃制造工业用的玻璃熔窑等。由于各种工业炉的用途不同，其结构形式也相差很大，其中在炉膛内部装有物料管束（盘管、排管）的工业炉通常称为管式炉。它一般由辐射段和对流段组成。在辐射段中，液体或气体燃料通过燃烧器燃烧产生热量对炉内盘管进行加热，使在管内流动的工艺物料完成生产流程中规定的换热、分解、转化等工序，而对流段则利用辐射段中排出的烟气余热对盘管中的物料进行加热达到能量回收的目的，在降低生产能耗方面发挥重要的作用。因此，管式炉在炼油、化工、石油化工、油田地面设施和油、气长距离输送等生产过程中占有十分重要的地位。裂解炉主要有管式裂解炉、蓄热式炉、沙子炉，是用于烃类裂解制乙烯及其相关产品的一种生产设备，现在90%以上都是采用管式裂解炉（图3-13），也是间接传热的裂解炉。

图 3-13　大型石油化工厂管式裂解炉外观

为了提高乙烯收率和降低原料的消耗，多年来管式炉技术取得了较大的进展，并不断地开发出各种新炉型。尽管管式炉有不同的形式，但从结构上看，总是有炉体、炉体内适当布置的由耐高温合金钢制成的炉管、燃料燃烧器三个主要部分，比较复杂的管式炉还包括附属的换热设备和通风设备，裂解炉就是管式炉中比较复杂的一种，一般是两台炉子对称组合成门字形结构，采用自然或强制排烟系统。

2.2.1　炉体

炉体即炉子本体，通常分为辐射室和对流室两部分，每部分都由炉墙、炉顶和炉底构成。辐射室由耐火砖（里层）、隔热砖（外层）砌成，是炉子中以辐射方式传热的部分，以吸收燃料燃烧的辐射热为主对炉管进行加热来完成热交换过程。新型炉也有的使用可塑耐火水泥作为耐火材料。裂解炉管垂直在辐射室中央。这是管式裂解炉的核心部分，裂解反应管的结构及尺寸随炉型而变。炉膛的侧壁和底部安装有燃烧器以加热反应管。裂解产物离开反应管后立即进入急冷锅炉骤冷，以中止反应。管总长 45～60m，管径为 6～15cm，急冷锅炉随裂解炉型而有所不同。对流室内设有水平放置的数组换热管以预热原料、工艺稀释用蒸汽、急冷锅炉进水以及过热高压蒸汽等，是炉子中以对流方式传热的部分，以吸收烟气余热对炉管进行对流加热来完成热交换过程。

2.2.2　炉管

炉管前一部分安置在对流段的称为对流管，置于对流室内的炉管组件，通常由若干管束组成，部分管束的管外带有翅片或钉头，以提高换热效率。对流管内物料被管外的高温烟道气以对流的方式进行加热并汽化，达到裂解反应温度后进入辐射管，故对流管又称为预热管。炉管后一部分安置在辐射段的称为辐射管，置于辐射室中的炉管组件，通过燃料燃烧的高温火焰、产生的烟道气、炉墙辐射加热将热量经辐射管管壁传给物料，裂解反应在该管内进行，所以辐射管又称为反应管。由于操作温度很高，大多数辐射段炉管采用合金钢材或高温合金材料制造。

2.2.3　燃烧器

燃烧器是将气体或液体燃料喷入炉内进行燃烧的装置，亦称烧嘴。按照安装位置不同，可分为侧壁烧嘴、顶部烧嘴和底部烧嘴三种；按燃烧的燃料不同可分为燃油烧嘴、燃气烧嘴和联合烧嘴三种。

由于裂解炉管构型及布置方式和烧嘴安装位置及燃烧方式的不同，管式裂解炉的炉型有多种，目前国际上应用较广的管式裂解炉有鲁姆斯 SRT 型裂解炉（图 3-14）、超选择性炉、林德-西拉斯炉、超短停留时间炉，从而实现了 0.3s 以下的短停留时间。

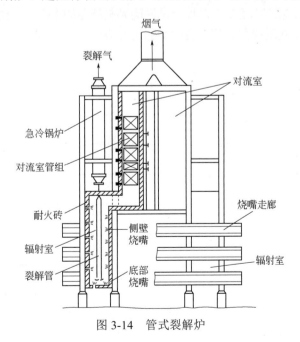

图 3-14　管式裂解炉

学习札记

套管式反应器和管式炉的主要结构是什么？你能说出它们的作用吗？

联系实际

针对所熟悉的化工生产过程，试说明哪些产品的生产工艺过程使用管式反应器。试总结管式反应器、管式裂解炉的工业应用。

任务三 管式反应器的实训操作

3.1 环氧乙烷与水反应生成乙二醇实训

3.1.1 反应原理

在乙二醇反应器中，来自精制塔底的环氧乙烷和来自循环水排放物流的水反应形成醇水溶液。其反应式如下：

主反应

$$CH_2{-}CH_2 + H_2O \longrightarrow HO{-}CH_2{-}CH_2{-}OH$$
$$\underset{O}{\diagdown} \qquad\qquad\qquad 乙二醇(MEG)$$

副反应

$$HO{-}CH_2{-}CH_2{-}OH + CH_2{-}CH_2 \xrightarrow{1.0MPa} HO{-}CH_2{-}CH_2{-}O{-}CH_2{-}CH_2{-}OH$$
$$\underset{O}{\diagdown} \qquad\qquad\qquad 二乙二醇$$

3.1.2 工艺流程简述

环氧乙烷-水反应流程如图 3-15 所示，精制塔塔底物料在流量控制下同循环水排流以 1：22 的摩尔比混合，混合后通过在线混合器进入乙二醇反应器。反应为放热反应，反应温度为 200℃时，每生成 1mol 乙二醇放出热量为 8.315×10^4J。来自循环水排放浓缩器的水，是在同精制塔塔底物料的流量比控制下进入乙二醇反应器上游的在线混合器的。混合物流通过乙二醇反应器，在此反应，形成乙二醇。反应器的出口压力是通过维持背压来控制的。从乙二醇反应器流出的乙二醇-水物流进入干燥塔。

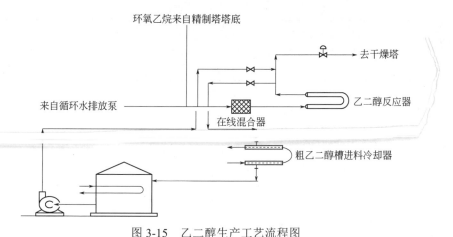

图 3-15 乙二醇生产工艺流程图

📋笔记

3.1.3　实施准备

任务卡

任务编号		任务名称	
学员姓名		指导教师	
任务组组长		任务组成员	
学习任务	环氧乙烷与水反应生产乙二醇的操作与控制		
学习目标	知识目标 （1）描述乙二醇生产的原理和流程； （2）评价连续操作管式反应器实验装置； 技能目标 （1）具有对工艺参数（温度、压力）调节的能力； （2）能进行正常的开停车操作； （3）在生产过程中，具有随时对发生的其他事故进行判断和处理的能力； （4）能做好个体防护，实现安全、清洁生产。 素养目标 （1）良好的语言表达和沟通能力； （2）具有强的应急应变能力，遇突发事件能冷静分析、正确处理； （3）严格遵守操作规程的职业操守及具有团结协作、积极进取的团队合作精神。		

	工作内容及要求		
实施前	1．填写任务卡，明确任务目标、内容及要求		
	2．学习实训岗位操作规程（SOP），明确操作要领		
	3．回答引导问题，填写任务预习记录		
实施中	1．穿戴整洁、干净的实训服，佩戴乳胶手套、防毒口罩等防护用品		
	2．严格按 SOP 完成备料		
	3．严格按 SOP 完成投料、流量的控制、数据的处理		
	4．正确进行数据处理和分析		
实施完成	1．提交纸质版的任务完成工作册		
	2．在教师引导下，总结完成任务的要点，系统地完成相关理论知识的学习		
	3．归纳实验得到的结论		
	4．通过分析计算，对整个任务完成的过程进行评价		
	5．对实施过程和成果进行互评，得出结论		

	进度要求		
1．任务实施的过程、相关记录、成果和考核要在任务规定实操时间内完成			
2．理论学习在任务完成后一天内完成（含自学内容）			

	预习活页		
任务名称		子任务名称	
学员姓名/学号		任务组成员	

续表

引导问题

引导问题回答

任务预习记录

一、原辅料和产物理化性质、主要危险性及个体防护措施

1	原辅料/产物名称	物质的量/mol	密度/(kg/m³)	主要危险性	个体防护措施
2					
3					
4					
5					

二、实训操作注意事项

三、问题和建议

预习完成时间：　　年　　月　　日

3.1.4 任务实施

题目：环氧乙烷与水反应生产乙二醇岗位操作规程（SOP）

文件号：	生效日期：		审核期限：	页码：
起草人：	第一审核人：	第二审核人：	批准人：	发布部门：
日期：　年　月　日	日期：　年　月　日	日期：　年　月　日	日期：　年　月　日	

（1）开车前的检查和准备

① 把循环水排放流量控制器置于手动，开始由循环排放浓缩器底部向反应器进水。在乙二醇反应器进口排放这些水，直到清洁为止。

② 关闭进口倒淋阀并开始向反应器充水，打开出口倒淋阀，关闭乙二醇反应器压力控制阀，当反应器出口倒淋阀排水干净时关闭它。

③ 来自精制塔塔底泵的热水用泵通过在线混合器送到乙二醇反应器，各种联锁报警均应校验。

④ 当乙二醇反应器出口倒淋阀排放清洁时，把水送到干燥塔。

⑤ 运行乙二醇反应器压力控制器，调节乙二醇反应器压力，使之接近设计条件。

⑥ 干燥塔在运行前，干燥塔喷射系统应试验。后面的所有喷射系统都遵循这个一般程序。为了在尽可能短的时间内进行试验，关闭冷凝器和喷射器之间的阀门，因此在试验期间塔不必排泄。

⑦ 检查所有喷射器的倒淋阀和插入热井底部水封的尾管，用水充满热井所有喷射器、冷凝器，并密封管线。

⑧ 打开喷射器系统的冷却水流量。稍开高压蒸汽管线过滤器的倒淋阀，然后稍开喷射泵的蒸汽阀。关闭倒淋阀，然后慢慢打开蒸汽阀。

⑨ 使喷射器运行，直到压力减小到正常操作压力。在这个试验期间应切断塔的压力控制系统，隔离切断阀下游喷射系统和相关设备，在24h内最大允许压力上升速度为33.3Pa/h。如果压力试验满足要求，则慢慢打开喷射系统进口管线上的切断阀，直到干燥塔冷凝器的冷却水流量稳定。

⑩ 干燥塔压力控制系统和压力调节器设为自动状态（设计设定点）。到热井的冷凝液流量较少，允许在容器这点溢流。

⑪ 喷射系统满足试验条件后，关闭入口切断阀并停止喷射泵。根据真空泄漏的下降程度确定塔严密性是否完好。如果系统不能达到要求的真空，应检查系统的泄漏位置并修理。

（2）正常开车

① 启动乙二醇反应器控制器。

② 启动循环水排放泵。

③ 通过乙二醇反应器在线混合器设定到乙二醇反应器的循环水排放量。

④ 精制塔塔底的流体，从精制塔开始，经过乙二醇反应器在线混合器和循环水混合后，输送到乙二醇反应器进行反应。

⑤ 设定并控制精馏塔塔底物流的流量，控制循环水排入物流流量和精制塔塔底物流的流量，使之在一定的比例之下操作。如果需要，加入汽提塔塔底液位同循环水排入

物流的串级控制。

（3）正常停车

① 确定再吸收塔塔底的环氧乙烷耗尽，其表现为塔底温度将下降，通过再吸收塔的压差也将下降。

② 确定环氧乙烷进到再吸收塔，再吸收塔和精馏塔继续运行，直到环氧乙烷含量为零。

③ 关闭再吸收塔进水阀，停止塔底泵。

④ 关闭精制塔塔底流体去乙二醇反应器的阀门。

⑤ 当所有通过乙二醇反应器的环氧乙烷都被转化为乙二醇后，停止循环水排放流量。

如果停车持续时间超过 4h，在系统中的所有环氧乙烷必须全部反应成乙二醇，这是很重要的。

（4）正常操作

① 乙二醇反应器进料组成　乙二醇反应器进料组成是通过控制循环水排放到混合器的流量和精制塔内环氧乙烷排放到混合器的流量的比例来实现的，通常该反应器进料中水与环氧乙烷的摩尔比为 22：1。乙二醇反应器前混合器的作用是稀释含有富醛的环氧乙烷排放物。如果不稀释，则乙二醇反应器中较高的环氧乙烷浓度容易形成二乙二醇、三乙二醇等高级醇。

② 乙二醇反应器温度　对于每反应 1% 的环氧乙烷，反应温度会升高约 5.5℃，因而乙二醇反应器内的温升（出口-进口）是精制塔塔底环氧乙烷浓度的良好测量方法。

正常乙二醇反应器进口温度应稳定在 110～130℃ 范围内，使出口温度在 165～180℃ 的范围内。如果乙二醇反应器进口混合流体的温度偏低，将会导致环氧乙烷不能完全反应，从而乙二醇反应器的出口温度也会偏低，产品中乙二醇的含量将会减小。

精制塔塔底部不含 CO_2 的环氧乙烷溶液质量分数为 10%，在该溶液被送至乙二醇反应器之前，先在反应器进料预热器中加热到 89℃，再输送到反应器一级进料加热器的管程，在 0.21MPa 的低压蒸汽下加热至 114℃，再到反应器二级进料加热器的管程，由脱醛塔顶部来的脱醛蒸汽加热到 122℃。然后进入三段加热器中，被壳程中的 0.8 MPa 的蒸汽加热至 130℃，进入乙二醇反应器。乙二醇反应器是一个绝热式的 U 形管式反应器，反应是非催化的，停留时间约 18min，工作压力 1.2MPa，进口温度 130℃，设计负荷情况下出口温度 175℃，在这样的条件下基本上全部的环氧乙烷都转化成乙二醇，质量分数约为 12%。

因此，可以直接通过控制加热蒸汽的量来控制乙二醇反应器的进口温度，当然有时也可通过控制环氧乙烷的流量来控制乙二醇反应器的出口温度，从而提高产品中乙二醇的含量。

③ 乙二醇反应器压力　在压力一定的情况下，当温度高到一定程度时，环氧乙烷会气化，未反应的环氧乙烷会增多，反应器出口未转化成乙二醇的环氧乙烷的损失也相应增加。因此，反应器压力必须高到能足以防止这些问题的发生。通常要求维持在反应器的设计压力，以保证在乙二醇反应器的出口设计温度下无气化现象。

通常情况下，乙二醇反应器的压力是通过该反应器上压力记录控制仪表来控制的，并将该仪表设定为自动控制。反应器内设计压力为 1250kPa，压力控制范围为 1100～1400kPa。

3.1.5　水合反应器常见异常现象的原因及处理方法

乙二醇生产过程中反应器常见异常现象及处理方法见表3-1。

表3-1　管式反应器常见故障及处理方法

序号	异常现象	原因分析判断	操作处理处理方法
1	所有泵停止	电源故障	① 立即切断通入乙二醇进料汽提塔、反应器进料加热器以及至所有再沸器的蒸汽 ② 重复调整所有的流量控制器，使其流量为零 ③ 电源一恢复，反应系统一般应按"正常开车"中所述进行再启动。在蒸发器完全恢复前，来自再吸收塔的环氧乙烷、水的流量应很小 ④ 乙二醇蒸发系统应按"正常开车"中的方法重新投入使用
2	反应温度达不到要求	蒸汽故障	① 精制工段必须立即停车 ② 立即关掉干燥塔、一乙二醇塔、一乙二醇分离塔、二乙二醇塔和三乙二醇塔喷射泵系统上游的切断阀或手控阀，以防止蒸汽或空气返回到任何塔中
3	反应温度过高	冷却水故障	① 停止到蒸发器和所有塔的蒸汽 ② 停止各塔和蒸发器的回流 ③ 将调节给定点到零位流量 ④ 当冷却水流量恢复后，按"正常开车"中所述的启动
4	反应压力不正常	真空喷射泵故障	① 关闭特殊喷射器上的工艺蒸汽进出口的切断阀 ② 停止到喷射器的蒸汽、回流和进料 ③ 用氮气来消除塔中的真空，然后遵循相应的"正常开车"步骤，停乙二醇装置的其余设备
5	反应流体不能输送	泵卡	① 启动备用泵 ② 如果备用泵不能投用，蒸汽系列必须停车 ③ 乙二醇精制系统可以运行以处理存量，或全回流，或停车

环氧乙烷与水反应生产乙二醇实训操作活页笔记

1．学习完这个任务，你有哪些收获、感受和建议？

2．对乙二醇生产用连续操作管式反应器进行操作与控制，你有哪些新认识和见解？

3．你还有哪些尚未明白或者未解决的疑惑？

3.1.6　评价与考核

任务名称：管式反应器的实训操作		实训地点：	
学习任务：环氧乙烷与水反应生产乙二醇的操作与控制		授课教师：	学时：
任务性质：理实一体化实训任务		综合评分：	

知识掌握情况评分（20 分）

序号	知识考核点	教师评价	配分	得分
1	乙二醇的生产原理		3	
2	物料的性质		3	
3	工艺流程框图		5	
4	生产条件的控制		5	
5	产品质量		4	

工作任务完成情况评分（60 分）

序号	能力操作考核点	教师评价	配分	得分
1	对任务的解读分析能力		10	
2	正确按规程操作的能力		20	
3	处理应急任务的能力		10	
4	与组员的合作能力		10	
5	对自己的管控能力		10	

违纪扣分（20 分）

序号	违纪考核点	教师评价	分数	扣分
1	不按操作规程操作		5	
2	不遵守实训室管理规定		5	
3	操作不爱惜器皿、设备		4	
4	操作间打电话		2	
5	操作间吃东西		2	
6	操作间玩游戏		2	

3.2 管式裂解炉生产裂解气的实训操作

乙烯生产主要采用石油烃通过管式裂解炉进行高温裂解反应以制取。它是现代大型乙烯生产装置普遍采用的一种烃类裂解方法。所谓裂解是指以石油烃为原料，利用烃类在高温下不稳定、易分解、断链的原理，在隔绝空气和高温（600℃以上）条件下，使原料发生深度分解等多种化学转化的过程。裂解工艺条件要求苛刻，一般都要求在高温、低分压、短停留下操作。为了满足条件，裂解时除了向裂解系统加入原料外，还需向系统加入水蒸气，以降低烃分压。

3.2.1 反应原理

烃类热裂解是指将石油系烃类原料经高温作用，使烃类分子发生断裂或脱氢反应，生成分子量较小的烃类，以制取乙烯、丙烯、丁二烯和芳烃等基本化工产品的化学过程，烃类热裂解有以下特点：

① 该反应是强吸热反应，需要在高温下进行，反应温度一般在750℃以上。

② 存在二次反应，生成炭和结焦反应，为了避免二次反应的发生，需要停留时间短，烃的分压要低。

在热裂解工艺中要满足以上特点，为了避免副反应的发生，提高乙烯的收率，乙烯生产的操作必须在短停留时间内迅速供给大量的热量和达到裂解反应所需要的高温。因此，选择合适的供热方式和裂解设备至关重要。

原料烃在裂解过程中所发生的反应是复杂的，一种烃可以平行地发生很多种反应，又可以连串地发生许多后继反应。所以裂解系统是一个平行反应和连串反应交叉的反应系统，从整个反应进程来看，属于比较典型的连串反应。

随着反应的进行，不断分解出气态烃（小分子烷烃、烯烃）和氢；而液体产物的氢含量则逐渐下降，分子量逐渐增大，以至结焦。

对于这样一个复杂系统，现在广泛应用一次反应和二次反应的概念来处理。一次反应是指原料烃在裂解过程中首先发生的原料烃的裂解反应，二次反应则是指一次反应产物继续发生的后继反应。从裂解反应的实际反应历程看，一次反应和二次反应并没有严格的分界线，不同研究者对一次反应和二次反应的划分也不尽相同。

一次反应：由原料烃经热裂解生成乙烯和丙烯的主反应，在裂解反应中，要取得较多的目的产物乙烯，必须在确定工艺条件下保证主反应的进行。

二次反应：由一次反应生成的乙烯、丙烯进一步反应，最后生成焦和炭，二次反应生成的焦和炭不仅会堵塞设备及管道，而且还浪费了原料，降低了烯烃的收率，影响操作的稳定性，应尽力避免。

一次反应发生断链，生成低碳的烷烃和烯烃，如烷烃裂解的一次反应。

① 脱氢反应，这是C—H键断裂的反应，生成碳原子数相同的烯烃和氢，通式为

$$C_nH_{2n+2} \longrightarrow C_nH_{2n}+H_2$$

脱氢反应，只有低分子烷烃如乙烷、丙烷等在高温下才能进行。

② 断键反应，这是C—C键断裂的反应，反应产物是碳原子数较少的烷烃和烯烃，通式为

$$C_{m+n}H_{2(m+n)+2} \longrightarrow C_mH_{2m}+C_nH_{2n+2}$$

二次反应是主要生成炭和结焦的反应。

生焦反应：烃的生焦反应要经过芳烃的中间阶段，芳烃在高温下脱氢缩合反应生成多环芳烃，继续发生多阶段的脱氢缩合反应而生成，不需要高温。一般反应在 $500\sim600℃$ 以上进行。

生炭反应：一次反应生成的乙烯在高温下可经生成乙炔再生成炭，需较高的温度，一般在 $900\sim1100℃$ 才能明显地发生。其反应通式为

$$C_mH_{2m} \longrightarrow mC+mH_2$$

石油烃类在裂解过程中由于聚合、缩合等二次反应的发生，不可避免地会结焦，积附在裂解炉管的内壁上，结成坚硬的环状焦层。

3.2.2　结焦与清焦

（1）炉管结焦的现象表现

① 裂解炉管管壁温度超过设计规定值。

② 裂解炉辐射段入口压力增加值超过设计值。

③ 废热锅炉出口温度超过设计允许值，或废热锅炉进出口压差超过设计允许值。

上述这些现象分别或同时出现，都表明管内有结焦，必须及时清焦，两次清焦时间的间隔，称为炉管的运转周期或清焦周期，运转周期的长短与操作条件有关，特别是与原料性质有关。

（2）结焦的影响　结焦使内径变小，阻力增大，使进料压力增加，有焦层的地方局部热阻大，导致反应管外壁温度升高，一是增加了燃料消耗，二是影响反应管的寿命，同时破坏了裂解的最佳工况。

当急冷锅炉出现结焦时，除阻力较大外，还引起急冷锅炉出口裂解气温度上升，以至减少副产高压蒸汽的回收，并加大急冷油系统的负荷。

（3）清焦的方法

① 停炉清焦（离线）法：将进料口及出口裂解气切断（离线）后，将裂解炉和急冷锅炉停车拆开，分别进行除焦。

② 化学除焦法：用惰性气体和水蒸气清扫设备管线，逐渐降低炉温，然后通入空气和水蒸气烧焦。

烧焦的反应是：

$$C+O_2 \longrightarrow CO_2$$
$$C+H_2O \longrightarrow CO+H_2$$
$$CO+H_2O \longrightarrow CO_2+H_2$$

③ 机械除焦法：坚硬的焦块有时需用机械方法除去，机械除焦法是打开管接头，用钻头刮除焦块，这种方法一般不用于管式炉除焦，但可用于急冷换热器的直管除焦。机械除焦劳动强度较大。

④ 不停炉清焦法也称在线清焦法，对整个裂解炉系统，可以将裂解炉管组轮流进行清焦操作。

a. 交替裂解法是在使用重质原料裂解一段时间后，生成较多的焦需要清焦时，切换轻质原料去裂解，并加入大量水蒸气，这样可以起到裂解和清焦的作用。当压降减小后，再切换为原来裂解原料。

b. 水蒸气、氢气清焦法是定期将原料切换成水蒸气、氢气，也能达到不停炉清焦的目的。

（4）清焦要求 由于氧化反应（燃烧）是强放热反应，故需加入水蒸气以稀释空气中氧的浓度，以减慢燃烧速度。

烧焦期间，不断检查出口尾气的二氧化碳含量，当二氧化碳浓度低至 0.2%（干基）以下时，可以认为在此温度下烧焦结束。在烧焦过程中，裂解管出口温度必须严加控制，不能超过 750℃，以防烧坏炉管。

近年来研究添加结焦抑制剂，以抑制焦的生成。 抑制结焦的添加剂是某些含硫化合物，它们是$(C_4H_9)_2SO_2$、$(CH_3)_2S_2$、噻吩、硫黄、Na_2S 水溶液、$(NH_4)_2S$、硫黄加水、KHS_2O_4 等。这些物质添加量很少，能起到抑制结焦作用，但如添加量过大，则会腐蚀炉管。一般添加量在稀释蒸气中加入 $50\mu L/L\ CS_2$；或气体原料中加入 $30\sim150\mu L/L\ H_2S$；或液体原料中加入 0.05%～0.2%（质量）的硫或含硫化合物。还有人研究添加某些含氟化合物、高分子羧酸、聚硅氧烷等，这些物质能使结焦不附在管壁上而随气流流出。添加结焦抑制剂能起到减弱结焦的效果，但当裂解温度很高时，温度对结焦生成是主要的影响因素，抑制剂的作用就无能为力了。

3.2.3 裂解反应技术指标与工艺流程

（1）技术指标

① 反应炉为四段加热，各段功率为 1.0kW。

② 最高使用温度 800℃，反应管由耐热无缝钢管制作，内径 16mm，高 750mm，热电偶套管ϕ3mm，热电偶ϕ1.0mm。

③ 混合预热器，内径 12mm，长 280mm，加热功率 0.8kW。

④ 气液分离器，直径 12mm，长 180mm。

⑤ 湿式流量计，2L。

⑥ 液体加料泵为进口电磁泵，额定流量为 $0.76m^3/h$。

⑦ 含有计算机数据采集与温度控制软件，计算机、打印机由用户自备。

（2）工艺流程 裂解反应工艺流程如图 3-16 所示。

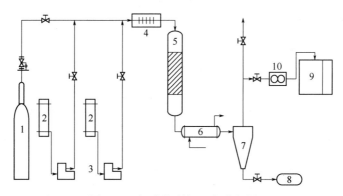

图 3-16 烃类热裂解工艺流程图

1—氮气钢瓶；2—原料罐；3—原料泵；4—预热器；5—裂解炉；6—冷凝器；7—气液分离器；
8—液相组分储罐；9—色谱仪；10—湿式流量计

（3）化学试剂 环己烷、煤油、石脑油等。

3.2.4 实施准备

任务卡

任务编号		任务名称	
学员姓名		指导教师	
任务组组长		任务组成员	
学习任务	石油烃裂解生产乙烯操作与控制		
学习目标	知识目标 （1）描述石油烃裂解的基本原理、工艺和影响反应的各种因素； （2）评价实验室管式裂解装置； 技能目标 （1）具有识读与表述工艺流程图的能力； （2）根据现场装置及主要设备、仪表、阀门的位号、功能、工作原理具有分析和使用的能力； （3）在生产过程中，具有随时对发生的其他事故进行判断和处理的能力； 素养目标 （1）严格执行 SOP 的意识和能力； （2）养成环保意识、成本意识； （3）养成团队合作的意识。		
	工作内容及要求		
实施前	1. 填写任务卡，明确任务目标、内容及要求		
	2. 学习实训岗位操作规程（SOP），明确操作要领		
	3. 回答引导问题，填写任务预习记录		
实施中	1. 穿戴整洁、干净的实训服；佩戴乳胶手套、防毒口罩等防护用品		
	2. 严格按 SOP 完成备料		
	3. 严格按 SOP 完成投料、流量的控制、数据的处理		
	4. 正确进行数据处理和分析		
实施完成	1. 提交纸质版的任务完成工作册		
	2. 在教师引导下，总结完成任务的要点，系统地完成相关理论知识的学习		
	3. 归纳实验得到的结论		
	4. 通过分析计算，对整个任务完成的过程进行评价		
	5. 对实施过程和成果进行互评，得出结论		
	进度要求		
1. 任务实施的过程、相关记录、成果和考核要在任务规定实操时间内完成			
2. 理论学习在任务完成后一天内完成（含自学内容）			
	预习活页		
任务名称		子任务名称	
学员姓名/学号		任务组成员	

续表

引导问题

引导问题回答

任务预习记录

一、原辅料和产物物理化性质、主要危险性及个体防护措施

1	原辅料/产物名称	物质的量/mol	密度/(kg/m³)	主要危险性	个体防护措施
2					
3					
4					
5					

二、实训操作注意事项

三、问题和建议

预习完成时间：　　年　月　日

3.2.5 任务实施

题目：石油烃裂解生产乙烯岗位操作规程（SOP）

文件号：	生效日期：		审核期限：	页码：
起草人：	第一审核人：	第二审核人：	批准人：	发布部门：
日期：　年　月　日	日期：　年　月　日	日期：　年　月　日	日期：　年　月　日	

（1）开车前的准备工作　检查设备内无杂物，设备、管线、阀门、仪表、电器完好，水系统完好，消防器材到位，关闭所有阀门。

（2）装置的试漏　将三通阀放在进气位置，进入空气和氮气，卡死出口，冲压至0.05MPa，5min不下降合格。否则要用毛刷涂肥皂水在各接点涂拭，找出漏点重新处理后再次试漏，直到合格为止。打开卡死的管路，可进行试验。

注意：在试漏前首先确定反应介质是气体还是液体或是两者。如果仅仅是气体，就要关死液体进口接口。不然，在操作中有可能会从液体加料泵管线部位发生漏气。

（3）升温和温度控制　本装置为四段加热控制，温度控制仪的参数较多，不能任意改变，因此在控制方法上必须详细阅读控制仪表说明书后才能进行。控制受各段加热影响较大，需要较好的配合才能得到所需的温度。最佳操作方法是观察加热炉控制温度和内部温度的关系，反应前后微有差异，主要表现在预热器的温度变化，因为预热器是靠管内测量的温度去控制加热的，当加料时该温度有下降的趋势，但能自动调节到所给定的温度范围值内。

升温速度决定于给定电流的大小，一般情况下，给定电流不要过大，防止出现过快加热的现象。如果加热过快，由于炉丝热量不能快速传给反应物，易造成炉丝烧毁现象。控制上端温度偏高一些，预热的加热电流给定在0.308A为宜。

操作时反应温度测定靠拉动反应器内的热电偶（按一定距离拉），并在显示仪表上观察，放到温度最高点处，待温度升高一定值时，开泵并以某个速度进水，温度还要继续升高，到达反应温度时投入裂解物料。温度在运行时还要调节。并注意：

① 本装置为四段加热控制温度。打开反应器控温和测温，各段加热电流给定不应很大，一般在1.5A左右，开始升温。

② 在升温时同时给冷却器通水，防止出现过快加热的现象。

③ 进料后观察预热温度和拉动反应器热电偶，找到最高温度点，稳定后再按等距离拉动热电偶，并记录各位置温度数据。

④ 当反应正常后，记录时间和湿式流量计读数。

⑤ 在分离器底部放出水与油，并计量。

反应开始后，监测反应条件，每5min记录一次，记录表格如下：

以不同的裂解原料在相同的裂解温度下：560℃

裂解原料	油加入量		焦油量	裂解气量		备注
	/mL	/g	/g	/mL	/g	

以相同的裂解原料在不同的裂解温度下：石脑油

反应温度/℃	油加入量		焦油量	裂解气量		备注
	/mL	/g	/g	/mL	/g	

以相同的裂解原料相同的裂解温度在不同的烃分压下：石脑油、760℃

稀释剂加入量/℃	油加入量		焦油量	裂解气量		备注
	/mL	/g	/g	/mL	/g	

试验时可分别用水蒸气和氮气作稀释剂。

（4）停车

① 在原条件下，只进水，降温，进行烧焦处理。

② 将电流给定旋钮回至零（或关闭控温温度表），一段时间后停止进水。

③ 当反应器测量温度降至300℃以下后，冷却器停水。

④ 试验结束后要用氮气吹扫和置换反应产物。

注意进水是为了防止结炭，也是必需的步骤。

3.2.6　注意事项

① 一定要熟悉仪器的使用方法：为防止乱动仪表参数，参数调好后可将"Loc"参数改为新值，即锁住各参数。

② 升温操作一定要有耐心，不能忽高忽低乱改乱动控温设置。

③ 流量的调节要随时观察及时调节，否则温度容易发生波动，造成反应过程中温度的稳定性下降。

④ 不使用时，应将湿式流量计的水放干净，应将装置放在干燥通风的地方。如果再次使用，一定在低电流（或温度）下通电加热一段时间以除去加热炉保温材料吸附的水分。

⑤ 每次试验后一定要将分离器的液体放净。

3.2.7　故障处理

（1）开启电源开关指示灯不亮，并且没有交流接触器吸合声，则保险坏或电源没有接好。

（2）开启仪表各开关时指示灯不亮，并且没有继电器吸合声，则分保险坏或接线有脱落的地方。

（3）开启电源开关有强烈的交流振动声，则是接触器接触不良，反复按动开关即可消除。

（4）仪表正常但电流表没有指示，可能保险断或固态变压继电器有问题。

3.2.8 产品分析检测、数据处理

（1）裂解气体的分析（气相色谱法） 色谱柱是在氧化铝单体载体上1.5%阿皮松，可分析$C_1 \sim C_4$，条件是在室温下用热导检测器，柱长为4m，柱径ϕ3mm。

（2）数据处理

① 记录升温过程反应器加热炉各段的温度及反应器的测量温度。

② 记录加料量和加水（进料时开始）量及产气量（湿式流量计的流量）。

③ 裂解气质量的计算。

④ 裂解气（乙烯计）收率的计算。

（3）几个主要工艺指标计算

① 根据所给已知条件预算出进料油和水的速度（mL/min），而且应在试验前算出来。

② 计算裂解气的质量： $G=V\rho$

式中，V为在标准状况下干裂解气体积，L；ρ为在标准情况下干裂解气的密度，g/L。

$$V = \frac{V_s K_1 (p_0 - p_s)}{1.033 \times 273.2}(273.2 + t)$$

式中，V_s为试验测到的气体体积，L；K_1为湿式气体流量计校正系数；p_0为当天室内大气压力，kgf/cm²（1kgf/cm²=98.0665kPa）；p_s为试验时湿式气体流量计温度t_0下水的饱和蒸气压，kgf/cm²；t为裂解温度，℃。

③ 计算裂解气、焦油的收率以及原料油损失率。

④ 计算当量停留时间：

$$\theta = \frac{V_{反}}{V_{物}} = \frac{L_e S}{1000 V_{物}}$$

式中，L_e为反应管当量长度（由计算机算出），cm；$V_{反}$为反应床的容积，L；$V_{物}$为反应床内物料的体积流量，L/s；S为反应管横截面积，cm²。

由于反应床内物料的体积流量是变化的，一般$V_{物}$取进口的平均值：

$$V_{物} = \left(\frac{G_1}{M_1} + \frac{G_2}{M_2} + \frac{G_3}{M_3} + \frac{2G_4}{M_4} \right) \frac{22.4 T_e}{2 \times 273.2}$$

式中，G_1、G_2、G_3、G_4分别为原料油、焦油、裂解气及水的质量，g；M_1、M_2、M_3、M_4分别为原料油、焦油、裂解气及水的分子量；T_e为裂解温度，取其中三点最高温度平均值，K。

笔记

石油烃裂解生产乙烯操作活页笔记

1．学习完这个任务，你有哪些收获、感受和建议？

2．你对实验室管式裂解装置操作与控制，有哪些新认识和见解？

3．你还有哪些尚未明白或者未解决的疑惑？

3.2.9　评价与考核

任务名称：管式裂解炉的实训操作		实训地点：		
学习任务：石油烃裂解生产乙烯操作与控制		授课教师：		学时：
任务性质：理实一体化实训任务		综合评分：		

知识掌握情况评分（20分）

序号	知识考核点	教师评价	配分	得分
1	原材料的准备		4	
2	裂解原理和工艺		4	
3	裂解反应结焦的原因		4	
4	不同原料产物的分布情况		4	
5	产品质量		4	

工作任务完成情况评分（60分）

序号	能力操作考核点	教师评价	配分	得分
1	对任务的解读分析能力		10	
2	正确按规程操作的能力		20	
3	处理应急任务的能力		10	
4	与组员的合作能力		10	
5	对自己的管控能力		10	

违纪扣分（20分）

序号	违纪考核点	教师评价	分数	扣分
1	不按操作规程操作		5	
2	不遵守实训室管理规定		5	
3	操作不爱惜器皿、设备		4	
4	操作间打电话		2	
5	操作间吃东西		2	
6	操作间玩游戏		2	

任务四　管式加热炉的仿真操作

下面以环管聚丙烯的仿真操作为例说明管式反应器的仿真操作。

4.1　反应原理及工艺流程简述

4.1.1　反应原理

丙烯聚合反应的机理相当复杂，甚至无法完全搞清楚。一般来说，可以划分为四个基本反应步骤：活化反应、形成活性中心、链引发、链增长及链终止。

对于活性中心，主要有两种理论：单金属活性中心模型理论和双金属活性中心模型理论。普遍接受的是单金属活性中心模型理论。该理论认为活性中心呈八面体配位并存在一个空位的过渡金属原子。

以 $TiCl_3$ 催化剂为例，首先单体与过渡金属配位，形成 Ti 配合物，减弱了 Ti-C 键，然后单体插入过渡金属和碳原子之间。随后空位与增长链交换位置，下一个单体又在空位上继续插入，如此反复进行，丙烯分子上的甲基就依次照一定方向在主链上有规则地排列，即发生阴离子配位定向聚合，形成等规或间规 PP（聚丙烯）。对于等规 PP 来说，每个单体单元等规插入的立构化学是由催化剂中心的构型控制的，间规单体插入的立构化学则是由链终端控制的。

丙烯配位聚合反应机理由链引发、链增长、链终止等基元反应组成。链终止的方式有以下几种：瞬时裂解终止（自终止、向单体转移终止、向助引发剂 AIR_3 转移终止）、氢解终止。

氢解终止是工业常用的方法，不但可以获得饱和聚丙烯产物，还可以调节产物的分子量。

环管聚丙烯通过催化剂的引发，在一定温度和压力下烯烃单体聚合成聚烯烃，聚合后的烯烃浆液经蒸汽加热后，高压闪蒸，分离出的烯烃经烯烃回收系统回收循环使用，聚合物粉末部分送入下一工段。

4.1.2　工艺流程简述

聚丙烯工艺流程如图 3-17 所示，环管反应器 R201DCS 如图 3-18 所示，环管反应器 R202DCS 如图 3-19 所示。

来自界区的烯烃在液位控制下进入 D201 烯烃原料罐，经烯烃回收单元回收的烯烃送入 D201，混合后的烯烃经进料泵 P200A/B 送进反应器系统。为了保证 D201 压力稳定，通过改变经过烯烃蒸发器 E201 的烯烃量来控制 D201 的压力。

来自 P200A/B 的烯烃进入反应系统，反应系统主要由两个串联的环管反应器 R201 和 R202 组成。来自界区的催化剂在流量控制下，进入第一个环管反应器 R201。来自界区的氢气在流量控制下，分两路分别进入 R201 和 R202。烯烃在催化剂作用下发生聚合反应，其中聚合反应条件如下：反应温度70℃；反应压力3.4～3.5MPa。

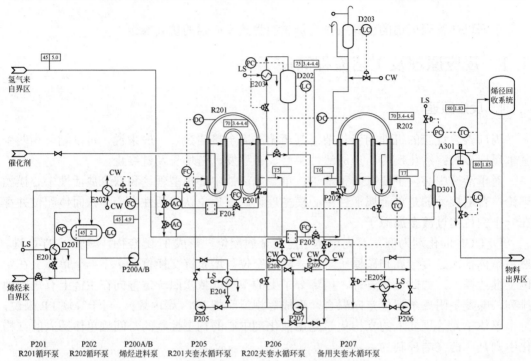

图 3-17　聚丙烯工艺流程图

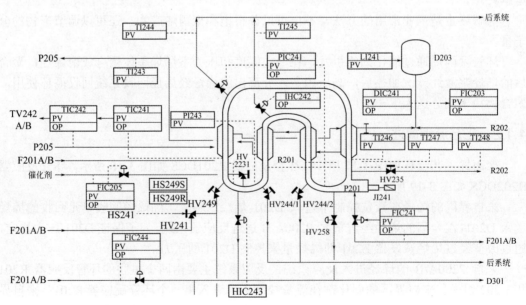

图 3-18　环管反应器 R201 的 DCS 图

PV—设定值；OP—给定值（仿真操作中的仪表面）

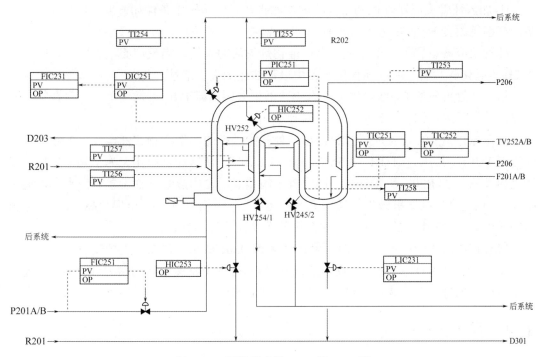

图 3-19 环管反应器 R202 的 DCS 图

两个环管反应器内浆液的温度是通过其反应器夹套中闭路循环的脱盐水系统来控制的。反应器冷却系统包括板式换热器 E208 和 E209、循环泵 P205 和 P206，整个系统与氮封下的 D203 相连。若夹套水需要冷却，则使水进入板式换热器 E208/E209，通过 E208/E209 的冷却，降低夹套水的温度，以进一步降低环管反应器温度，从而除去反应中所产生的热量。在装置开停车期间，为了维持环管温度恒定在 70℃，夹套水须通过 E204/E205 用蒸汽加热。夹套的第一次注水和补充水用脱盐水或蒸汽冷凝水。D203 上的两个液位开关控制夹套水的补充。

反应压力是在一定的进出物料的情况下，通过反应器平衡罐 D202 来控制的，因为该罐是与聚合反应器相连通的容器，而 D202 的压力是通过 E203 加热蒸发烯烃得到的，烯烃蒸发量越大，压力就越高。通过聚合反应，环管反应器中的浆液浓度维持在 50%左右（浆液密度 560kg/m³），未反应的液态烯烃用作输送流体。两个反应器配有循环泵 P201 和 P202，它们是轴流泵，通过该泵将环管中的物料连续循环。循环泵对保持反应器内均匀的温度和密度是很重要的。

烯烃经 P200A/B 送入 R201，其流量是通过环管反应器内的浆液密度来串级控制的，亦即环管中的浆液浓度是通过调节到反应器的烯烃进料量来控制的，环管反应器中的聚合物浆液连续不断地送到聚合物闪蒸及烯烃回收单元，以把物料中未反应的烯烃单体蒸发分离出来。从环管反应器来的浆液的排料是在反应器平衡罐 D202 的液位控制下进行的。

催化剂的供给对反应速率以及生成的聚烯烃量有非常重要的影响，在生产中一定要按要求控制平稳，催化剂的中断会使反应停止。

105

H_2 加入环管反应器以控制聚合物的熔融指数，根据操作条件如密度、烯烃流量、聚烯烃产率等改变 H_2 的补充量，若 H_2 中断，需终止环管反应。

环管反应器设置了一个使反应器内催化剂失活的系统，当反应必须立即停止时，把含 2%一氧化碳的氯气加进环管反应器中以使催化剂失去活性。

第二环管反应器 R202 排出的聚合物浆液进入闪蒸罐 D301，烯烃单体与聚合物在此分离，单体经烯烃回收系统回收后返回到 D201。

闪蒸操作是从环管反应器排料阀出口处开始进行的，聚合物浆液自 R202 经闪蒸管线流到 D301，其压力由 3.4～3.5MPa 降到 1.8MPa，使烯烃再汽化。为了确保烯烃完全汽化和过热，在 R202 和 D301 之间设置了闪蒸线，在闪蒸线外部设置蒸汽夹套，通过 D301 气相温度控制器串级设定通入夹套的蒸汽压力。如果 D301 出现故障，R202 排出的物料可通过 D301 前的二通阀切送至排放系统而不进 D301。

聚合物和汽化烯烃进入 D301，聚合物落到 D301 底部，并在料位控制下送至下一工序，气相烯烃则从 D301 顶部回收。在 D301 顶部有一个特殊设计的动力分离器，它能将气相烯烃中携带的聚合物粉末进一步分离回到 D301。

4.2　开车操作系统

4.2.1　冷态开车

开工前全面大检查，处理完毕，设备处于良好的备用状态，排放系统及火炬系统应已正常，机、电、仪正常。

（1）反应器开车前准备

① 反应器供料 D201 罐的操作　打开烯烃蒸发器 E201 蒸汽进口阀；打开进料泵循环冷却器 E202 冷却水进口阀，用液态烯烃对 D201 装料，手动打开 FIC201 阀，开 50%～100%接收烯烃。调节 PIC201 使烯烃经 E201 缓慢供到 D201 顶部，直至 D201 压力达到 1.5MPa。同时控制 PIC201 为 1.7～1.85MPa，LIC201 液位 0～70%。当 LIC201 达到 40%～50%时，启动 P200A 或 B 循环烯烃回至 D201，通过调节 FIC202 控制回流量。

② D301 罐的操作（操作前检查 D301 伴管通蒸汽）　首先打开蒸汽疏水器旁路阀，待管子加热后关闭蒸汽疏水器旁路，打通闪蒸线夹套蒸汽系统。打开 PIC301 线，控制 PIC301 在 0.2MPa，通过 FIC224 加入液相烯烃。当 D301 压力为 5MPa，启动 A301，手动控制 PIC301，使 TIC301 温度为 70～80℃。控制 PIC302 在 1.8～1.9MPa，视情况投自动。将 FIC244 调整到 4200kg/h，这可保证环管反应器出料受阻时，有足够的冲洗烯烃进入闪蒸罐。当开始向环管进催化剂时，要打开 D301 底部阀 LIC301，以便不断出空初期生成的聚合物粉料，排放到界区回收。D301 的料位在开车初期通常保持在零位，这种操作一直要持续到环管反应器的浆液密度达到 450kg/m³。反应接近正常后，控制 LIC301 到 50%，投自动，完成 D301 的料位建立。

③ 反应器夹套水系统投用　打开夹套水循环管线上的手动切断阀，打开换热器 E208、E209 的冷却水。通过 LV241 将夹套循环水系统充满脱盐水，待 LV241 有液位时，

则夹套已充满。夹套充满水后，启动夹套水循环泵 P205、P206。打开加热器 E204、E205 的蒸汽加热夹套水，将夹套水的温度控制器 TIC242、TIC252 控制在 40～50℃，将 D202 和第二反应器 R202 连通，手动关闭 LIC231 及其下游切断阀。

（2）反应器系统开车　开车前必须进行聚合反应器 R201、R202 串联，并与平衡罐 D202 连通。

① 建立烯烃循环　打开 E201 到 D202 管线上的切断阀，用气相烯烃给 D202 充压，同时打开 D202 至 R201、R202 的气相充压管线，当 D202 和 R201、R202 的压力升至 1.0Mpa 以上后，关闭 E201 和 D202 之间管线上的切断阀。当压力达到 1.5～1.8MPa 时，检查泄漏。给环管反应器 R201、R202 中注入液态烯烃。建立烯烃循环，使烯烃经过冲洗管线至闪蒸管线、D301、烯烃回收系统回到 D201。

② 反应器进料　把到反应器烯烃管线上的所有流量控制器都置于手动关闭状态，打开到反应器去的烯烃管线上的所有流量控制器的上、下游切断阀，并确认旁通阀是关闭的，确认夹套水冷却温度 40℃，PIC231 的压力为 2.5MPa 左右。通过各反应器的控制阀向环管反应器进烯烃，最大流量为量程 80%。同时调节 PIC231 使 D202 的压力逐渐增加到 3.4～3.6MPa，控制 LIC231 在 40%～60%。

当环管充满液相烯烃，压力将上升，检查环管各腿顶部的液相烯烃充满情况。打开环管反应器顶部放空阀，开度为 10%～15%，观察相应的下游温度指示器，当温度急剧降至 0℃ 以下时，表明这条腿已充满了液相烯烃。控制 R201 的烯烃流量（FIC203）为 1000kg/h，R202 的烯烃流量（FIC231）为 5500kg/h。

③ 准备反应　检查并调整好环管反应器循环泵 P201、P202、然后启动循环泵 P201、P202。将 FIC232 控制在 200kg/h，开始向闪蒸管线通冲洗烯烃。以 4～6℃/5min 的升温速度缓慢提高环管反应器 R201、R202 温度至 70℃（由于液相烯烃受热膨胀，烯烃从环管反应器中排出并回收到 D201 中，所以，在环管反应器充满液相烯烃而未升温之前，D201 的液位要保持在 30%）。同时调整各反应器的进料量至正常流量，使得烯烃系统建立大循环（D201-R201-R202-D301-烯烃回收单元-D201），并将反应器的压力、温度调整至正常，D202 的压力、液位调整至正常，为进催化剂做好准备。

④ 开始反应　打开催化剂进料阀，开始加入催化剂，为防止反应急剧加速，要逐步增加催化剂量，使环管反应器中的浆液密度逐步上升到 $550～565kg/m^3$。为防止密度超过设定值，堵塞管线。当浆液密度达到设定值且操作平稳，将每个反应器进料烯烃量与该反应器密度控制投串级，即用 D1C241 串级控制 FIC203、DIC251 串级控制 FIC231。DIC241 与 FIC203 投串级后，控制正常生产要求，调节催化剂量至正常，在调整催化剂的同时，控制正常生产要求，调节进入两个反应器的氢气量至正常。

主催化剂进环管反应器后，烯烃开始反应，并释放热量，反应速率愈快，释放的热量就愈多，随着反应的进行，要及时减少夹套水加热器的蒸汽量，以使环管反应器的温度保持在 70℃，随反应的加速，很快就需要完全关闭蒸汽，并且启用 E208 和 E209。

从 R201 到 R202 的排料有两种形式：桥连接和带连接，分别采用两根不同的管线。正常生产采用桥连接，带连接是桥连接的备用。

4.3 正常运行

环管聚丙烯正常操作时的控制指标见表 3-2。

表 3-2 环管聚丙烯正常操作时的控制指标

仪表位号	名称	正常值	仪表位号	名称	正常值
AIC201	进 R201 烯烃中氢气/(μL/L)	876	LIC231	D202 液位/%	70
AIC202	进 R202 烯烃中氢气/(μL/L)	780	PIC231	D202 压力/MPa	3.8
FIC201C	去 R201 的氢气流量/(kg/h)	1.17	DIC241	R201 浆液密度/(kg/m³)	560
FIC202C	去 R202 的氢气流量/(kg/h)	0.584	PIC241	R201 压力(表压)/MPa	3.8
FIC203	去 R201 的烯烃流量/(kg/h)	27235	TIC241	R201 温度/℃	70
FIC205	催化剂的流量/(kg/h)	34.1	TIC242	R201 夹套水温度/℃	55
LIC201	D201 液位/%	80	DIC251	R202 浆液密度/(kg/m³)	560
PIC201	D201 压力/MPa	2	PIC251	R202 压力/MPa	3.5
TI201	D201 温度/℃	45	TIC251	R202 温度/℃	70
FIC231	去 R202 的烯烃流量/(kg/h)	17000	TIC252	R202 夹套水温度/℃	55

4.4 正常停车

4.4.1 环管反应器的停车

（1）降温降压，停止反应 停主催化剂的加入，关闭催化剂 FIC205 阀门。解除 DIC241 与 FIC203 串级及 DIC251 与 FIC231 串级，逐渐将 FIC203 减至 18000kg/h，逐渐将 FIC231 减至 7000kg/h。当密度为 450kg/m³ 时，停止 H_2 进料 FIC201C 和 FIC202C。注意：FIC203、FIC231 在降流量的过程中适当提高 FIC244 流量不低于 8000kg/h。

当 E208、E209 完全旁通时，则启用反应器夹套水加热器 E204、E205 来加热夹套水，打开 E204、E205 蒸汽线上的手阀，通过控制调节控制阀 HV272、HV273 来维持环管温度在 70℃。

继续稀释环管，直至密度达到此温度下的烯烃密度。将环管内的浆液经 HV301 向 D301 排放，当浆液浓度降至 414kg/m³ 时，如需要停 P201、P202，关 FIC203、FIC231、FIC241、FIC251 及 FIC232。环管中的物料排至 D301，烯烃气经烯烃回收系统后送 D201。

（2）反应器排料 当环管反应器腿中的流位低于夹套时，用来自 E203 的烯烃蒸气从反应器顶部排气口对环管加压。挂空环管底部烯烃的操作如下：

关反应器顶部排放管线上的手动切断阀，开充烯烃蒸气截止阀，打开每个环管顶部自动阀（PIC241、HV242、PIC251、HV252）以平衡 D202 气相和环管顶部压力，通过 PIC231 控制 D202 的压力为 3.4MPa。将环管夹套水温度保持在 70℃，以免烯烃蒸气冷凝。可通过 HV301 切向排放系统，环管和 D202 的液体倒空后，手动关闭 PIC231，使带压烯烃排向 D301，使之尽可能回收，最后剩余气排火炬。当环管中的压力降到 1MPa 时，切断夹套水加热器 E204、E205 的蒸汽。设定 TIC242 和 TIC252 为 40℃，将夹套水冷却至 40℃，停水循环泵 P205、P206（或 P207）。

4.4.2 D201 罐的停车

一旦供给工艺区的烯烃停止，D201 将进行自身循环，此时烯烃进料系统就可安全停车。

将 LIC201 置于手动，并处于关闭状态。手动关闭 FIC201 使 D201 的压力处于较低状态，如需倒空 D201 内的烯烃，缓慢打开 P200A/B 出口管线上后系统的烯烃截止阀。

4.4.3 D301 的停车

保持 D301 出口气相流量控制器（PIC302）设定值不变，它控制着 D301 进料管线的液相冲洗烯烃的量。当聚合物流量降低时，继续保持 D301 料位的自动控制，直到出料阀的开度≤10%，则 LIC301 打开手动，并且逐渐把聚合物的料位降为零，当环管中浆液密度达到 450kg/m³ 时，将 HV301 转换至低压排放，把剩余的聚合物排至后系统。当聚合物的流量为零时（即环管密度降至 400kg/m³），且 D301 无料积存，并手动关闭 LIC301。

4.5 紧急停车

当反应系统发生紧急情况时，环管反应器必须立即停车。此时应立即将反应阻聚剂 CO 直接注入环管中以使催化剂失活。CO 几乎能立即终止聚合反应。CO 的注入方式是直接向 R201、R202 各支管上部注入，浓度为 2%。

操作步骤：关闭催化剂进料阀 FIC205，分别打开至 R201、R202 的 CO 钢瓶的手动截止阀。关闭通往火炬的排气阀 HV261 和 HV265。打开 CO 总管上的阀门 HV262 和 HV264。当终止反应后，关闭反应器底部 CO 注入阀（HV262、HV264），同时也关闭 CO 总管上的通往排放系统的排气阀（HV261、HV265）。

注意：一旦一氧化碳已被加入到环管反应器中，并使催化剂失活，从而停止了环管反应器内的聚合反应，下一步要采取的措施由具体情况而定。

① 如果是原料中断，则需要将聚合物及单体排料切至后系统。

② 除非反应器中的浓度降到 414kg/m³，否则不得中断反应器循环泵密封的烯烃冲洗。如果循环泵必须停的话，那么环管反应器的浓度必须从 550kg/m³ 降低到小于 414kg/m³，当达到这一浓度时，反应器循环泵可安全停车，到环管的所有烯烃也可完全停掉。

③ 如果环管反应器循环泵由于某一循环泵的机械或电力故障导致停车，那么反应器的浆液密度不可能在停泵之前稀释到 414kg/m³。在这种情况下，环管反应器内物料不能循环，则必须将阻聚剂直接加到环管中去。

4.6 异常现象及处理

表 3-3 是聚丙烯常见异常现象及处理方法。

表 3-3　异常处理

序号	异常现象	产生原因	处理方法
1	① PIC301 压力为 0 ② D301 温度降低	蒸汽故障	① 终止反应 ② 按正常停车步骤停车
2	① T1C242 温度升高 ② TIC252 温度升高	冷却水停	按紧急停车步骤处理
3	FIC201 流量为 0	烯烃原料中断	按正常停车步骤处理
4	① 催化剂进料 FIC205 为 0 ② R201 反应温度下降 ③ R201 反应压力下降	催化剂进料阀故障	按紧急停车步骤处理
5	① R201 反应温度下降 ② R201 反应密度急速下降 ③ R201 反应压力下降	P201 机械故障	按紧急停车步骤处理
6	① R202 反应温度下降 ② R202 反应密度急速下降 ③ R202 反应压力下降	P201 机械故障	按紧急停车步骤处理
7	① R201 反应器压力增加 ② R202 反应器压力降低 ③ 反应温度降低	桥连接阀门故障	① 快速恢复带连接阀 ② 调节反应器压力 ③ 调节反应器温度 ④ 各仪表恢复到正常数据
8	① 去 R201 的冷却水中断 ② R201 反应温度上升 ③ D1C241 密度下降	P205 泵故障	① 快速启动备用泵 P207 ② 调整反应器温度 ③ 各仪表恢复到正常数据
9	① FIC202C 流量为 0 ② FIC201C 流量为 0	氢气进料故障	① 观察反应 ② 按正常停车步骤停车
10	① P200A 泵停 ② FIC202 流量为 0 ③ 去反应的烯烃停	P200A 泵故障	按紧急停车步骤处理

学习成果考核

关闭操作提示，现场仿真考试，最后得分以系统评分为准。

学习
札记

任务五　掌握管式反应器常见故障与维护要点

5.1　常见故障及处理方法

管式反应器常见故障及处理方法如表 3-4 所示。

表 3-4　管式反应器常见故障及处理方法

序号	故障现象	故障原因	处理方法
1	密封泄漏	① 密封环材料处理不符合要求； ② 振动引起紧固件松动； ③ 安装密封面受力不均； ④ 滑动部件受阻造成热胀冷缩、局部不均匀	停车修理： ① 更换密封环； ② 拧紧紧固螺栓； ③ 按规范要求重新安装； ④ 检查、修正相对活动部位
2	放出阀泄漏	① 阀芯、阀座密封受伤； ② 阀杆弯曲度超过规定值； ③ 装配不当，使油缸行程不足；阀杆与油缸锁紧，螺母不紧；密封面光洁度差，装配前清洗不够； ④ 阀体与阀杆相对密封面大，密封比压减小； ⑤ 油压系统故障造成油压降低； ⑥ 填料压盖螺母松动	停车修理： ① 阀座密封面研磨； ② 更换阀件； ③ 解体检查重装并做动作试验； ④ 更换阀门； ⑤ 检查并修理油压系统； ⑥ 紧螺母或更换螺母
3	爆破片爆破	① 爆破片存在缺陷 ② 爆破片疲劳破坏 ③ 油压放出阀连续失灵，造成压力过高 ④ 运行中超温超压，发生分解反应	① 注意安装前爆破片的检验。 ② 按规定定期更换。 ③ 查油压放出阀联锁系统。 ④ 分解反应爆破后，应做下列各项检查：接头箱超声波探伤；相邻超高压配管超声波探伤；经检查不合格接头箱及超高压配管应更新
4	反应管胀缩卡死	① 安装不当使弹簧压缩量大，调整垫板厚度不当 ② 机架支托滑动面相对运动受阻 ③ 支撑点固定螺栓与机架上长孔位置不当	① 重新安装；控制蝶形弹簧压缩量；选用适当厚度的调整垫板。 ② 检查清理滑动面。 ③ 调整反应管位置或修正机架孔
5	套管泄漏	① 套管进出口因为管径变化引起汽蚀，穿孔套管定心柱处冲刷磨损穿孔 ② 套管进出接管结构不合理 ③ 套管材料较差 ④ 接口及焊接存在缺陷 ⑤ 接管法兰紧固不均匀	① 停车局部修理； ② 改造套管进出接管材料； ③ 选择合适的套管材料； ④ 焊口结构规范修补； ⑤ 重新安装连接接管，更换垫片

5.2　管式反应器日常维护要点

管式反应器与釜式反应器相比较，由于没有搅拌器一类转动部件，故具有密封可靠，振动小，管理、维护、保养简便的特点。但是经常性的巡回检查仍是不可少的。在运行出现故障时，必须及时处理，决不能马虎了事。管式反应器的维护要点如下。

① 反应器的振动通常有两个来源：一是超高压压缩机的往复运动造成的压力脉动

的传递；二是反应器末端压力调节阀频繁动作而引起的压力脉动。振幅较大时要检查反应器入口、出口配管接头箱固定螺栓及本体抱箍是否有松动，若有松动应及时紧固。但接头箱紧固螺栓只能在停车后才能进行调整。同时要注意蝶形弹簧垫圈的压缩量，一般允许为压缩量的 50%，以保证管子热膨胀时的伸缩自由。反应器振幅控制在 0.1mm 以下。

② 要经常检查钢结构地脚螺栓是否有松动，焊缝部分是否有裂纹等。

③ 开停车时要检查管子伸缩是否受到约束，位移是否正常。除直管支架处蝶形弹簧垫圈不应卡死外，弯管支座的固定螺栓也不应该压紧，以防止反应器伸缩时的正常位移受到阻碍。

铁人王进喜

王进喜是新中国第一批石油钻探工人，全国著名的劳动模范。他率领 1205 钻井队艰苦创业，打出了大庆第一口油井，并创造了年进尺 10 万米的世界钻井纪录，展现了大庆石油工人的气概，为我国石油事业立下了汗马功劳，成为中国工业战线一面火红的旗帜。王进喜以"宁可少活 20 年，拼命也要拿下大油田"的顽强意志和冲天干劲，被誉为油田铁人。王进喜身上体现出来的"铁人精神"和其留下的"大庆经验"，激励了一代代的石油工人，成为我国进行社会主义建设的宝贵财富。

1. 铁人和工人工程师

1958 年，王进喜带领钻井队创造了当时月钻井进尺的全国最高纪录，荣获"钢铁钻井队"的称号。1960 年，他率队从玉门到大庆参加石油大会战，发扬"为国分忧，为民族争气"的爱国主义精神，为结束"洋油"时代而顽强拼搏。他组织全队职工把钻机化整为零，用"人拉肩扛"的方法搬运和安装钻机，奋战 3 天 3 夜把井架树立在荒原上。打第一口井时，为解决供水不足，王进喜带领工人破冰取水，"盆端桶提"运水保开钻。打第二口井时突然发生井喷，当时没有压井用的重晶石粉，王进喜决定用水泥代替；没有搅拌机，他不顾腿伤，带头跳进泥浆池里用身体搅拌。经全队工人奋战，终于"制服"井喷，王进喜被人们誉为"铁人"。

王进喜在技术上勤于钻研，带领工友们用 20 世纪 40 年代的老钻机，克服技术上的困难，打出全油田第一口斜度不足半度的直井，创造了用旧设备打直井的先例。另外，他还与工友们一起发明了钻机整体搬家、钻头改进、快速钻井等多项技术革新，对改进钻井工艺技术做出了突出贡献，被授予"工人工程师"的称号。

2. 铁人精神

王进喜及其 1205 钻井队为我国石油工业的发展和社会主义建设做出了突出贡献，也留下了宝贵的精神财富——铁人精神。

铁人精神所折射的品质是中华民族赖以生存和发展的精神支撑和力量源泉，是我们的民族精神和工业化的一笔重要财富。

铁人精神是实事求是的科学态度。学习铁人精神，就要学习他求真务实、注重实效的精神。铁人王进喜带领 1205 钻井队，含泪把不合格的井填掉，坚决"推倒重来"，体现的正是铁人求真务实的科学态度。

铁人精神是锐意创新的开拓意识。学习铁人精神，就要学习他锐意进取、开拓创新的精神。油田一次创业时，面对复杂的地质情况、艰苦的自然环境、落后的勘探技术，以铁人为代表的石油工人发扬"跨过洋人头，敢为天下先"的可贵探索精神，在技术、管理和文化等多方面进行全面创新，解决了一个又一个技术难题。

铁人精神是敬业报国的责任担当。石油会战初期，正值国家三年困难时期，各种困难和矛盾是难以想象的。以铁人王进喜为代表的石油工人以"有条件要上，没条件创造条件也要上"的气魄，靠着艰苦奋斗、实干创业和革命加拼命的精神，使得石油开采工作有了突破性的进展。凭着"宁可少活 20 年，拼命也要拿下大油田""要为油田负责一辈子"的责任感和使命感，铁人王进喜为中国石油工业的发展做出了不可磨灭的贡献。

知识拓展

知识拓展

请扫码学习均相反应器的选型与优化、管式反应器的计算和管式反应器的应用。

项目测试

一、填空题

1. 在化工生产中，常常把反应器长度远大于其直径即长径比大于_____的一类反应器，统称为管式反应器。

2. 一般来说，管式反应器属于_____反应器，釜式反应器属于_____反应器。

3. 平推流反应器的返混为_____。

4. 常用的管式反应器有_____、_____、_____、_____和多管并联管式反应器等 5 种类型。

5. _____用于烃类裂解制乙烯及其相关产品的一种生产设备，为目前世界上大型石油化工厂所普遍采用。

6. 管式裂解炉通常由_____和_____两部分组成。

7. 烃类热裂解一次反应发生断链，生成低碳的_____和_____；二次反应主要生成_____和_____的反应。

8. 工业上脱甲烷过程中，_____分离效果好，乙烯收率高。

二、选择题

1. 裂解生产乙烯工艺中，裂解原料的族组成中 P 表示（　　）。

A．烷烃　　　　　B．环烷烃　　　　　C．烯烃　　　　　D．芳香烃

2. 下列不属于二次反应的是（　　）。

A．生焦反应　　　B．生炭反应　　　C．生成稠环芳烃　　D．烯烃的裂解

3．裂解生产乙烯工艺中，不能用来表示裂解深度的是（　　）。

A．转化率　　　　B．乙烯产率　　　　C．出口温度　　　　D．反应速率

4．烃类裂解制乙烯过程正确的操作条件是（　　）。

A．低温、低压、长时间　　　　　　B．高温、低压、短时间

C．高温、低压、长时间　　　　　　D．高温、高压、短时间

5．裂解气脱炔和脱一氧化碳主要采用的方法为（　　）。

A．催化加氢　　　B．酸洗　　　　　C．碱洗　　　　　　D．吸附

6．下列不是石油中所含烃类的是（　　）。

A．烷烃　　　　　B．环烷烃　　　　C．芳香烃　　　　　D．烯烃

7．管式裂解炉生产乙烯的出口温度为（　　）。

A．300℃以下　　　　　　　　　　B．200℃以下

C．1065～1380℃以下　　　　　　　D．500℃以下

8．裂解操作是向系统中加入稀释剂来降低烃类分压的方法来达到减压操作目的的，稀释剂加入的目的是（　　）。

A．有利于产物收率的提高，对结焦的二次反应有抑制作用

B．不利于产物收率的提高，对结焦的二次反应有抑制作用

C．有利于产物收率的提高，对结焦的二次反应有促进作用

D．不利于产物收率的提高，对结焦的二次反应有促进作用

三、思考题

1．什么是管式反应器？

2．管式反应器与釜式反应器有哪些差异？

3．管式反应器是应用较多的一种连续操作反应器，结构类型多种多样，常用的管式反应器有哪几种类型？

4．管式反应器的加热或冷却可采用哪些方式？

5．管式反应器是由哪几部分构成？

6．什么是烃类热裂解？

7．管式裂解炉生产乙烯的二次反应有哪些危害？

8．裂解炉的反应流量的控制有哪些？

9．管式反应器常见故障有哪些？产生的原因是什么？如何排除？

项目四　塔式反应器与操作

学习目标

⊕ 知识目标

1. 说出塔式反应器的分类、结构和特点；
2. 解释鼓泡塔反应器传递特性；
3. 操作和控制鼓泡塔反应器和填料塔反应器。

◎ 技能目标

1. 能识别各类气液相催化反应器；
2. 能根据反应特点和工艺要求选择气液相反应器类型；
3. 能按生产操作规程操作反应单元；
4. 能正确维护塔式反应器。

💡 素质目标

1. 培养学生的环保意识、安全意识、经济意识；
2. 培养学生阐述问题、分析问题的应变意识。

学习建议　通过阅读设备图，参观实训装置，观看仿真素材图片，培养对塔式反应器的感性认识，以感性认识为基础，掌握塔式反应器的基础知识。通过装置和仿真的实操训练，掌握塔式反应器操作的基本技能。

案例导入

　　乙醛氧化生产醋酸的主要设备是氧化反应器，在工业生产中氧化反应器为全混型鼓泡塔反应器，有内冷却型和外冷却型两种形式。图 4-1 为外冷却型乙醛氧化生产醋酸工艺流程图。在第一氧化塔 1 中盛有质量分数为 0.1%～0.3%醋酸锰的浓醋酸，先加入适量的乙醛混匀加热，而后乙醛和纯氧按一定比例连续通入第一氧化塔进行气液鼓泡反应。中部反应区控制反应温度为 348K 左右，塔顶压力为 0.15MPa，在此条件下反应生成醋酸。氧化液循环泵将氧化液自塔底抽出，送入第一氧化塔冷却器进行热交换，反应热由循环冷却水带走。降温后的氧化液再循环回第一氧化塔。第一氧化塔上部流出的含乙醛 2%～8%（质量分数，下同）的氧化反应液，由两塔间压差送入第二氧化塔 3。该塔盛有适量醋酸，塔顶压力为 0.08～0.1MPa，达到一定液位后，通入适量氧气进一步氧化其中的乙醛，维持中部反应区温度在 353～358K 之间，塔底氧化液由泵强制循环，通入第二氧化塔冷却器 4 进行热交换。物料在两塔中停留时间共计 5～7h。从第二氧化塔上部连续溢流出含醋酸≥97%、含乙醛＜0.2%、含水 1.5%左右的粗醋酸送去精制。

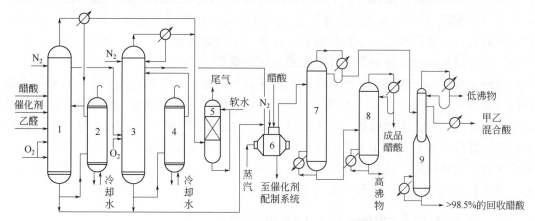

图 4-1　外冷却型乙醛氧化生产醋酸工艺流程图

1—第一氧化塔；2—第一氧化塔冷却器；3—第二氧化塔；4—第二氧化塔冷却器；5—尾气吸收塔；
6—蒸发器；7—脱低沸物塔；8—脱高沸物塔；9—脱水塔

任务
准备

任务一　认识塔式反应器

　　塔设备除了广泛应用于精馏、吸收、解吸、萃取等方面，它也可以作为反应器广泛应用于气液相反应。如图 4-2 所示，塔式反应器的外形呈圆筒状，高度一般为直径的数倍以至十几倍，内部常设有填料、筛板等构件，用来增大反应混合物相际间的传质面积。塔式反应器可用于进行气液相非均相反应，例如化学吸收，此时至少有一种反应物处于气相，而其他反应物、催化剂或溶剂等处于液相，也可用于进行气液固非均相反应，其中固相多为产物或催化剂。塔式反应器的操作方式有半间歇式和连续式两种，当半间歇式操作时，一般液相反应物一次加料，而气相反应物连续加料，当反应到一定程度后卸出产物。例如，氨水碳化生产碳酸氢铵所用的塔式反应器，氨水一次加料后，连续通入二氧化碳反应，当产物碳酸氢铵达到一定浓度后，卸料分离即得到产品。

图 4-2　尾气化学吸收塔外形图

1.1　气液相反应

气液相反应是指气体在液体中进行的化学反应，是一个非均相反应过程。气体反应物可能是一种或多种，液体可能是反应物或者只是催化剂的载体。反应速率的快慢除取决于化学反应速率外，很大程度上决定于气相和液相两相界面上各组分分子的扩散速度，所以如何使气、液两相充分接触是增加反应速率的关键因素之一。对于塔设备的应用与改进，增加反应两相的接触面积正是主要考虑因素。

气液相反应与化学吸收，既有相同点，又有不同之处。其共同点在于，它们都研究传质与化学反应之间的关系。不同之处在于，它们的研究各有侧重。化学吸收侧重于研究如何用化学反应去强化传质，以求经济、合理地从气体中吸收某些有用组分，即着眼于传质，故化学吸收也称带有化学反应的传质。气液相反应侧重于研究传质过程如何影响化学反应的转化率、选择性及宏观速率，以求经济、合理地利用气体原料生产化学产品，即着眼于化学反应，故称其为气液相反应。

1.2　气液相反应器的种类及特点

1.2.1　气液相反应器的种类

按形成气液相界面的方式不同，气液相反应器可分为填料塔反应器、膜式塔反应器、喷雾塔反应器、鼓泡塔反应器、搅拌鼓泡反应器和板式塔反应器等。按照气液相的接触形态又可分为：气体以气泡形态分散在液相中的鼓泡塔反应器、搅拌鼓泡反应器和板式塔反应器；液体以液滴状分散在气相中的喷雾塔反应器、喷射或文氏反应器；液体以液膜状与气相接触的填料塔反应器和降膜反应器。

常见塔式反应器它们的外形基本一致，内部一般都设有气液分布装置、除沫装置，区别在于气液分布装置的结构和气液接触方式不同。

几种主要塔式反应器的结构示意如图4-3所示。

1.2.2　气液相反应器的特点

（1）鼓泡塔反应器　广泛应用于液相也参与反应的中速、慢速反应和放热量大的反应。例如，各种有机化合物的氧化反应、各种石蜡和芳烃的氯化反应、各种生物化学反应、污水处理曝气氧化和氨水碳化生成固体碳酸氢铵等反应，都采用这种鼓泡塔反应器。鼓泡塔反应器在实际应用中具有以下优点。

①　气体以小的气泡形式均匀分布，连续不断地通过气液反应层，保证了充足的气液接解面，使气、液充分混合，反应良好；

②　结构简单，容易清理，操作稳定，投资和维修费用低；

③　鼓泡塔反应器具有极高的储液量和相际接触面积，传质和传热效率较高，适用于缓慢化学反应和高度放热的情况；

④　在塔的内、外都可以安装换热装置；

⑤　和填料塔相比较，鼓泡塔能处理悬浮液体。

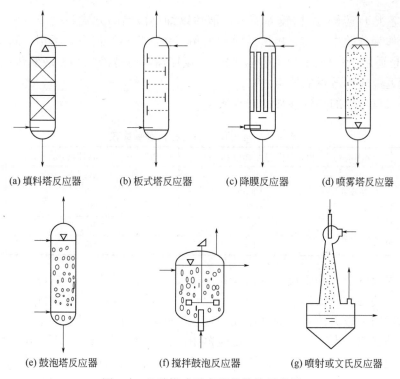

(a) 填料塔反应器　　　(b) 板式塔反应器　　　(c) 降膜反应器　　　(d) 喷雾塔反应器

(e) 鼓泡塔反应器　　　(f) 搅拌鼓泡反应器　　　(g) 喷射或文氏反应器

图 4-3　几种塔式反应器的结构示意图

鼓泡塔在使用时也有一些很难克服的缺点，主要表现如下。

① 为了保证气体沿截面的均匀分布，鼓泡塔的直径不宜过大，一般在 2～3m 以内。

② 鼓泡塔反应器液相轴向返混很严重，在不太大的高径比情况下，可认为液相处于理想混合状态，因此较难在单一连续反应器中达到较高的液相转化率。

③ 鼓泡塔反应器在鼓泡时所耗压降较大。

（2）填料塔反应器　填料塔反应器是广泛应用于气体吸收的设备，也可用作气、液相反应器，由于液体沿填料表面流下，在填料表面形成液膜而与气相接触进行反应，故液相主体量较少。适用于瞬间反应、快速和中速反应过程。例如，催化热碱吸收 CO_2、H_2O 吸收 NO_x 形成硝酸、H_2O 吸收 HCl 生成盐酸、H_2O 吸收 SO_3 生成硫酸等通常都使用填料塔反应器。填料塔反应器具有结构简单、压降小、易于适应各种腐蚀介质和不易造成溶液起泡的优点。填料反应器也有不少缺点：首先，它无法从塔体中直接移去热量，当反应热较高时，必须借助增加液体喷淋量以显热形式带出热量；其次，由于存在最低润湿率的问题，在很多情况下需采用自身循环才能保证填料的基本润湿，但这种自身循环破坏了逆流的原则。尽管如此，填料塔反应器还是气液相反应和化学吸收的常用设备。特别是在常压和低压下，压降成为主要矛盾和反应溶剂易于起泡时，采用填料塔反应器尤为适合。

（3）板式塔反应器　其液体是连续相而气体是分散相，借助于气相通过塔板分散成小气泡而与板上液体相接触进行化学反应。板式塔反应器适用于快速及中速反应。采用多板可以将轴向返混降低至最小程度，并且它可以在很小的液体流速下进行操作，从而能在单塔中直接获得极高的液相转化率。同时，板式塔反应器的气液传质系数较大，可以在板上安置冷却或加热元件，以达到维持所需温度的要求。但是板式塔反应器具有气相流动压降较大和传质表面较小等缺点。

（4）喷雾塔反应器　结构较为简单，液体以细小液滴的方式分散于气体中，气体为连续相，液体为分散相，具有相接触面积大和气相压降小等优点。适用于瞬间、界面和快速反应，也适用于生成固体的反应。喷雾塔反应器具有持液量小和液侧传质系数过小、气相和液相返混较为严重的缺点。

常用塔式反应器的特性参数比较见表 4-1。

表 4-1　常用反应器的特性参数比较

反应器	存液量	相界面积/液相体积/($m^2 \cdot m^3$)	相界面积/反应器体积/($m^2 \cdot m^3$)	液含率
填料塔		1200	100	0.08
板式塔	低存液量	1000	150	0.15
喷雾塔		1200	60	0.05
鼓泡塔	高存液量	20	20	0.98
搅拌釜		200	200	0.90

（5）降膜反应器　降膜反应器为膜式反应设备，通常借助管内的流动液膜进行气液相反应，管外使用载热流体导入或导出反应热。降膜反应器可用于瞬间、界面和快速反应，它特别适用于较大热效应的气液反应过程。除此之外，降膜反应器还具有压降小和无轴向返混的优点。然而，由于降膜反应器中液体停留时间很短，不适用于慢反应，也不适用于处理含固体物质或能析出固体物质及黏性很大的液体。同时，降膜管的安装垂直度要求较高，液体成膜和均匀分布是降膜反应器的关键，工程使用时必须注意。

（6）搅拌鼓泡釜式反应器　是在鼓泡塔反应器的基础上加上机械搅拌以增大传质效率发展起来的。在机械搅拌的作用下反应器内气体能较好地分散成细小的气泡，增大气液接触面积，但由于机械搅拌使反应器内液体流动接近全混流，同时能耗较高，釜式反应器适用于慢反应，尤其对高黏性的非牛顿型液体更为适用。

（7）高速湍动反应器　喷射反应器、文氏反应器等属于高速湍动接触设备，它们适用于瞬间反应。此时，由于湍动的影响，加速了气膜传递过程的速率，因而获得很高的反应速率。

1.3　塔式反应器的工业应用

在化学工业中，塔式反应器广泛地应用于加氢、磺化、卤化、氧化等化学加工过程。工业应用气液相反应实例见表 4-2。除此以外，气体产品的净化过程和废气及污水的处理过程，以及好氧性微生物发酵过程均应用气液相反应过程。

表 4-2　工业应用气液相反应实例

工业反应	工业应用举例
有机物氧化	链状烷烃氧化成酸；对二甲苯氧化生产对苯二甲酸；环己烷氧化生产环己酮；乙醛氧化生产乙酸；乙烯氧化生产乙醛
有机物氯化	苯氯化为氯苯；十二烷烃的氯化；甲苯氯化为氯化甲苯；乙烯的氯化
有机物加氢	烯烃加氢；脂肪酸酯加氢
其他有机反应	甲醇羟基化为乙酸；异丁烯被硫酸所吸收；醇被三氧化硫硫酸盐化；烯烃在有机溶剂中聚合
酸性气体的吸收	SO_3 被硫酸所吸收；NO_2 被稀硝酸所吸收；CO_2 和 H_2S 被碱性溶液所吸收

1. 你学完本节内容，对气液相反应器有哪些认识？

....

....

....

....

....

....

....

....

2. 不同类型的气液相反应器有哪些特点？你能举例说一说塔式反应器在工业上
   的应用吗？

....

....

....

....

....

....

....

....

任务二　学习塔式反应器的结构

2.1　填料塔反应器

2.1.1　填料塔反应器的结构

填料塔反应器内部装有填料，液体由分布器自塔顶喷淋而下，气体一般由分布器自塔底与液体成逆流上升，在填料表面形成液膜与气相接触反应。操作中，液体为分散相，气体为连续相。如图 4-4 所示，填料塔的塔身是一直立式圆筒，底部装有填料支撑板，填料以乱堆或整砌的方式放置在支撑板上。填料塔结构简单，耐腐蚀，轴向返混可忽略，能获得较大的液相转化率，气相流动压降小，适用于快速和瞬间反应过程，特别适宜于低压和介质具腐蚀性的操作。缺点是液体在填料床层中停留时间短，不能满足慢反应的要求，且存在壁流和液体分布不均、换热困难等问题。填料塔要求填料比表面大、空隙率高、耐蚀性强及强度和润湿等性能优良。

填料塔、填料塔构造

栅板式支撑板

（1）塔体　塔体是塔设备的主要部件，大多数塔体是等直径、等壁厚的圆筒体，顶盖以椭圆形封头为多。但随着装置的大型化，不等直径、不等壁厚的塔体已逐渐增多。塔体除满足工艺条件对它提出的强度和刚度要求外，还应考虑风力、地震、偏心载荷所带来的影响，以及吊装、运输、检验、开停工等情况。

塔体材质常采用的有：非金属材料（如塑料、陶瓷等）、碳钢（复层、衬里）、不锈耐酸钢等。

（2）塔体支座　塔设备常采用裙式支座（见图 4-5）。它应当具有足够的强度和刚度，来承受塔体操作重量、风力、地震等引起的载荷。

塔体支座的材质常采用碳素钢，也有采用铸铁的。

（3）人孔　人孔是安装或检修人员进出塔器的唯一通道。人孔的设置应便于人员进入任何一层塔板。对直径大于 ϕ800mm 的填料塔，人孔可设在每段填料层的上、下方，同时兼作填料装卸孔用。设在框架内或室内的塔，人孔的设置可按具体情况考虑。

人孔在设置时，一般在气液进出口等需经常维修清理的部位设置人孔。另外在塔顶和塔釜，也各设置一个人孔。

塔径小于 ϕ800mm 时，在塔顶设置法兰（塔径小于 ϕ450mm 的塔，采用分段法兰连接），不在塔体上开设人孔。

在设置操作平台的地方，人孔中心高度一般比操作平台高 0.7～1m，最大不宜超过1.2m，最小为 600mm。人孔开在立面时，在塔釜内部应设置手柄（但人孔和底封头切线之间的距离小于 1m 或手柄有碍内件时，可不设置）。

装有填料的塔，应设填料挡板，借以保护人孔，并能在不卸出填料的情况下更换人孔垫片。

（4）手孔　手孔是指手和手提灯能伸入的设备孔口，用于不便进入或不必进入设备即能清理、检查或修理的场合。

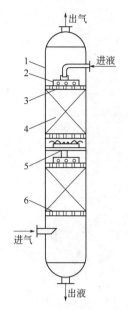

图 4-4　填料塔反应器结构示意图

1—塔体；2—液体分布器；3—填料压紧装置；
4—填料层；5—液体收集与再分布装置；
6—支撑栅板

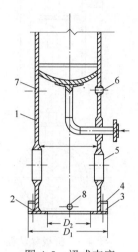

图 4-5　裙式支座

1—裙座圈；2—支撑板；3—角牵板；4—压板；
5—人孔；6—有保温时排气管；7—无保温时
排气管；8—排液孔

手孔又常用作小直径填料塔装卸填料之用，在每段填料层的上下方各设置一个手孔。卸填料的手孔有时附带挡板，以免反应生成物积聚在手孔内。

（5）塔内件　填料塔的内件有填料、填料支撑装置、填料压紧装置、液体分布装置、液体收集再分布装置等。合理的选择和设计塔内件，对保证填料塔的正常操作及优良的传质性能十分重要。

① 除沫器　当空塔气速较大，塔顶溅液现象严重，以及工艺过程不允许出塔气体夹带雾滴的情况下，设置除沫装置，从而减少液体的夹带损失，确保气体的纯度，保证后续设备的正常操作。

常用的除沫装置有折板除沫器（见图 4-6）、丝网除沫器（见图 4-7）以及旋流板除沫器。此外，还有链条型除沫器、多孔材料除沫器及玻璃纤维除沫器等。在分离要求不严格的操作场合，还将填料层作除沫器用。

常用的折板除沫器是角钢除沫器，它的压降一般为 50～100Pa，增加折流的次数，能提高其对气液的分离效率。这种除沫器结构比较简单，但耗用金属多，造价高，在大塔尤为明显，因而逐渐为丝网除沫器所取代。

丝网除沫器具有比表面积大、重量轻、孔隙率大及使用方便等优点。尤其是它具有除沫效率高、压降小的特点，从而成为一种广泛使用的除沫装置。

小型除沫器的丝网厚度根据工艺条件决定，一般为 50～100mm，丝网应铺平，相邻每层丝网之间的波纹方向应相错一个角度，上面用支撑栅板加以固定。丝网支撑栅板的自由截面积应大于 90%，安装时，栅板应保持水平。

大型除沫器是分块式的，在支撑圈上放置除沫筐，上面再放置栅板。安装除沫筐时，由两侧同时进行，先将中间筐挤入，然后用扁钢圈压紧，除沫筐安装完，在上栅板之前用不锈钢丝每隔一段距离绑扎一道，每筐之间必须挤紧，尽量减少气体短路。

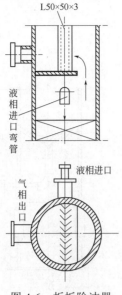

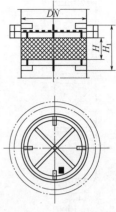

图 4-6　折板除沫器　　　　　　　　　图 4-7　丝网除沫器

　　② 填料　填料种类很多，如图 4-8 所示。填料的作用是提供气液传质界面，因此总希望填料的比表面积大、重量轻，并有一定的强度。多年来人们对填料的设计、制造、

图 4-8　几种常见填料

技术改进做了大量的研究工作，开发出各种各样的填料供选用。填料分为两大类，一类是散装填料；另一类是整砌填料。

③ 填料支撑装置　填料支撑装置的作用是支撑塔内填料层。对其要求是：第一，应具有足够的强度和刚度，能支撑填料的质量、填料层的持液量及操作中的附加压力等；第二，应具有大于填料层孔隙率的开孔率，以防止在此处首先发生液泛；第三，结构合理，有利于气液两相的均匀分布，阻力小，便于拆装。常用的支撑装置有栅板型、孔管型、驼峰型等，如图 4-9 所示。选择哪种支撑装置，主要根据塔径、使用的填料种类及型号、塔体及填料的材质、气液流速等而定。

填料支撑装置

(a) 栅板型　　　(b) 孔管型　　　(c) 驼峰型

图 4-9　填料支撑装置

④填料压紧装置　为保持操作中填料床层为一高度恒定的固定床，从而保持均匀一致的空隙结构，使操作正常、稳定，在填料填装后于其上方安装填料压紧装置。这样，可以防止在高压降、瞬时负荷波动等情况下填料床层发生松动和跳动。

填料压紧装置

填料压紧装置分为填料压板和床层限制板两大类，每类又有不同的形式，图 4-10 中列出了几种常用的填料压紧装置。填料压板自由放置于填料层上端，靠自身重力将填料压紧，它适用于陶瓷、石墨制的散装填料。因其易碎，当填料层发生破碎时，填料层孔隙率下降，此时填料压板可随填料层一起下落，紧紧压住填料而不会形成填料的松动。床层限制板用于金属散装填料、塑料散装填料及所有规整填料。因金属及塑料填料不易破碎，且有弹性，在填装正确时不会使填料下沉。床层限制板要固定在塔壁上，为不影响液体分布器的安装和使用，不能采用连续的塔圈固定，对于小塔可用螺钉固定于塔壁，而大塔则用支耳固定。

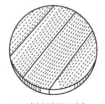

(a) 填料压紧栅板　(b) 填料压紧网板　(c) 905型金属压板

图 4-10　填料压紧装置

⑤ 液体分布装置　为了实现填料内气液两相密切接触、高效传质，填料塔的传质过程要求塔内任一截面上气液两相流体能均匀分布，特别是液体的初始分布至关重要。理想的液体分布器应具备以下条件。

a. 与填料相匹配的液体分布器分布点。填料比表面积越大，分离要求越精密，则液体分布器分布点密度也应越大。

  b．操作弹性较大，适应性好。

  c．为气体提供尽可能大的自由截面，实现气体的均匀分布，且阻力小。

  d．结构合理，便于制造、安装、调整和检修。

液体分布装置的种类多样，有喷头式、盘式、管式、槽式及槽盘式等。

2.1.2 填料的性能评价

填料性能的优劣通常根据效率、通量及压降三要素衡量。在相同的操作条件下，填料的比表面积越大，气液分布越均匀，表面的润湿性能越优良，则传质效率越高；填料的孔隙率越大，结构越开敞，则通量越大，压降亦越低。国内学者对九种常用填料的性能进行了评价，用模糊数学方法得出了各种填料的评估值，得出如表 4-3 所示的结论。从表 4-3 可以看出，丝网波纹填料综合性能最好，拉西环最差。

表 4-3 几种填料综合性能评价

填料名称	评估值	评价	排序	填料名称	评估值	评价	排序
丝网波纹填料	0.86	很好	1	金属鲍尔环	0.51	一般好	6
孔板波纹填料	0.61	相当好	2	瓷 IntalOx	0.41	较好	7
金属 IntalOx	0.59	相当好	3	瓷鞍形环	0.38	略好	8
金属鞍形环	0.57	相当好	4	瓷拉西环	0.36	略好	9
金属阶梯环	0.53	一般好	5				

2.1.3 填料塔反应器的应用

适用于瞬间反应、快速和中速反应过程。

2.2 板式塔反应器

2.2.1 板式塔反应器的结构

板式塔的结构
和工作原理

板式塔反应器内部装有多块塔板，塔板的形式多为筛板或泡罩板，液体自上而下流经每块塔板，并在塔板上形成一定厚度的液层，气体自下而上流经每块塔板，经塔板上的小孔分散，并以小气泡的形式与塔板上的液层接触反应。图 4-11 为板式塔反应器结构示意图。操作中，液体是连续相，气体是分散相。板式塔逐板操作，轴向返混降到最低，并可采用最小的液流速率进行操作，从而获得极高的液相转化率；气液剧烈接触，气液相界面传质和传热系数大；板间可设置传热构件，以移出和移入热量。缺点是反应器结构复杂，气相流动压降大，且塔板需用耐腐蚀性材料制作。

2.2.2 板式塔反应器的应用

适用于快速及中速反应，大多用于加压操作过程。

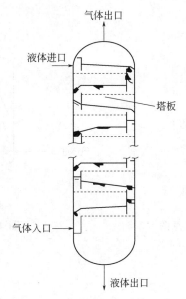

图 4-11　板式塔反应器结构示意图

2.3　膜式塔反应器

2.3.1　膜式塔反应器的结构

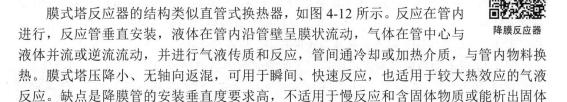

膜式塔反应器的结构类似直管式换热器，如图 4-12 所示。反应在管内进行，反应管垂直安装，液体在管内沿管壁呈膜状流动，气体在管中心与液体并流或逆流流动，并进行气液传质和反应，管间通冷却或加热介质，与管内物料换热。膜式塔压降小、无轴向返混，可用于瞬间、快速反应，也适用于较大热效应的气液反应。缺点是降膜管的安装垂直度要求高，不适用于慢反应和含固体物质或能析出固体物质及黏性很大的液体参加的反应。

2.3.2　膜式塔反应器的应用

可用于瞬间、界面和快速反应。

2.4　喷雾塔反应器

2.4.1　喷雾塔反应器的结构

喷雾塔反应器内除气液分布装置和除沫装置外再无其他构件，液体在塔顶被分散成细小液滴喷淋而下，气体自塔底经分布器在整个塔截面上均匀分布，向上流动，在液滴表面与液体接触，并进行传质反应，液体为分散相，气体为连续相。见图 4-13。

2.4.2　喷雾塔反应器的应用

适用于瞬间、界面和快速反应，也适用于生成固体的反应。

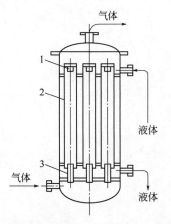

图 4-12　膜式塔反应器结构示意图

1—液体分布器；2—管子；3—气体分布器

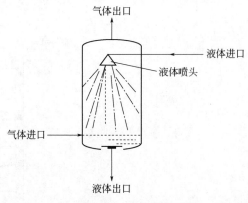

图 4-13　喷雾塔反应器

2.5　鼓泡塔反应器

2.5.1　鼓泡塔反应器的结构

（1）鼓泡塔反应器的类型　鼓泡塔反应器也称为鼓泡床反应器。塔内充满液体，气体从反应器底部通入，分散成气泡沿着液体上升，与液相接触反应同时搅动液体以增加传质速率，液体为连续相，气体为分散相。鼓泡塔换热方便，可在塔体内部设置各种形式的换热管，在塔体外设置夹套或在塔外单独设置换热器进行换热，当反应放热时，也可利用液体蒸发移热。鼓泡塔结构简单、造价低、易控制、易维修、防腐问题易解决，用于高压时也无困难，适用于中速、慢速和放热量大的反应。缺点是液体返混严重，气泡易产生聚并。

图 4-14 所示为简单鼓泡塔反应器。工业所遇到的鼓泡塔反应器，按其结构可分为空心式、多段式、气体提升式和液体喷射式。空心式鼓泡塔（见图 4-15）在工业上得到了广泛的应用。这类反应器最适用于缓慢化学反应系统或伴有大量热效应的反应系统。若热效应较大时，可在塔内或塔外装备热交换单元，图 4-16 为具有塔内热交换单元的鼓泡塔。

简单鼓泡塔

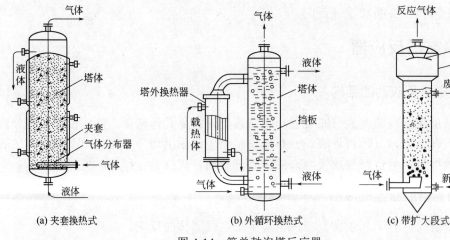

(a) 夹套换热式　　　　　　　(b) 外循环换热式　　　　　　　(c) 带扩大段式

图 4-14　简单鼓泡塔反应器

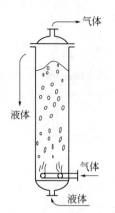

图 4-15　空心式鼓泡塔

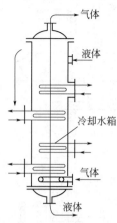

图 4-16　具有塔内热交换单元的鼓泡塔

为克服鼓泡塔中的液相返混现象，当高径比较大时，亦常采用多段鼓泡塔，以提高反应效果（见图 4-17）。当高黏性物系，如生化工程的发酵、环境工程中活性污泥的处理、有机化工中催化加氢（含固体催化剂）等情况，常采用气体提升式鼓泡反应器（见图 4-18）或液体喷射式鼓泡反应器（见图 4-19），此种利用气体提升和液体喷射形成有规则的循环流动，可以强化反应器传质效果，并有利于固体催化剂的悬浮。此类又统称为环流式鼓泡反应器，它具有径向气液流动速度均匀，轴向弥散系数较低，传热、传质系数较大，液体循环速度可调节等优点。

气体升液式
鼓泡塔

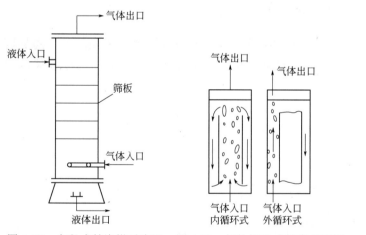

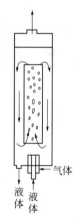

图 4-17　多段式鼓泡塔反应器　　图 4-18　气体提升式鼓泡反应器　　图 4-19　液体喷射式鼓泡反应器

（2）鼓泡塔反应器的结构　鼓泡塔反应器的基本组成部分主要如下。

① 塔底部的气体分布器　分布器的结构要使气体均匀地分布在液层中；分布器鼓气管端的直径大小，要使气体鼓出来的泡小，使液相层中气含率增加，液层内搅动激烈，有利于气、液相传质过程。常见气体分布器如图 4-20 所示。

鼓泡塔反应器

② 塔筒体部分　这部分主要是气液鼓泡层，是反应物进行化学反应和物质传递的气液层。如果需要加热或冷却时，可在筒体外部加上夹套，或在气液层中加上蛇管。

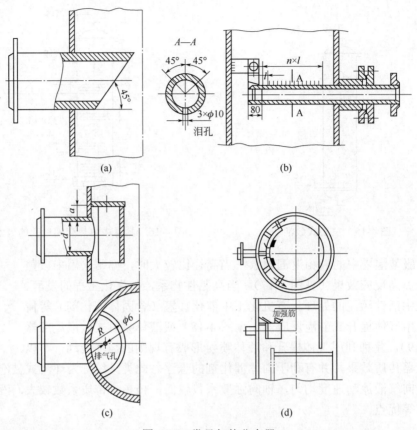

图 4-20　常见气体分布器

③　塔顶部的气液分离器　塔顶的扩大部分，内装一些液滴捕集装置，以分离从塔顶出来气体中夹带的液滴，达到净化气体和回收反应液的作用。常见的气液分离器如图 4-21 所示。

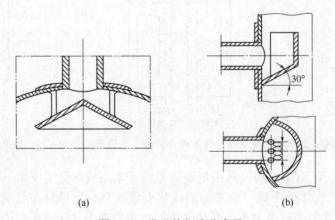

图 4-21　常见的气液分离器

2.5.2　鼓泡塔反应器的应用

广泛应用于液相参与的中速、慢速反应和放热量大的反应。

2.6 塔式反应器的选型

塔式反应器选型时一般应考虑以下因素。

2.6.1 具备较高的生产能力

反应器形式应适合反应系统特性的要求,使之达到较高的宏观反应速率。在一般情况下,当气液相反应过程的目的是用于生产化工产品时,应考虑选用填料塔;如果反应速率极快可以选用填料塔和喷雾塔;如果反应速率极快,同时热效应又很大,可以考虑选用膜式塔;如果反应速率为快速或中速时,宜选用板式塔;对于要求在反应器内能处理大量液体而不要求较大相界面积的动力学控制过程,宜选用鼓泡塔。

2.6.2 有利于反应选择性的提高

反应器的选型应有利于抑制副反应的发生。如平行反应中副反应较主反应慢,则可采用持液量较少的设备,以抑制液相主体进行缓慢的副反应;如副反应为连串反应,则应采用液相返混较少的设备(如填料塔)进行反应,或采用半间歇(液体间歇加入和取出)反应器。

2.6.3 有利于降低能量消耗

反应器的选型应考虑能量综合利用并尽可能降低能耗。若反应在高于室温下进行,则应考虑反应热量的回收;如反应在加压条件下进行,则应考虑压力能量的综合利用。除此之外,为了造成气液两相分散接触,需要消耗一定的动力。

2.6.4 有利于反应温度的控制

气液相反应绝大部分是放热的,因而如何移热、防止温度过高是经常碰到的实际问题。当反应热效应很大而又需要综合利用时,降膜塔反应器是比较合适的。除此之外,板式塔和鼓泡塔反应器可借助于安置冷却盘管来移热。但在填料塔中,移热比较困难,通常只能提高液体喷淋量,以液体显热的形式移除。

2.6.5 能在较少液体流率下操作

为了得到较高的液相转化率,液体流率一般较低,此时可选用鼓泡塔和板式塔反应器,但不宜选用填料塔、降膜塔反应器。例如,当喷淋密度低于$3m^3/(m^2 \cdot h)$时,填料就不会全部润湿,降膜塔反应器也有类似的情况。

尽管每一种塔式反应器都不可能同时满足上述 5 个要求,但可根据反应本身的特点及生产要求选用不同的反应器。鼓泡塔反应器和填料塔反应器均适用于气液相反应,鼓泡塔反应器在操作时液相是连续相,气相是分散相;而填料塔反应器在正常操作时气相是连续相,液相是分散相。正因为如此,它们的特点具有互补性。和其他塔式反应器相比较,这两种反应器具有结构简单、操作简便等优点,因而在气液相塔式反应器中应用最广。本章将分别介绍这两种反应器的结构、操作和检修等。

学习
札记

1. 在分析选择塔式反应器型式时，你认为考虑的因素有哪些？说明原因。

2. 学习完本任务的内容，你对各种气液相反应器的结构有哪些认识？

任务三 熟悉鼓泡塔反应器传递特性

3.1 鼓泡塔反应器中流体流动特性

鼓泡塔的最基本现象是气体以气泡形态存在，因此，气泡的形状、大小及其运动状况便是鼓泡塔的基本特性。长期以来，人们曾设想以单气泡作为鼓泡塔反应器的基元对鼓泡塔进行数学描述，但迄今未获成功。因为气泡的形状、大小和运动各异且瞬息万变，以致人们用现代仪器也无法追踪。

在正常操作情况下，鼓泡塔内充满液体，气体从反应器底部通入，分散成气泡沿着液体上升，即与液相接触进行反应同时搅动液体以增加传质速率。在鼓泡塔反应器中，气体由顶部排出而液体由底部引出。通常根据鼓泡塔的流动状态可划分为如下三种区域。

（1）安静鼓泡区 当表观气速低于 0.05m/s 时，常处于此种安静鼓泡区域，此时，气泡呈分散状态，气泡大小均匀，进行有秩序的鼓泡，目测液体搅动微弱。

（2）湍流鼓泡区 在较高的表观气速下，安静鼓泡状态不能维持。此时部分气泡凝聚成大气泡，塔内气液剧烈无定向搅动，呈现极大的液相返混。气体以大气泡和小气泡两种形态与液体相接触，大气泡上升速度较快，停留时间较短，小气泡上升速度较慢，停留时间较长，形成不均匀接触的状态，称为湍流鼓泡区。

（3）栓塞气泡流动区 在小直径鼓泡塔中，较高表观气速下会出现栓塞气泡流动状态。这是由于大气泡直径被鼓泡塔的器壁所限制，实验观察到栓塞气泡流发生在小直径直至 0.15m 直径的鼓泡塔中。鼓泡塔流动状态如图 4-22 所示。图中三个流动区域的交界是模糊的，这是由于气体分布器的形式、液体的物理化学性质和液相的流速一定程度地影响了流动区域的转移。例如，孔径较大的分布器在很低的气速下就成为湍流鼓泡区；高黏度的液体在较大的鼓泡塔中也会形成栓塞流，而在较高气速下才能过渡到湍流鼓泡区。工业鼓泡塔的操作常处于安静和湍流区的流动状态之中。

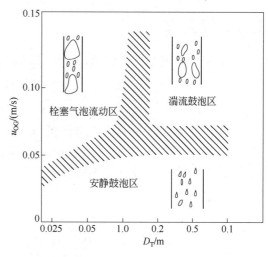

图 4-22 鼓泡塔流动状态

3.2 气泡大小

气泡的大小直接关系到气液传质面积。在同样的空塔气速下，气泡越小，说明分散越好，气液相接触面积就越大。在安静区，因为气泡上升速度慢，所以小孔气速对其大小影响不大，主要与分布器孔径及气液特性有关。对于安静区，单个球形气泡，其直径 d_b 可以根据气泡所受到的浮力 $\pi d_b^3(\rho_L-\rho_G)g/6$ 与孔周围对气泡的附着力 $\pi\sigma_L d_0$ 之间的平衡求得，即

$$d_\mathrm{b} = 1.82\left[\frac{d_0\sigma_\mathrm{L}}{(\rho_\mathrm{L}-\rho_\mathrm{G})g}\right]^{\frac{1}{3}} \tag{4-1}$$

式中，d_b 为单个球形气泡直径，m；σ_L 为液体表面张力，N/m；ρ_G 为气体密度，kg/m³；ρ_L 为液体密度，kg/m³；d_0 为分布器孔径，m。

在工业鼓泡塔反应器内的气泡大小不一，在计算时采用平均气泡直径，即当量比表面平均直径，其计算式为

$$d_\mathrm{vs} = \frac{\Sigma n_i d_i^3}{\Sigma n_i d_i^2} \tag{4-2}$$

在气含率小于 0.14 的情况下，可以用下列经验式作近似估算：

$$d_\mathrm{vs} = 26D\left(\frac{gD^2\rho_\mathrm{L}}{\sigma_\mathrm{L}}\right)^{-0.5}\left(\frac{gD^3\rho_\mathrm{L}^2}{\mu_\mathrm{L}^2}\right)^{-0.12}\left(\frac{u_\mathrm{OG}}{\sqrt{gD}}\right)^{-0.12} \tag{4-3}$$

式中，d_vs 为当量比表面平均直径，m；D 为鼓泡塔反应器内径，m；μ_L 为液体黏度，kg/(m·s)；u_OG 为气体空塔气速，m/s；$\frac{gD^2\rho_\mathrm{L}}{\sigma_\mathrm{L}}=Bo$ 为邦德数；$\frac{gD^3\rho_\mathrm{L}^2}{\mu_\mathrm{L}^2}=Ga$ 为伽利略数；$\frac{u_\mathrm{OG}}{\sqrt{gD}}=Fr$ 为弗劳德数。

3.3　气含率

气含率的含义是气液混合液中气体所占的体积分数，可用式（4-4）表示：

$$\varepsilon_\mathrm{G} = \frac{V_\mathrm{G}}{V_\mathrm{L}+V_\mathrm{G}} = \frac{V_\mathrm{G}}{V_\mathrm{GL}} \tag{4-4}$$

式中，ε_G 为气含率；V_G 为气体体积，m³；V_L 为液体体积，m³；V_GL 为气液混合物体积，m³。

对圆柱形塔来说，由于横截面一定，因此气含率的大小意味着通气前后塔内充气床层膨胀高度的大小。故气含率可以测量静液层高度 H_L 和通气时床层高度 H_GL 算出，即

$$\varepsilon_\mathrm{G} = \frac{H_\mathrm{GL}-H_\mathrm{L}}{H_\mathrm{GL}} \tag{4-5}$$

式中，H_GL 为充气液层高度，m；H_L 为静液层高度，m。

掌握所要设计计算的鼓泡塔反应器的预定气含率和塔内装液量，便可预估鼓泡塔内通气操作时的床层高度。此外，对于传质与化学反应来讲，气含率也非常重要，因为气含率与停留时间及气液相界面积的大小有关。

影响气含率的因素主要有设备结构、物性参数和操作条件等。一般气体的性质对气含率影响不大，可以忽略。而液体的表面张力 σ_L、黏度 μ_L 与密度 ρ_L 对气含率都有影响。溶液里存在电解质时会使气液界面发生变化，生成上升速度较小的气泡，使气含率比纯水中的高 15%～20%。空塔气速增大时，ε_G 也随之增加，但 u_OG 达到一定值时，气泡汇合，ε_G 反而下降。ε_G 随塔径 D 的增加而下降，但当 $D>0.15$m 时，D 对 ε_G 无影响。当 $u_\mathrm{OG}<0.05$m/s 时，ε_G 与塔径 D 无关。因此实验室试验设备的直径一般应大于 0.15m，只有当 $u_\mathrm{OG}<0.05$m/s 时，才可取小塔径。

关于气含率的关联式，目前普遍认为比较完善的是 Hirita 于 1980 年提出的经验公式，即

$$\varepsilon_G = 0.672 \left(\frac{u_{OG}\mu_L}{\sigma_L}\right)^{0.578} \left(\frac{\mu_L^4 g}{\rho_L \sigma_L^3}\right)^{-0.131} \left(\frac{\rho_G}{\rho_L}\right)^{0.062} \left(\frac{\mu_G}{\mu_L}\right)^{0.107} \quad (4\text{-}6)$$

式中，μ_G 为气体黏度，$Pa\cdot s$；ρ_G 为气体密度，kg/m^3。

式（4-6）全面考虑了气体和液体的物性对气含率的影响。但对电解质溶液，当离子强度大于 $1.0mol/m^3$ 时，应乘以校正系数 1.1。

3.4　气液比相界面积

气液比相界面积是指单位气液混合鼓泡床层体积所具有的气泡表面积，可以通过气泡平均直径 d_{vs} 和气含率 ε_G 计算出，即

$$a = \frac{6\varepsilon_G}{d_{vs}}(m^2/m^3) \quad (4\text{-}7)$$

a 的大小直接关系到传质速率，是重要的参数，其值可以通过一定条件下的经验公式进行计算，如公式：

$$a = 26.0 \left(\frac{H_L}{D}\right)^{-0.3} \left(\frac{\rho_L \sigma_L}{g\mu_L}\right)^{-0.003} \varepsilon_G \quad (4\text{-}8)$$

式（4-8）应用范围为：$u_{OG} \leqslant 0.6m/s$，$2.2 \leqslant H_L/D \leqslant 24$，$5.7\times10^5 \leqslant \frac{\rho_L \sigma_L}{gd_L} \leqslant 10^{11}$，误差$\pm15\%$。

由于 a 值测定比较困难，人们常利用传质关系式 $N_A = k_L a\Delta c_A$ 直接测定 $k_L a$ 之值进行使用。

3.5　鼓泡塔内的气体阻力

鼓泡塔内的气体阻力 Δp（Pa）由两部分组成：一是气体分布器阻力，二是床层静压头的阻力。即

$$\Delta p = \frac{10^{-3}}{C^2}\frac{u_0^2 \rho_G}{2} + H_{GL}\rho_{GL}g \quad (4\text{-}9)$$

式中，C^2 为小孔阻力系数，约为 0.8；u_0 为小孔气速，m/s；ρ_{GL} 为鼓泡层密度，kg/m^3。

3.6　返混

在工业使用的鼓泡塔内，当气液并流由塔底向上流动处于安静区操作时，气体的流动通常可视为理想置换模型。当气液逆向流动，液体流速较大时，夹带着一些较小的气泡向下运动，而且由于沿塔的径向气含率分布不均匀，气泡倾向于集中在中心，液流既有在塔中心的流动，又有沿塔内壁的反向流动，因而，即使在空塔气速很小的情况下，液相也存在着返混现象。当液体高速循环时，鼓泡塔可以近似视为理想混合反应器。返混可使气液接触表面不断更新，有利于传质过程，使反应器内温度和催化剂分布趋于均匀。但是，返混影响物料在反应器内的停留时间分布，进而影响化学反应的选择性和目的产物的收率。因此，工业鼓泡塔通常采用分段鼓泡的方式或在塔内加入填料或增设水平挡板等措施，以控制鼓泡塔内的返混程度。

针对所熟悉的化工生产过程，试说明哪些产品的生产工艺过程使用鼓泡塔反应器。试总结鼓泡塔反应器的工业应用。

任务四　塔式反应器的实训操作

4.1　鼓泡塔反应器的实训操作

4.1.1　反应原理

乙烯气体与苯在液相中以三氯化铝复合体为催化剂进行烃化反应，反应器中含有主产物乙苯，未反应的过量苯及反应的副产物二乙苯及三烃基苯、四烃基苯（统称多乙苯）。苯、乙苯和多乙苯的混合物称为"烃化液"。

其主反应方程式为

$$C_6H_6+C_2H_4 \xrightarrow[\text{(95}\pm\text{5)}^{\circ}\text{C}]{\text{AlCl}_3\text{复合体}} C_6H_5C_2H_5(\text{乙苯})$$

同时生成深度烃化产物

$$C_6H_5C_2H_5+C_2H_4 \longrightarrow C_6H_4(C_2H_5)_2(\text{二乙苯})$$

$$C_6H_4(C_2H_5)_2+C_2H_4 \longrightarrow C_6H_3(C_2H_5)_3(\text{三乙苯})$$

甚至可以生成四乙苯、五乙苯、六乙苯。

在烃化反应的同时，由于三氯化铝复合体催化剂的存在，也能进行反烃化反应，如

$$C_6H_4(C_2H_5)_2+C_6H_6 \longrightarrow 2C_6H_5C_2H_5$$

从烃化塔出来的烃化液带有部分 AlCl₃ 复合体催化剂，这部分 AlCl₃ 复合体催化剂经过冷却沉降以后，有活性的一部分送回烃化塔继续使用，另一部分综合利用分解处理。

4.1.2　工艺流程简述

精苯由苯储槽用苯泵送入烃化塔，乙烯气经缓冲器送入烃化塔，根据反应的实际情况，用乙烯间歇地将三氯化铝催化剂定量地压入烃化塔。苯和乙烯在三氯化铝催化剂的存在下起反应，烃化塔内的过量苯蒸气及未反应的乙烯气，经过捕集器捕集，使带出的烃化液回至烃化液沉降槽，其余气体进入循环苯冷凝器中冷凝。从烃化塔出来的流体经气液分离器以后，回收苯送入水洗塔。分离出来的尾气（即 HCl 气体）进入尾气洗涤塔洗涤。沉降槽上层烃化液流入烃化液缓冲罐，进入缓冲罐的烃化液，由于烃化系统本身的压力，压进水洗塔底部进口，水洗塔上部出口溢出的烃化液进入烃化液中间槽，水洗塔中的污水由底部排至污水处理系统。由烃化液中间罐出来的烃化液，与由碱液罐出来的 NaOH 溶液一起经过中和泵混合中和。中和之后的混合液入油碱分离沉降槽沉降分离。其流程图如图 4-23 所示。

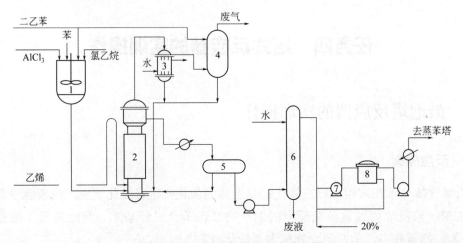

图 4-23　乙苯生产烃化反应流程图

1—催化剂配制槽；2—鼓泡塔反应器；3—冷凝器；4—二乙苯吸收器；5—沉降槽；
6—水洗塔；7—中和泵；8—油碱分离器

4.1.3 实施准备

任务卡

任务编号		任务名称	
学员姓名		指导教师	
任务组组长		任务组成员	
学习任务	乙烯和苯为原料生产乙苯的操作与控制		
学习目标	知识目标 （1）描述乙苯生产的原理和流程； （2）评价鼓泡塔反应器实验装置。 技能目标 （1）具有识读与表述工艺流程图的能力； （2）能进行正常的开停车操作； （3）在生产过程中，具有随时对发生的其他事故进行判断和处理的能力； （4）能做好个体防护，实现安全、清洁生产。 素养目标 （1）严格执行 SOP 的意识和能力； （2）具有精益求精、爱岗敬业、吃苦耐劳的职业精神和工匠精神； （3）逐步形成安全生产、节能环保的职业意识		
工作内容及要求			
实施前	1. 填写任务卡，明确任务目标、内容及要求		
	2. 学习实训岗位操作规程（SOP），明确操作要领		
	3. 回答引导问题；填写任务预习记录		
实施中	1. 穿戴整洁、干净的实训服；佩戴乳胶手套、防毒口罩等防护用品		
	2. 严格按 SOP 完成备料		
	3. 严格按 SOP 完成投料、流量的控制、数据的处理		
	4. 正确进行数据处理和分析		
实施完成	1. 提交纸质版的任务完成工作册		
	2. 在教师引导下，总结完成任务的要点，系统地完成相关理论知识的学习		
	3. 比较理论计算值与实验值，归纳实验得到的结论		
	4. 通过分析计算，对整个任务完成的过程进行评价		
	5. 对实施过程和成果进行互评，得出结论		
进度要求			
1.任务实施的过程、相关记录、成果和考核要在任务规定实操时间内完成			
2.理论学习在任务完成后一天内完成（含自学内容）			
预习活页			
任务名称		子任务名称	
学员姓名/学号		任务组成员	

续表

引导问题

引导问题回答

任务预习记录

一、原辅料和产物理化性质、主要危险性及个体防护措施

1	原辅料/产物名称	物质的量/mol	密度/(kg/m³)	主要危险性	个体防护措施
2					
3					
4					
5					

二、实训操作注意事项

三、问题和建议

预习完成时间：　　年　月　日

4.1.4 任务实施

题目：乙烯和苯为原料生产乙苯岗位操作规程（SOP）

文件号：	生效日期：		审核期限：	页码：
起草人：	第一审核人：	第二审核人：	批准人：	发布部门：
日期： 年 月 日	日期： 年 月 日	日期： 年 月 日	日期： 年 月 日	

（1）正常开车

① 原始开车 用一定量的空气对系统进行吹扫，直至干净、干燥并保证无泄漏（吹扫时，先开调节阀旁路阀，再开调节阀，即凡有旁路的，需先开旁路）。

② 全面检查 组织开车人员全面检查本系统工艺设备，仪表、管线、阀门是否正常和安装正确，是否已吹扫，试压后的盲板是否已经拆除，即是否全部处于完善备用状态。

③ 保证制备好 $AlCl_3$ 复合体催化剂，准备好苯和碱液，即原材料必须全部准备就绪。

④ 关闭所有入烃化塔阀门（即乙烯阀、苯阀、苯计量槽出口阀、多乙苯转子流量计前后的旁路阀），关各设备排污阀，关去事故槽阀，关烃化液沉降槽、复合体阀门，关各取样阀，开各安全阀之根部阀，开各设备放空阀，开尾气塔进气阀门，关各泵进出口阀，开各种仪表、调节阀，再进行一次全面检查。

⑤ 与调度联系水、电、汽及其他原料。

⑥ 开水洗塔、尾气塔进水阀门，开Ⅱ出水阀，调节好进水量和出水量，系统稍开烃化冷却、冷凝、进出水阀门。

⑦ 排放苯储槽中积水，分析苯中含水量，要求不超过 1000μL/L。

⑧ 开启乙烯缓冲罐，用乙烯置换至 $O_2 \leqslant 0.2\%$ 后，使乙烯罐内充乙烯，至 0.3MPa 稳定后，切入压力自调阀。

⑨ 排尽蒸汽管中冷凝水，开蒸汽总阀，使车间总管上有蒸汽。

⑩ 开入烃化塔苯管线上的阀门和苯泵，打开多乙苯转子流量计阀，向塔内打苯和多乙苯，停泵，沉降 2h 左右，从烃化塔底排水。

⑪ 从催化剂计量槽压一定量催化剂进入烃化塔。

⑫ 用中和泵抽新碱液入第一油碱分离器，至分离器 1/2 高度（看液位计）。

⑬ 开烃化塔上部第二节冷却水。

⑭ 往烃化塔下部第一节夹套通入 0.1MPa 的蒸汽。

⑮ 稍开乙烯阀，向塔内通乙烯，按照控制塔内温度上升速率为 30～40℃/h 来控制乙烯入烃化塔流量，并注意尾气压力和尾气塔中洗涤情况。

⑯ 根据通入乙烯后反应情况和夹套加热，可调节蒸汽量和冷却水量。

⑰ 当烃化塔内反应温度升至 85～90℃时，再开苯泵，稳定泵压 0.3MPa，开泵流量计调节苯进料流量，并加大乙烯流量，根据温度情况反复调节，保证温度在 95℃左右，并且苯量是乙烯量的 8～10 倍。

⑱ 反应过程中，每小时向塔内压入新 $AlCl_3$ 复合体一次，压入量可按进苯量的 5%～8% 计（8% 的量是指才开车，沉降槽内还未回流时）。

⑲ 经常巡回，根据设备、管道的温度估计烃化塔出料情况，当看到烃化液充满烃化液缓冲罐时，开始观察水洗塔，注意水洗塔下水情况，下水需清晰，但带有少量 $Al(OH)_3$，一般水洗塔进水量可控制在烃化塔进料量的 1～1.3 倍，使油水界面稳定于水洗塔中部位置。

⑳ 水洗塔正常后，中和泵开始打油水分离沉降槽中碱液，进行循环，然后开烃化液入中和泵阀门，调小中和泵碱液阀，使烃化液吸入，观察烃化液中间槽中的烃化液液面稳定于 1/4。

㉑ 调节第一油碱分离沉降槽之碱液循环量，便烃化液与碱液分界面在储槽的 1/3 处，烃化液从第一油碱液沉降槽上部出口溢出入第二油碱分离沉降槽，再从第二油碱分离沉降槽上部入烃化液储槽，储存后供精馏开车使用。碱液仍入中和泵循环使用。

㉒ 中和开车后，可通知精馏岗位做开车准备，通知分析工分析烃化液酸碱度，烃化液酸碱度应在 pH=7～9，并维持第一油碱分离器界面在 1/3～1/2 处。

（2）停车

① 正常停车

a. 与调度室联系决定停车后，通知前后工序及其他岗位做停车准备。

b. 切断苯泵电源，停止进苯，立即关闭苯入塔阀门，然后关闭操作室与现场调节阀前后阀门。

c. 与调度室联系停送乙烯气，关闭乙烯气入塔阀门，然后关闭其调节阀前后阀门。

d. 继续往水洗塔进水，待水洗塔内烃化液由上部溢完后停止进水，并由底部排污阀放完塔内存水。

e. 停止加入新 $AlCl_3$ 复合体，关闭复合体入塔阀门。

f. 关闭烃化液冷却器进水阀，并放完存水。

g. 停止烃化塔夹套加热，并放完存水。

h. 停止尾气洗涤塔进水。

i. 乙烯缓冲罐进行放空。

j. 在水洗塔做好停车步骤的期间，待烃化液中间罐内物料出完后，停烃化液中和泵，关闭进、出口阀门，并关碱液循环阀门。待油碱分离沉降槽内烃化液溢完后，放出油碱分离沉降槽内之碱液。关闭所有其他阀门，停止使用一切仪表，并在停车后进行一次全面复查。

② 临时停车

a. 临时停车由班长与工段长或车间负责人根据以下情况酌情处理。

（a）冷却水、蒸汽、电中断或具备生产所需条件的某一条件被破坏。

（b）外车间影响，中断乙烯气，或乙烯不符合要求。

（c）反应温度高于 100℃ 而在 1～2h 内仍无法调节。

（d）设备管线及阀门发现有严重堵塞或因腐蚀泄漏，经抢救仍无效时。

b. 临时停车及停车步骤如下。

（a）参照正常停车 a.～e.进行。

（b）放完烃化塔夹套存水。

（c）停车 8h 以上须对烃化塔内物料继续进行保温。

（d）临时停车后重新开车，参照正常开车相应阶段进行。

③ 紧急停车

a. 工段内或有关工段及车间发生火警、雷击、大台风等进行紧急停车。

b. 紧急停车，应立即切断进乙烯气及进苯阀门，停止进料。

c. 同时与调度联系，停送原料气。

d. 停进 AlCl₃ 复合体。

e. 按临时停车步骤处理。

（3）正常操作

① 烃化温度　烃化温度的高低直接影响产品的质量，温度过高时深烃化物量增多，使选择性下降；温度过低时反应速率减小，产量下降。通常维持烃化温度在(95±5)℃的范围内。生产中常采用三种方法来控制反应温度：第一种方法是控制进苯量，由于该烃化反应是放热反应，当反应温度偏高时，可以减小进苯量，反之则增大进苯量；第二种方法是采用向烃化塔外夹套通入水蒸气或冷却水的方法来控制；第三种方法是通过回流烃化液的温度进行调节。

② 烃化压力　烃化压力的考虑因素主要是在反应温度下苯的挥发度，在一个标准大气压（1atm）下，苯的沸点是 80℃，而反应温度为(95±5)℃，因此，必须维持一定的正压，通常反应压力为 0.03～0.05MPa（表压）。烃化压力的控制通常采用如下方法：a. 控制苯进料量；b. 控制回流烃化液温度。

③ 流量控制　鼓泡塔反应器在正常操作时，反应物苯在鼓泡塔中是连续相，乙烯是分散相。通常取苯的流量为乙烯流量的 8～11 倍，AlCl₃ 复合体加入量为苯流量的 4%～5%。

4.1.5　异常现象及事故处理

（1）异常现象及事故处理方法　异常现象及事故处理方法见表 4-4。

表 4-4　烃化塔常见异常现象及事故处理方法

序号	异常现象	原因分析判断	操作处理方法
1	反应压力高	① 苯中带水 ② 尾气管线堵塞 ③ 苯回收冷凝器断水 ④ 乙烯进料量过多	① 立即停止苯及乙烯进料并将气相放空 ② 停车检修 ③ 检查停水原因再行处理 ④ 减少乙烯进料量，或增加苯流量
2	反应温度高	① 烃化塔夹套冷却水未开或未开足 ② AlCl₃ 复合体回流温度高 ③ 苯中带水 ④ 乙烯进料量过多	① 开足夹套冷却水 ② 增大烃化液冷却器进水量 ③ 停止苯进料，放出苯中存水 ④ 减少乙烯进料量，或增加苯流量

序号	异常现象	原因分析判断	操作处理方法
3	反应温度低	① 烃化塔夹套冷却水过大 ② $AlCl_3$ 复合体回流温度低 ③ $AlCl_3$ 复合体活性下降，或加水量太少 ④ 乙烯进料量过少或进苯量过多	① 减少或关闭夹套进水 ② 减少烃化液冷却器进水量 ③ 放出废复合体，补充新复合体 ④ 增加乙烯进料量或减少苯流量
4	烃化塔底部堵塞	① 苯中含硫化物或苯中带水 ② 乙烯中含硫化物或带炔烃多 ③ $AlCl_3$ 质量不好 ④ 排放废 $AlCl_3$ 量太少	①、②由烃化塔底部放出堵塞物或由复合体沉降槽底部排出废复合体 ③退回仓库 ④增加排放废 $AlCl_3$ 量
5	冷却、冷凝器出水 pH<7	设备防腐蚀衬里破裂或已烂穿，腐蚀严重	停止进水，放出存水，情况不严重者可继续开车
6	烃化塔底部阀门严重泄漏	腐蚀严重	停车调换阀门，紧急时可将塔内物料放入事故储槽
7	油碱分离器第一沉降槽物料由放空管跑出	中和泵进碱液量太大	关放空阀门，适当减少进碱液量

（2）其他事故处理

① 水、电、汽、原料乙烯、苯中断，可按临时停车处理。

② 火警事故处理

a．车间内发生火警，由岗位人员、班长、工段长及车间负责人根据火警情况决定处理。

b．工段内发生火警，进行紧急停车，同时报警进行灭火。

c．造气车间及与本工段有关联的单位发生火警或其他事故时，应立即与调度联系决定处理意见。

d．工段内发生严重雷击或大台风，不能维持生产，进行紧急停车。

e．$AlCl_3$ 计量槽液面管破裂，在可能条件下立即关闭液面管上下阀门开关，并立即开 $AlCl_3$ 溶液出料阀；关乙烯进气阀、开放空阀，出完料后进行修理。

鼓泡塔反应器的操作活页笔记

1．学习完这个任务，你有哪些收获、感受和建议？

2．你对鼓泡塔反应器的实训操作，有哪些新认识和见解？

3．你还有哪些尚未明白或者未解决的疑惑？

4.1.6 评价与考核

任务名称：鼓泡塔反应器实训操作		实训地点：	
学习任务：乙烯和苯为原料生产乙苯操作规程		授课教师：	学时：
任务性质：理实一体化实训任务		综合评分：	

知识掌握情况评分（20分）

序号	知识考核点	教师评价	配分	得分
1	原材料的准备		5	
2	乙苯生产的原理		3	
3	乙苯生产的工艺		4	
4	生产条件的控制		4	
5	产品质量		4	

工作任务完成情况评分（60分）

序号	能力操作考核点	教师评价	配分	得分
1	对任务的解读分析能力		10	
2	正确按规程操作的能力		20	
3	处理应急任务的能力		10	
4	与组员的合作能力		10	
5	对自己的管控能力		10	

违纪扣分（20分）

序号	违纪考核点	教师评价	分数	扣分
1	不按操作规程操作		5	
2	不遵守实训室管理规定		5	
3	操作不爱惜器皿、设备		4	
4	操作间打电话		2	
5	操作间吃东西		2	
6	操作间玩游戏		2	

4.2 填料塔反应器的实训操作

4.2.1 工艺流程简述

来自循环压缩机出口循环气 [含 CO_2（体积分数）8.1%] 与回收的压缩机出口气体汇合后 [含 CO_2（体积分数）大约 8.9%]，这股富二氧化碳的循环气进入预饱和罐。在预饱和罐内，循环气同来自接触塔分离罐的洗涤水逆流接触直接进行热交换，温度升高。然后，富二氧化碳的循环气进入接触塔的底部，在此，循环气与贫碳酸钾溶液接触，循环气中的碳酸钾转化为碳酸氢钾，二氧化碳含量（体积分数）减少到 3.86%。贫二氧化碳的循环气从接触塔的顶部流到分离罐底部。

在接触塔分离罐内，贫二氧化碳循环气同来自洗涤水冷却器的水直接接触，被冷却和洗涤。洗涤后的贫二氧化碳循环气离开预饱和罐和循环气分离罐，流到塔底部的分离罐，离开分离罐的贫二氧化碳循环气返回到反应单元。

来自接触塔底部的富二氧化碳碳酸盐溶液，减压进入再生塔、进料闪蒸罐。在此，溶解在富碳酸盐溶液中的所有碳氢化合物基本上都闪蒸出来成为气相作为塔顶采出物，并同再吸收塔塔顶气体一起经回收压缩机送回预饱和罐。

其具体流程如图 4-24 所示。

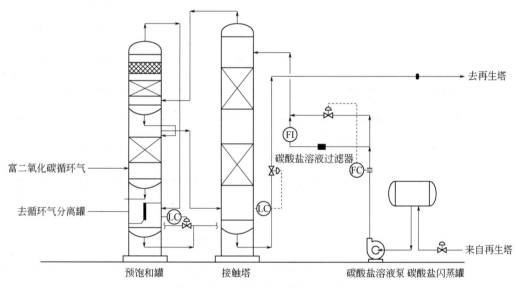

图 4-24 CO_2 吸收工艺流程简图

4.2.2　实施准备

任务卡

任务编号		任务名称	
学员姓名		指导教师	
任务组组长		任务组成员	
学习任务	二氧化碳接触塔操作与控制		
学习目标	知识目标 （1）描述二氧化碳吸收工艺流程； （2）评价二氧化碳吸收实验装置； 技能目标 （1）具有识读与表述工艺流程图的能力； （2）熟悉实验过程，具有对实验各阶段做出及时调节和控制的能力； （3）在生产过程中，具有随时对发生的其他事故进行判断和处理的能力； （4）能做好个体防护，实现安全、清洁生产。 素养目标 （1）具有严谨治学、勇于创新的科学态度和理论联系实际的思维方式； （2）严格执行 SOP 的意识和能力； （3）良好的语言表达和沟通能力； （4）具有精益求精、爱岗敬业、吃苦耐劳的职业精神和工匠精神； （5）逐步形成安全生产、节能环保的职业意识。		
工作内容及要求			
实施前	1. 填写任务卡，明确任务目标、内容及要求		
	2. 学习实训岗位操作规程（SOP），明确操作要领		
	3. 回答引导问题，填写任务预习记录		
实施中	1. 穿戴整洁、干净的实训服，佩戴乳胶手套、防毒口罩等防护用品		
	2. 严格按 SOP 完成备料		
	3. 严格按 SOP 完成投料、流量的控制、数据的处理		
	4. 正确进行数据处理和分析		
实施完成	1. 提交纸质版的任务完成工作册		
	2. 在教师引导下，总结完成任务的要点，系统地完成相关理论知识的学习		
	3. 比较理论计算值与实验值，归纳实验得到的结论		
	4. 通过分析计算，对整个任务完成的过程进行评价		
	5. 对实施过程和成果进行互评，得出结论		
进度要求			
1.任务实施的过程、相关记录、成果和考核要在任务规定实操时间内完成			
2.理论学习在任务完成后一天内完成（含自学内容）			
预习活页			
任务名称		子任务名称	
学员姓名/学号		任务组成员	

续表

引导问题

引导问题回答

任务预习记录

一、原辅料和产物理化性质、主要危险性及个体防护措施

1	原辅料/产物名称	物质的量/mol	密度/(kg/m³)	主要危险性	个体防护措施
2					
3					
4					
5					

二、实训操作注意事项

三、问题和建议

预习完成时间：　　年　　月　　日

4.2.3 任务实施

题目：二氧化碳的吸收岗位操作规程（SOP）

文件号：	生效日期：		审核期限：		页码：
起草人：	第一审核人：	第二审核人：	批准人：		发布部门：
日期：　年　月　日	日期：　年　月　日	日期：　年　月　日	日期：　年　月　日		

（1）开车前准备　二氧化碳脱除系统的准备和试验主要包括下面几个步骤。

① 机械清洗及检查　检查接触塔、再生塔和再沸器内部是否有脏物和碎屑。应彻底清除这些杂物，在向塔内装入填料之前，应清洗塔内。检查系统的所有保温及伴热装置已安装完毕。检查并确认滴孔已设在应有的位置并且是打开的。如果有必要，应检查和清洗过滤器。

② 水洗　在接触塔升压前，用脱盐水洗涤接触塔和预饱和罐。运行洗涤水流量控制器、液位控制器和压差记录。建立预饱和罐液位并用洗涤水泵循环洗涤水。

向再生塔加入脱盐水。当液位达到再生塔塔釜视镜顶部时，把水送到碳酸盐闪蒸罐，在液位控制器控制下建立液位，然后用泵将水打到接触塔。接触塔的碳酸盐流量控制器应打到手动，用以维持碳酸盐溶液泵要求的最小流量。无论何时，在碳酸盐溶液泵运行时，到泵的密封冲洗脱盐水都不能停。另外所有仪表的冲洗水都应投入运行。接触塔同前面叙述的循环气系统一样用氮气升压到约 1.5MPa，并同循环气系统隔离。连续补加脱盐水以维持再生塔和碳酸盐闪蒸罐的液位。在停碳酸盐溶液泵之前，使液位接近各玻璃液位计的顶部。

当操作稳定时，应将控制系统置于自动控制。操作条件应尽量接近设计条件。经过系统的循环水，经常检查泵的过滤网和过滤器，以排出异物。系统应注意确保接触塔不能向再生塔泄压，反复加水循环和排放操作，一直到排出水干净为止。

控制低液位开关，防止接触塔排空。观察接触塔的液位，确保报警功能好用。当循环水干净时，通过对再生塔、再沸器加蒸汽，把循环水加热到沸点，并继续循环。再次清除脏物，直到循环水干净为止。

③ 碱洗　在大约 70℃温度下，用 4.5%的 NaOH 碱洗脱除系统中的油脂。为了防止设备的碱脆化，在任何情况下，碱液温度都不许超过 80℃。给再生塔充液，并按水洗程序使水循环到接触塔及再生塔、进料闪蒸罐。调节系统存量，使总容量还能增加 30%左右，当系统循环达到适宜的速率及流量处于自动控制时，开始向系统中加碱。

碱量应加到使溶液的浓度达到 4.5%。如果需要，可以向再生塔、再沸器中加入蒸汽，使溶液温度升到 70℃左右。经系统循环碱溶液，以除去油脂。在碱洗期间，应经常检查泵过滤网、溶液过滤器是否有污垢，碱洗循环应持续 24h（如果过滤网或过滤器仍有污垢，则循环时间应更长一些），之后将碱液排放掉。

如果洗涤溶液试样经分析后符合要求，就将系统排空并用脱盐水对系统冲洗 8～12h。这时系统可准备用循环气进行干运转。如果洗涤溶液试样经分析后不符合要求，那么，先用清洁冷水将系统冲洗 8h 后，再在 70℃温度下用 4.5%的碱液进行第二次碱洗。

此操作应继续到洗涤溶液显示出满意的低发泡趋势为止。然后将碱液排掉，将系统用清洁水最终冲洗 8h 后，再往下进行。

④ 加入碳酸盐　加入一定量的碳酸钾制成 30%（质量分数）的碳酸盐溶液。碳酸钾经碳酸盐溶解罐顶部人孔加入，在此罐中，碳酸钾被脱盐水及从碳酸盐输送泵出口的循环液溶解。提供低压蒸汽促进碳酸盐的溶解（50～70℃）。水要加足，使碳酸盐溶液浓度达到 35%～50%。

分析碳酸盐溶液浓度，假如溶液浓度达到规定值，就把这批料用泵打到碳酸盐储罐中。这种分批制备过程一直重复进行到碳酸盐储罐接近装满为止。

在把碳酸盐输送到再生塔之前，所有仪表冲洗水应处于使用状态，开始将碳酸盐溶液打进再生塔中，当再生塔和碳酸盐闪蒸罐液位都达到视镜顶部时，将一些碳酸盐溶液打进接触塔，使系统达到设计液位并开始循环。接通碳酸盐过滤器，按需要调节接触塔的塔压以维持流量。

⑤通过碳酸盐系统的循环气体干运转　一旦加入碳酸盐溶液，整个系统进入稳定操作，则开始进行干运转。此时采取循环气系统带循环压缩机共同运行。接触塔分离罐和预饱和罐也应处于运行状态。

在试车期间，轮流启动各泵，以检查各泵的操作运转情况，使碳酸盐过滤器有溶液通过。定期分析循环溶液，当热的碳酸盐溶液循环 5 天时，系统即已准备好进行脱除。

（2）正常开车

① 初次开车时，循环气系统必须用氮气升压。

② 循环水系统必须运行。

③ 循环气压缩机运行，小股物流经过反应器，大部分物流经过旁路。

④ 反应器及反应器冷却器蒸汽发生系统在运行，反应温度为 200℃。

⑤ 二氧化碳脱除系统处于运行状态，有一小股循环气通过。

⑥ 所有气体分析器投入运行并已标定。

（3）正常停车

① 当所有的氧气都已耗尽，不再有二氧化碳生成时，切断二氧化碳接触塔气体进出口。

② 在设计浓度下，碳酸氢盐将在 55%时析出。在碳酸氢盐全部转化之前，碳酸盐再生必须继续进行。当溶液完全再生后，停止向再生塔通蒸汽。

③ 如果长期停车（5 天或更长时间），应该停碳酸盐溶液泵，塔内的液体排到碳酸盐储罐。碳酸盐储罐的温度必须保持在 70℃，因碳酸盐系统重新启动要比环氧乙烷装置其他部分开车提前很久。

（4）正常操作　二氧化碳接触塔的控制参数为碳酸盐流量、液位和气体流量。

① 碳酸盐流量　碳酸盐溶液所需的流量应保持在设计值。如果反应器入口二氧化碳浓度连续超过设计值（或接触塔出口二氧化碳浓度超过设计值），需少量增加碳酸盐溶液流量，应检查贫碳酸盐溶液中碳酸氢盐/碳酸盐的浓度。

② 消泡　接触塔发泡的结果非常有害，会使碳酸盐进入反应系统。使用一种合适

的消泡剂来控制可能发生的起泡，消泡剂应少量添加，不能大量一次加入。初期每天加入约 25～50mL。消泡剂的加入数量和频率应根据循环气通过二氧化碳系统的压差来调节。定期控制碳酸盐溶液的起泡。

为确保发泡在可控下，最重要的是监视下列参数的相关变化趋势。

a. 通过接触塔的压降。建立气体流量和在稳定状态下压降的关系。任何压差增加使建立的液位超过 10%，应立即加入消泡剂。如果没有改善发泡性能，循环气量应逐渐减少，直到发泡终止。

b. 发泡试验应定期分析并且结果应监控。任何来自操作液位的主要偏差都应立即再确认。

c. 在碳酸盐溶液中的乙二醇浓度的变化是由洗涤塔的性能决定的。

d. 控制乙二醇的浓度低于 5%。

e. 通过监控铁和其他微粒物质来保持碳酸盐溶液的清洁。碳酸盐过滤器的正确运行是脱除微粒物的关键。

如果过量的消泡剂加入系统，碳酸盐溶液将发泡。为避免加入过量的消泡剂要求使用定量瓶。

③ 接触塔液位　一般来说，接触塔液位最好保持在液位控制器量程的 50%（大约）。

④ 循环气流量　通过接触塔的循环气流量由流量调节阀控制，它控制流经 CO_2 脱除系统的循环气流量，位于从接触塔分离罐去循环气分离罐上游的循环气系统的出口管线上。脱除反应器中产生的二氧化碳，并在稳定的状态下，保持循环气中的二氧化碳浓度。通过调节循环压缩机出口的阀门来间接控制通过接触塔的循环气流量。这个流量应调节到维持反应器进口循环气中的二氧化碳浓度（摩尔分数）为 7%或低于 7%。

当进入接触塔的气体流量变化时，应注意防止起泡或液泛。

⑤ 洗涤水流量　洗涤水被送到接触塔洗涤部分，然后在液位控制下进入接触塔的预饱和罐部分。在洗涤部分任何由贫二氧化碳循环气带来的碳酸盐都被洗涤下来。在预饱和罐部分富二氧化碳循环气被加热后进入接触塔，应避免过大的流量，以防止可能在液体分布器上发生起泡并使水进入反应系统。应监控洗涤水中碳酸盐和碳酸氢盐的含量。如需要，通过再生塔凝液泵向洗涤水回路加入新鲜脱盐水，排出一些水以减少洗涤水中的碳酸盐含量。

⑥ 预饱和罐液位　一般来说，预饱和罐液位应保持在控制器量程的 50%左右。

⑦ 碳酸盐溶液浓度　贫碳酸盐溶液浓度应被维持在当量碳酸钾为 25%（质量分数）左右。较低的浓度将降低二氧化碳脱除系统的能力，较高的浓度可能使重碳酸盐沉淀。

4.2.4　异常现象与处理方法

生产中的异常现象与处理方法见表 4-5。

表 4-5　生产中的异常现象与处理方法

序号	异常现象	原因分析判断	操作处理方法
1	① 解吸塔塔顶冷却水中断 ② 解吸塔塔顶温度和压力升高，入口路阀处于常开状态，冷却水流量为零	冷却水中断	① 打开调压阀保压，关闭加热蒸汽阀门，停用再沸器 ② 停止向吸收塔进富 CO_2 循环气 ③ 停止向解吸塔进料 ④ 关闭循环气出口阀 ⑤ 停止向吸收塔加入碳酸盐溶液，停止解吸塔回流 ⑥ 事故解除后按热态开车操作
2	仪表风中断	各调节阀全开或全闭	① 打开并调节吸收塔碳酸盐溶液流量调节阀的旁通阀，并使流量维持在正常值 ② 打开并调节吸收塔塔釜溶液流量调节阀的旁通阀，并使流量维持在正常值 ③ 打开吸收塔温度和压力调节阀的旁通阀，并使吸收塔温度和压力维持在正常值 ④ 打开并调节控制解吸塔的液位和回流量调节阀的旁通阀，并使流量维持在正常值
3	循环气中 CO_2 浓度偏高	① 进氧量偏大 ② 输送碳酸盐溶液管线堵塞	① 立即停止氧气和乙烯进料 ② 设法在系统内碳酸盐溶液倒空之前使碳酸盐溶液流动，以防管线内结晶堵塞 着手解决碳酸盐溶液倒空及洗塔问题
4	吸收塔有较高液位	再吸收塔釜液泵故障	① 将备用泵投入使用 ② 如果备用泵不能使用，反应系统应紧急停车
5	① 再生塔中液位升高 ② 吸收塔塔顶温度升高、压力上升	碳酸盐溶液泵故障	① 将备用泵投入使用 ② 如果备用泵不能投入使用，应紧急停车，要求停车在由于 CO_2 的积累造成循环气体压力过于升高之前进行

二氧化碳的吸收实训操作活页笔记

1. 学习完这个任务，你有哪些收获、感受和建议？

2. 你对二氧化碳接触塔的操作试验评价，有哪些新认识和见解？

3. 你还有哪些尚未明白或者未解决的疑惑？

4.2.5　评价与考核

任务名称：填料塔反应器的实训操作		实训地点：		
学习任务：二氧化碳吸收操作与控制		授课教师：		学时：
任务性质：理实一体化实训任务		综合评分：		

知识掌握情况评分（20分）

序号	知识考核点	教师评价	配分	得分
1	原料的准备		5	
2	二氧化碳吸收的原理		3	
3	二氧化碳吸收的工艺		4	
4	吸收操作的控制		4	
5	产品质量		4	

工作任务完成情况评分（60分）

序号	能力操作考核点	教师评价	配分	得分
1	对任务的解读分析能力		10	
2	正确按规程操作的能力		20	
3	处理应急任务的能力		10	
4	与组员的合作能力		10	
5	对自己的管控能力		10	

违纪扣分（20分）

序号	违纪考核点	教师评价	分数	扣分
1	不按操作规程操作		5	
2	不遵守实训室管理规定		5	
3	操作不爱惜器皿、设备		4	
4	操作间打电话		2	
5	操作间吃东西		2	
6	操作间玩游戏		2	

任务五　鼓泡塔反应器仿真操作

下面以乙醛氧化制乙酸为例说明气固相鼓泡塔反应器的操作。

5.1　反应原理及工艺流程简述

5.1.1　反应原理

乙醛首先被空气或氧气氧化成过氧醋酸，而过氧醋酸很不稳定，在醋酸锰的催化下发生分解，同时使另一分子的乙醛氧化，生成二分子乙酸。氧化反应是放热反应。

$$CH_3CHO+O_2 \longrightarrow CH_3COOOH$$
$$CH_3COOOH+CH_3CHO \longrightarrow 2CH_3COOH$$

总的化学反应方程式为：

$$CH_3CHO+1/2O_2 \longrightarrow CH_3COOH$$

在氧化塔内，还有一系列的氧化反应，主要副产物有甲酸、甲酯、二氧化碳、水、醋酸甲酯等。

乙醛氧化制醋酸的反应机理一般认为可以用自由基的链式反应机理来进行解释，常温下乙醛就可以自动地以很慢的速度吸收空气中的氧而被氧化生成过氧醋酸。

5.1.2　工艺流程简述

乙醛氧化制乙酸氧化工段流程图如图 4-25 所示，第一氧化塔 DCS 图如图 4-26 所示，第一氧化塔现场图如图 4-27 所示。

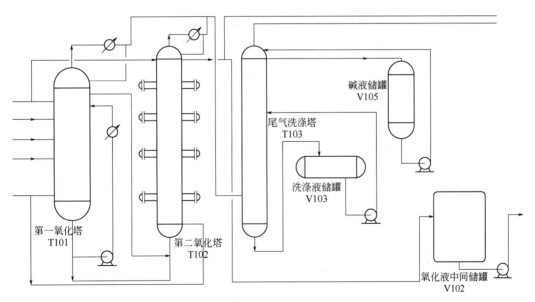

图 4-25　乙醛氧化制乙酸氧化工段流程图

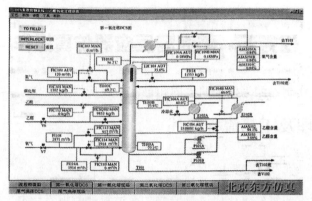

图 4-26 第一氧化塔 DCS 图

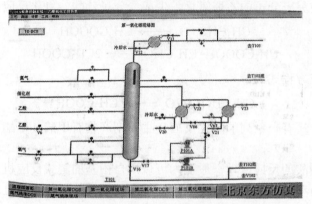

图 4-27 第一氧化塔现场图

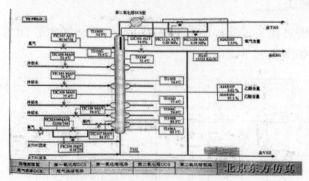

图 4-28 第二氧化塔 DCS 图

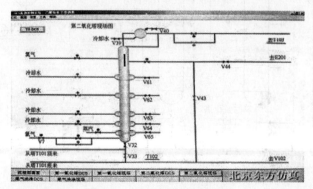

图 4-29 第二氧化塔现场图

　　乙醛和氧气按配比流量进入第一氧化塔（T101），氧气分两个入口入塔，上口和下口通氧量比约为1∶2，氮气通入塔顶气相部分，以稀释气相中氧和乙醛。

　　乙醛和氧气首先在第一氧化塔T101中反应（催化剂溶液直接进入T101），然后到第二氧化塔T102中再加氧气进一步反应，不再加催化剂。反应系统生成的粗乙酸进入蒸馏回收系统中，经氧化液蒸发器E201、脱成品蒸发器E206脱除铁等金属离子，得到产品乙酸。从脱低沸物塔T202塔顶出来的低沸物去脱水塔T203回收乙酸，含量99%的乙酸又返回精馏系统，从塔T203中部抽出副产物混酸，T203塔顶出料去甲酯塔T204。甲酯塔塔顶产出甲酯，塔釜排出的废水去中和池处理。

　　氧化反应的反应热由换热器E102A/B移去，氧化液从塔下部用循环泵P101A/B抽出，经过换热器E102A/B循环回塔中，循环比（循环量∶出料量）为（110～140）∶1。换热器出口氧化液温度为60℃，塔中最高温度为75～78℃，塔顶气相压力0.2MPa（表），出第一氧化塔的氧化液中乙酸浓度在92%～95%，从塔上部溢流去第二氧化塔T102。第二氧化塔塔底部补充氧气，塔顶加入氮气，塔顶压力0.1MPa（表），塔中最高温度约85℃，出第二氧化塔的氧化液中乙酸含量为97%～98%。

　　第一氧化塔和第二氧化塔的液位显示设在塔上部。出氧化塔的氧化液一般直接去蒸馏系统，也可以放到氧化液中间储罐V102暂存。中间储罐在正常操作情况下用作氧化液缓冲罐，停车或事故时用于储存氧化液，乙酸成品不合格需要重新蒸馏时，由成品泵P402将其送到中间储罐储存，然后用泵P102送蒸馏系统回炼。

　　第一氧化塔反应热由外冷却器移走，第二氧化塔反应热由内冷却器移除。乙醛与催化剂全部进入第一氧化塔，第二氧化塔不再补充。

　　两台氧化塔的尾气分别经循环水冷却器E101中冷却。冷却液主要是乙酸，并含有少量的乙醛，回到塔顶，尾气最后经过尾气洗涤塔T103吸收乙醛和乙酸后放空。洗涤塔采用在投氧前从下部输入新鲜工艺水，投入氧气后从上部输入碱液，分别用泵P103、P104循环。洗涤液温度为常温，当乙酸达到一定浓度后（70%～80%）送至精馏系统回收乙酸，碱洗段的洗涤液定期排放至中和池。

5.2　开车操作系统

5.2.1　开工应具备如下条件

　　① 检修过的设备和新增的管线，必须经过吹扫、气密、试压、置换合格（若是氧气系统，还要进行脱酯处理）。

　　② 电气、仪表、计算机、联锁、报警系统全部调试完毕，调校合格、准确好用。

　　③ 机电、仪表、计算机、化验分析具备开工条件，值班人员在岗。

　　④ 备有足够的开工用原料和催化剂。

5.2.2　引公用工程

5.2.3　N₂吹扫、置换气密

5.2.4 系统水运试车

以上操作在仿真操作过程不做，但实际开车过程中必须要做。

5.2.5 酸洗反应系统

① 开阀 V57 向 V102 注酸，超过 50%液位后，关 V57 停止向 V102 注酸。

② 开泵 P102 向 T101 注酸，同时打开 T101 注酸塔根阀 V4。

③ T101 有液（液位约 2%）后关闭泵 P102，停止向 T101 注酸，同时关闭塔根阀 V4。

④ 打开泵前阀 V17，开泵 P101A，开酸洗回路阀 V66，打开 FIC104，连通酸洗回路，酸洗 T101。

⑤ 关泵 P101A，关闭泵前阀 V17。

⑥ 打开 FIC101，向 T101 充氮将酸压至 T102 中，同时打开 T101 底阀 V16，打开 T102 底阀 V32、V33，由 T101 向 T102 压酸。

⑦ T102 中有液位显示后，打开 T102 进氮阀 FIC05，向 V102 压酸，同时打开 V102 回酸阀 V59，将 T101、T102 中的酸打回 V102。

⑧ 压酸结束后，关闭 FIC105、FIC101、V16、V32、V33、V59。

5.2.6 配制氧化液

当 T101 中加乙酸 30%后，停止进酸；向 T101 中加乙醛和催化剂，同时打开 P101A/B 泵打循环，开 E102A 通蒸汽为氧化液、循环液、加热，循环流量保持在 700000kg/h（通氧前），氧化液温度保持在 70~76℃，直到使浓度符合要求（醛含量约为 75%）。

① 开泵 P102，开氧化液中间储槽底部阀 V4，由 V102 向 T101 中注酸；同时开泵前阀 V17、泵 P101A、酸洗回路阀 V66，调节 FIC104 使初始流量控制在 500000kg/h。

② 依次缓开换热器 E102 入口阀 V20 和出口阀 V22，为循环的氧化液加热。

③ 待 T101 液位达到 30%后，关闭 V4 阀，同时停泵 P102。

④ 打开 FICSQ102，向 T101 中注入乙醛，并控制乙醛与投氧量的摩尔比约为 2∶1；同时打开 V3，向 T101 中注入催化剂。

5.2.7 第一氧化塔投氧气开车

① 开车前联锁投自动。

② 调整 PIC109A，使 T101 的压力保持在 0.2MPa（表）。

③ 打开并调节 FIC101 使氮气量为 120m³/h，调节 FIC104 使氧化液循环量控制在 700000kg/h。

④ 通氧气。

a. 用调节阀 FIC110 投入氧气，初始投氧气量小于 100m³/h。

注意两个参数的变化：LIC101 液位上涨情况；尾气氧含量 AIAS101 三块表显示值是否上升。随时注意塔底液相温度、尾气温度和塔顶压力等工艺参数的变化。如果液位上涨停止然后下降，同时尾气氧含量稳定，说明初始引发较理想，可逐渐提高投氧气量。

b. 当调节阀 FIC110 投氧气量达到 320m³/h 时，启动 FIC114 调节阀。在 FIC114 增大投氧气量的同时，应减小调节阀 FIC110 的投氧气量；FIC114 投氧气量达到 620m³/h 时，关闭调节阀 FIC110，继续由 FIC114 投氧气，直到正常。

c. FIC114 投氧气量达到 1000m³/h 后，可开启 FIC113 通入氧气，投氧气量 310m³/h 直到正常。原则要求：投氧气量在 0～400m³/h 之内，投氧气要慢，如果吸收状态好，要多次小量增加氧气量；400～1000m³/h 之内，如果反应状态良好，要加大投氧气幅度。应特别注意尾气中成分的变化，及时加大氮气量，同时保证上口和下口投氧气量的摩尔比约为 1∶2。

d. T101 塔液位过高时要及时向 T102 塔出料。当投氧气量到 400m³/h 时，将循环量逐渐加大到 850000kg/h；当投氧气量达到 1000m³/h 时，将循环量加大到 1000m³/h。循环量要根据投氧气量和反应状态而改变，同时要根据投氧气量和酸的浓度适当调节醛和催化剂的投料量。

⑤ 调节操作。

a. 将 T101 塔顶氮气量调节到 120m³/h，氧化液循环量 FIC104 调节为 500000～700000kg/h，塔顶 PIC109A/B 控制为正常值 0.2MPa。将换热器（E102A/B）中的一台 E102A 改为投用状态，调节阀 TIC104B 备用；另一台关闭其冷却水通入蒸汽给氧化液加热，使氧化液温度稳定在 75～76℃。调节 T101 塔液位为 25%±5%，关闭出料调节阀 LIC101，按最小量投入氧气，同时观察液位、气液相温度及塔顶、尾气中含氧气量的变化情况。当尾气含氧量上升时要加大 FIC101 氮气量，若继续上升含氧气量达到 5%（体积分数）时，打开 FIC103 旁路氮气，并停止增加通氧气量。若液位下降一定量后处于稳定，尾气含氧气量下降为正常值后，氮气量调回 120m³/h，含氧气量仍小于 5%并有回降趋势，液相温度上升快，气相温度上升慢，有稳定趋势，此时小量增加通氧气量，同时观察各项指标。若正常，继续适当增加通氧气量，直至正常。待液相温度上升至 84℃ 时，关闭 E102A 加热蒸汽。

当投氧气量达到 1000m²/h 以上时，且反应状态稳定或液相温度达到 90℃ 时，开始投冷却水。缓慢打开 TIC104A，并观察气液相温度的变化趋势，温度稳定后再增加投氧气量，投水要根据塔内温度勤调，不可忽大忽小。在投氧气量增加的同时，要对氧化液循环量进行适当调节。

b. 投氧气量正常后，取 T101 氧化液进行分析，调整各项参数，稳定一段时间后，根据投氧气量按比例投入乙醛和催化剂。液位控制为 35%±5%向 T102 出料。

c. 投氧气后，若来不及反应或吸收不好，使得液位升高或尾气含氧气量增高到 5% 时，应减小氧气量，增大通入氮气量。当液位上升至 80%或含氧气量上升到 8%，应联锁停车，继续加大氮气量，同时关闭氧气调节阀。取样分析氧化液成分，确认无问题时，再次投氧气开车。

5.2.8　第二氧化塔投氧气开车

① 调整 PIC112A 开度，使 T102 的压力保持在 0.1MPa（表）。

② 当 T101 液位升高到 50%后,全开 LIC101 向塔 T102 出料,同时打开 T102 塔底阀 V32,控制循环比(循环量：出料量)110～120,使换热器出口氧化液温度为 60℃,塔中物料最高温度为 75～78℃。

③ T102 有液后,打开塔底换热器 TIC108,使其蒸汽保持温度在 80℃,控制液位 35%±5%,并向蒸馏系统出料。取 T102 塔氧化液分析。

④ 打开 FICSQ106,逐渐从塔 T102 底部通入氧气,塔顶氮气 FIC105 保持在 90m³/h。

由 T102 塔底部进氧气口,以最小的通氧气量投氧气,注意尾气含氧气量。在各项指标不超标的情况下,通氧气量逐渐加大到正常值。当氧化液温度升高时,表示反应在进行。停蒸汽开冷却水 TIC105、TIC106、TIC108、TIC109 使操作逐步稳定。

5.2.9 尾气洗涤塔投用

① 打开 V49,向塔中加工艺水湿塔,塔 T103 有液后,打开阀门 V50,向 V105 中备工艺水。

② 开阀 V48,向 V103 中备料(碱液),备料超过 50%后,关阀 V48。

③ 在氧化塔投氧气前先后打开 P103A/B 和阀门 V54,向 T103 中投用工艺水。

④ 投氧气后先后打开 P104A/B 和阀门 V47 向 T103 中投用吸收碱液,同时打开阀门 V46 回流碱液。

⑤ 如工艺水中乙酸含量达到 80%时,打开阀门 V53 向精馏系统排放工艺水。

5.2.10 氧化系统出料

当氧化液符合要求时,打开阀门 V44 向氧化液蒸发器 E201 出料。

5.3 停车操作系统

5.3.1 正常停车

① 将 FICSQ102 改成手动控制,关闭 FICSQ102,停止通入乙醛。

② 通过 FIC114 逐步将进氧气量下调至 1000m³/h。注意观察反应状况,一旦发现 LIC101 液位迅速上升或气相温度上升等现象,立即关闭 FIC114、FICSQ106,关闭 T101,T102 进氧阀,开启 V102 回料阀 V59。

③ 依次打开 T101、T102 塔底阀 V16、V33、V32,逐步退料到 V102 罐中,送精馏处理。停泵 P101A,将氧化系统退空。

5.3.2 事故停车

对装置在运行过程中出现的仪表和设备上的故障而引起的被迫停车,应进行事故停车处理。

① 首先关掉 FICSQ102、FIC112、FIC301 三个进料阀。然后关闭进氧气、进乙醛线上的阀。

② 根据事故的起因控制进氮量的多少，以保证尾气中含氧气量小于5%（体积分数）。
③ 逐步关小冷却水直到塔内温度降为60℃，关闭冷却水阀 TIC104A/B。
④ 第二氧化塔冷却水阀由下而上逐个关掉并保温60℃。

5.4　正常运行管理及异常现象处理

5.4.1　正常操作

熟悉工艺流程，密切注意各工艺参数的变化，维持各工艺参数稳定。正常操作下工艺参数如表 4-6、表 4-7 所示。

表 4-6　第一氧化塔正常操作工艺参数

位号	正常值	单位	位号	正常值	单位
PIC109A/B	0.18~0.2	MPa	TI103A	77±1	℃
LIC101	35±15	%	TI103E	60±2	℃
FICSQ102	9860	kg/h	AIAS101A、B、C	<5	%
FICSQ106	2871	m³/h	AIAS102	92~95	%
FIC101	80	m³/h	AIAS103	<4	%
FIC104	110~140	m³/h			

表 4-7　第二氧化塔正常操作工艺参数

位号	正常值	单位	位号	正常值	单位
PIC112A/B	0.1±0.02	MPa	FIC105	60	m³/h
LIC102	35±15	%	AIAS104	>97	%
FICSQ106	0~160	kg/h	AIAS105	<5	%

5.4.2　异常现象及处理

表 4-8 是乙醛氧化制乙酸常见异常现象及处理方法。

表 4-8　异常处理

序号	异常现象	产生原因	处理方法
1	T101 塔进乙醛流量计严重波动，液位波动，顶压突然上升，尾气含氧气量增加	T101 进塔乙醛球罐中物料用完	关小氧气阀及冷却水阀，同时关掉进乙醛线，及时切换球罐补加乙醛直至恢复反应正常。严重时可停车
2	T102 塔中含乙醛量高	催化剂循环时间过长。催化剂中混入高沸物，催化剂循环时间较长时，含量较低	打开 V3，补加新催化剂。增加催化剂用量
3	T101 塔顶压力逐渐升高并报警，反应液出料及温度正常	尾气排放不畅，放空调节阀失控或损坏	① 打开 PIC109B 阀 ② 将 PIC109A 阀改为手动 ③ 关闭 PIC109A 阀，调 T101 顶压力至 0.2MPa

续表

序号	异常现象	产生原因	处理方法
4	T102 塔顶压力逐渐升高，反应液出料及温度正常	T102 塔尾气排放不畅	① 打开 PIC112B 阀 ② 将 PIC112A 阀改为手动 ③ 关闭 PIC112A 阀，调 T102 顶压力至 0.1MPa
5	T101 塔内温度波动大，其他方面都正常	冷却水阀调节失灵	① TIC104A 改为手动控制 ② 关闭 TIC104A ③ 同时打开 TIC104B，并改投自动
6	T101 塔液面波动较大，无法自控	循环泵故障或氮气压力引起	① 关闭泵 P101A ② 打开泵 P101B
7	T101 塔或 T102 塔尾气含氧气量超限	氧气、乙醛进料配比失调，催化剂失去活性	打开 V3，并调节好氧气和乙醛配比

<h3 style="text-align:center">学习成果考核</h3>

关闭操作提示，现场仿真考试，最后得分以系统评分为准。

任务六　掌握塔式反应器常见故障及处理方法

化学工业中最为常见的气液反应器就是鼓泡塔反应器和填料塔反应器，下面列举了这两种反应器的常见故障及处理方法。

6.1　鼓泡塔反应器常见故障及处理方法

鼓泡塔反应器常见故障及处理方法见表 4-9。

表 4-9　鼓泡塔反应器常见故障及处理方法

序号	故障现象	故障原因	处理方法
1	塔体出现变形	① 塔局部腐蚀或过热使材料强度降低，而引起设备变形 ② 开孔无补强或焊缝处的应力集中，使材料的内应力超过屈服点而发生塑性变形 ③ 受外压设备的影响，当工作压力超过临界工作压力时，设备失稳而变形	① 防止局部腐蚀产生 ② 矫正变形或切割下严重变形处，焊上补板 ③ 稳定正常操作
2	塔体出现裂缝	① 局部变形加剧 ② 焊接的内应力 ③ 封头过渡圆弧弯曲半径太小或未经返火便弯曲 ④ 水力冲击作用 ⑤ 结构材料缺陷 ⑥ 振动与温差的影响	裂缝修理
3	塔板越过稳定操作区	① 气相负荷减小或增大，液相负荷减小 ② 塔板不水平	① 控制气相、液相流量。调整降液管、出入口堰高度 ② 调整塔板水平度
4	鼓泡元件脱落和腐蚀	① 安装不牢 ② 操作条件破坏 ③ 泡罩材料不耐腐蚀	① 重新调整 ② 改善操作，加强管理 ③ 选择耐蚀材料，更新泡罩

6.2 填料塔反应器常见故障及处理方法

填料塔反应器常见故障及处理方法见表 4-10。

表 4-10 填料塔反应器常见故障及处理方法

序号	故障现象	故障原因	处理方法
1	工作表面结垢	① 被处理物料中含有机械杂质（如泥、砂等） ② 被处理物料中有结晶析出和沉淀；硬水所产生的水垢 ③ 设备结构材料被腐蚀而产生的腐蚀产物	① 加强管理，考虑增加过滤设备 ② 清除结晶、水垢和腐蚀产物 ③ 采取防腐蚀措施
2	连接处不能正常密封	① 法兰连接螺栓没有拧紧 ② 螺栓拧得过紧而产生塑性变形 ③ 由于设备在工作中发生振动，引起螺栓松动 ④ 密封垫圈产生疲劳破坏（失去弹性） ⑤ 垫圈受介质腐蚀而破坏 ⑥ 法兰面上的衬里不平 ⑦ 焊接法兰翘起	① 拧紧松动螺栓 ② 更换变形螺栓 ③ 消除振动，拧紧松动螺栓 ④ 更换受损的垫圈 ⑤ 选择耐腐蚀垫圈换上 ⑥ 加工不平的法兰 ⑦ 更换新法兰
3	塔体厚度减薄	设备在操作中，受到介质的腐蚀、冲蚀和摩擦	减压使用，或修理腐蚀严重部分，或设备报废
4	塔体局部变形	① 塔局部腐蚀或过热使材料强度降低，而引起设备变形 ② 开孔无补强或焊缝处的应力集中，使材料的内应力超过屈服点而发生塑性变形 ③ 受外压设备，当工作压力超过临界工作压力时，设备失稳而变形	① 防止局部腐蚀产生 ② 矫正变形或切割下严重变形处，焊上补板 ③ 稳定正常操作
5	塔体出现裂缝	① 局部变形加剧 ② 焊接的内应力 ③ 封头过渡圆弧弯曲半径太小或未经退火便弯曲 ④ 水力冲击作用 ⑤ 结构材料缺陷 ⑥ 振动与温差的影响 ⑦ 应力腐蚀	裂缝修理

学习
札记

工业文化

三老四严

1.“三老四严”的提出

“三老四严”是大庆石油职工在会战实践中形成的优良作风。“三老四严”的提法，最早出现于 1962 年，到 1963 年就形成了完整的表述。在大庆会战中，采油三矿四队一名学徒工由于操作失误，挤扁了刮蜡片，隐瞒不报，队长辛玉和知道了这件事后，组织全队在这口井前召开事故分析现场会，进行深入的讨论。经总结提炼后提出：对待革命事业，要当老实人，说老实话，办老实事；对待工作，要有严格的要求、严密的组织、严肃的态度、严明的纪律。

采油三矿四队建队 3 年共录取 3 万多个数据，无一差错，在用设备台台完好，连续多年被评为油田标杆单位。1964 年 2 月，三矿四队在石油部召开的全国油田电话会议上介绍了经验。同年 5 月，石油部在召开的第一次政治工作会议上，把三矿四队在实践中摸索并创造的一些经验，概括为“三老四严”的革命作风，授予这个队为“高度觉悟，严细成风”的石油部标杆单位。

2．时代意义

“三老四严”是一种作风与精神，是大庆会战时期诞生的一种文化现象，是大庆精神的重要组成部分。“三老四严”作为思想和行为上的一种评价和执行的准则，在规范人们的思想和行为、端正工作态度、提高管理能力、推进工作开展上，都发挥着积极的作用。

“三老四严”作风是在大庆会战的特殊条件下产生的。当前，工业和经济发展所面临的情况更加复杂，任务更加艰巨，需要在继承中不断创新，将“三老四严”提到一个新高度来认识。

“三老四严”是坚持精益求精，做好企业管理的重要保证。细节决定成败已经成为所有企业的共识，这就要以严肃的态度，追求细节完美，提高管理的“精准度”，真正把先进思想、先进文化落实到每个管理细节上。“三老四严”是实现安全文明生产经营的保证。员工要牢固树立主人翁思想，严格执行岗位责任制度，认真遵守岗位操作规程。“三老四严”是构建和谐团队的保证。这要求树立整体意识，团结协作，识大局，顾大体，统一思想和行动，形成合力，共同战胜困难，开创工作新局面。

 知识拓展

请扫码学习塔反应器的计算、塔反应器的操作要点和反应器设计要点。

知识拓展

项目测试

一、填空题

1. 当气液相反应用于化学吸收时，主要目的是提高_____，因而应选择_____应器。

2. 在鼓泡塔内的流体流动中，一般认为_____为连续相，_____为分散相。

3. 鼓泡塔反应器分离空间的作用是_____，它是靠_____实现分离的。

4. 鼓泡塔中当空塔气速较低时，气泡是通过_____方式形成的，空塔气速较高时，气泡是通过_____方式形成的。

二、选择题

1. 化学反应器中，填料塔适用于（   ）。

A. 液相、气液相　B. 气液固相　　　　C. 气固相　　　　D. 液固相

2. 鼓泡塔反应器按其结构分为空心式、多段式、气体提升式和液体喷射式，广泛使用的是（   ）。

A. 空心式　　　　B. 多段式　　　　C. 气体提升式　　D. 液体喷射式

3. 膜式塔反应器中，气相为（   ），液相为（   ）。

A. 分散相　　连续相　　　　　　　B. 连续相　　分散相

C. 分散相　　分散相　　　　　　　D. 连续相　　连续相

4. 塔式反应器的操作方式有（   ）和（   ）两种。

A. 连续式　　间歇式　　　　　　　B. 连续式　　半连续式

C. 间歇式　　半连续式　　　　　　D. 间歇式　　半间歇式

5. 气体以气泡形式分散在液相中的塔式反应器为（   ）和（   ）反应器。

A. 填料塔　　喷雾塔　　　　　　　B. 板式塔　　膜式塔

C. 板式塔　　鼓泡塔　　　　　　　D. 喷雾塔　　鼓泡塔

三、判断题

1. 喷雾反应器适用于气液瞬间快速反应。（   ）

2. 鼓泡塔反应器的特点是结构简单、存液量大，适用于动力学控制的气液相反应。（   ）

3. 鼓泡塔反应器内的气含率大小与塔径的大小有关。塔径越大，气含率越小；塔径越小，气含率越大。（   ）

4. 在气液相反应过程中，化学反应即可以在气相中进行，也可在液相中进行。（   ）

5. 当鼓泡塔湍动区操作时，影响液相传质系数的因素主要是气泡大小、空塔气速、液体性质和扩散系数等。（   ）

四、思考题

1. 气液相反应的特点有哪些？

2. 气液相反应过程包括哪些步骤？

3. 常见塔式反应器有哪些？各有什么特点？

4. 简述鼓泡塔反应器的结构及操作特点。

5. 填料塔的基本结构有哪些？

6．鼓泡塔的流动状态可划分为哪三种？各有什么特点？

7．常见填料的类型有哪些？各有什么特点？

8．根据双模理论简述气液相反应的宏观过程。

9．何谓气含率？它的影响因素有哪些？

10．在鼓泡塔内采取什么措施可增大气液相的接触面积？

11．鼓泡塔的传热方式有哪些？

12．鼓泡塔反应器在操作时有哪些不正常现象？可能的原因有哪些？怎样处理？

13．填料塔反应器在操作时有哪些不正常现象？可能的原因有哪些？怎样处理？

14．分别论述鼓泡塔和填料塔在化工生产应用中的优缺点。

项目五　固定床反应器与操作

学习目标

 知识目标

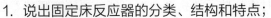

1. 说出固定床反应器的分类、结构和特点；
2. 熟知催化剂的基础知识；
3. 描述固定床反应器流体的流动；
4. 操作和控制固定床反应器。

技能目标

1. 能根据反应特点和工艺要求选择反应器类型；
2. 能按规范要求填写岗位操作记录；
3. 会根据实验结果对反应器进行操作参数控制；
4. 能分析和处理操作各个反应器正常开车、停车及其过程中出现的常见故障。

素质目标

1. 培养学生自我学习、自我提高、终身学习意识；
2. 培养学生灵活运用所学专业知识解决实际问题的能力；
3. 培养惜岗敬业、爱岗敬业的职业素养。

学习建议　通过阅读设备图、参观实训装置、观看仿真素材图片，初步建立对固定床反应器的感性认识。以感性认识为基础，掌握固定床反应器的基础知识。通过装置和仿真软件的实操训练，掌握固定床反应器的基本操作与控制。

案例导入

　　目前，工业上生产环氧乙烷的方法主要是采用乙烯在银催化剂上的直接氧化法，其生产工艺流程如图 5-1 所示。

　　原料乙烯经加压后分别与稀释剂甲烷、循环气汇合进入混合器，在混合器 1 中与氧气迅速并均匀混合达到安全组成，再加入微量抑制剂二氯乙烷。原料混合气经与反应后的气体热交换，预热到一定温度，进入装有银催化剂的列管式固定床反应器。

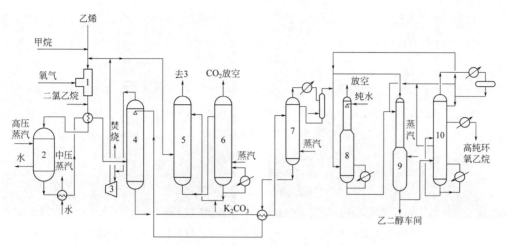

图 5-1　乙烯直接氧化法生产环氧乙烷的工艺流程

1—原料混合器；2—反应器；3—循环压缩机；4—环氧乙烷吸收塔；5—二氧化碳吸收塔；6—碳酸钾再生塔；
7—环氧乙烷解吸塔；8—环氧乙烷再吸收塔；9—乙二醇原料解吸塔；10—环氧乙烷精馏塔

反应后气体经换热可产生中压蒸汽并预热原料混合气，自身冷却到 360K 左右，进入环氧乙烷吸收塔 4。从环氧乙烷吸收塔底部排出的环氧乙烷水溶液进入环氧乙烷解吸塔 7，目的是将产物环氧乙烷通过汽提从水溶液中解吸出来。解吸出来的环氧乙烷、水蒸气及轻组分进入该塔冷凝器，大部分水及重组分冷凝后返回环氧乙烷解吸塔，未冷凝气体与乙二醇原料解吸塔顶蒸气及环氧乙烷精馏塔顶馏出液汇合后，进入环氧乙烷再吸收塔 8。在环氧乙烷再吸收塔中，用冷的工艺水作为吸收剂，对解吸后的环氧乙烷进行再吸收，二氧化碳与其他不凝气体从塔顶排空，釜液含环氧乙烷的体积分数约 8.8%，进入乙二醇原料解吸塔。在乙二醇原料解吸塔中，用蒸汽加热进一步汽提，除去水溶液中的二氧化碳和氮气，釜液即可作为生产乙二醇的原料或再精制为高纯度的环氧乙烷产品。

 任务准备

任务一　认识固定床反应器

固定床反应器又称填充床反应器，外形为一圆筒体，高径比介于釜式反应器与塔式反应器之间，在该反应器内部装填有固体催化剂或固体反应物用以实现固定床反应器多相反应过程，固体物通常呈颗粒状（或网状、蜂窝状、纤维状固体），粒径 2～5mm 左右，堆积成一定高度（或厚度）的床层。床层静止不动，流体通过床层进行反应。它与流化床反应器及移动床反应器的区别在于固体颗粒处于静止状态。固定床反应器（如图 5-2、5-3 所示）主要用于气固相催化反应，如氨合成塔、二氧化硫接触氧化器、烃类蒸汽转化炉等。用于气固相或液固相非催化反应时，床层则填装固体反应物。滑流床反应器也可归属于固定床反应器，气、液相并流向下通过床层，呈气液固相接触。甲醇合成反应器外形如图 5-2 所示，天然气合成甲醇反应塔如图 5-3 所示。

固定床反应器
原理展示

图 5-2　甲醇合成反应器外形

图 5-3　天然气合成甲醇反应塔

1.1　固定床反应器的特点

1.1.1　优点

　　流体通过不动的固体物料形成的床层面进行反应的设备都称为固定床反应器,其中尤以利用气态的反应物料,通过由固体催化剂构成的床层进行反应的气固相催化反应器在化工生产中应用最为广泛。气固相固定床催化反应器的优点较多,主要表现在以下几个方面。

　　① 在生产操作中,除床层极薄和气体流速很低的特殊情况外,床层内气体的流动皆可看成是理想置换流动,因此其化学反应速率较快,完成同样生产能力时所需要的催化剂用量和反应器体积较小。

　　② 气体停留时间可以严格控制,温度分布可以调节,因而有利于提高化学反应的转化率和选择性。

　　③ 催化剂不易磨损,可以较长时间连续使用。

　　④ 适宜于在高温、高压条件下操作。

　　⑤ 返混小,流体同催化剂可进行有效接触,当反应伴有连串副反应时可得较高选择性。

　　⑥ 结构简单。

1.1.2　缺点

　　由于固体催化剂在床层中静止不动,相应地产生一些缺点。

　　① 催化剂载体往往导热性不良,同时气体流速受压降限制又不能太大,由此造成床层中传热性能较差,给温度控制带来困难。对于放热反应,在换热式反应器的入口处,因为反应物浓度较高,反应速率较快,放出的热量往往来不及移走,而使物料温度升高,这又促使反应以更快的速率进行,放出更多的热量,物料温度继续升高,直到反应物浓度降低,反应速率减慢,传热速率超过反应放热速率时,温度才逐渐下降。所以在放热反应时,通常在换热式反应器的轴向存在一个最高的温度点,称为"热点"。如设计或操作不当,则在强放热反应时,床内热点温度会超过工艺允许的最高温度,甚至失去控制而出现"飞温"。此时,对于反应的选择性、催化剂的活性和寿命、设备的强度等均极不利。

　　② 须避免使用细粒催化剂,否则流体阻力增大,不能正常操作,而不能使用细粒催化剂使得催化剂的活性内表面得不到充分利用。

③ 催化剂的再生、更换均不方便。如果需要更换催化剂时必须停止生产，这在经济上将受到相当大的影响，而且更换时，劳动强度大，粉尘量大，催化剂需要频繁再生的反应一般不宜使用，常更换为流化床反应器或移动床反应器。因此，固定床反应器要求催化剂必须有足够长的使用寿命。

固定床反应器中的催化剂不限于颗粒状，网状催化剂［如图 5-4（c）所示］早已应用于工业。目前，蜂窝状、纤维状催化剂［如图 5-4（d），（e）所示］也已被广泛使用。

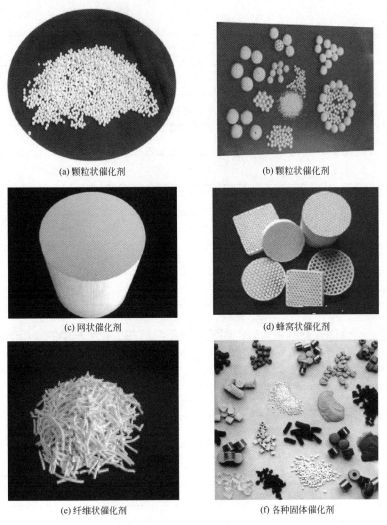

(a) 颗粒状催化剂   (b) 颗粒状催化剂

(c) 网状催化剂   (d) 蜂窝状催化剂

(e) 纤维状催化剂   (f) 各种固体催化剂

图 5-4 固体催化剂

固定床反应器虽有缺点，但可在结构和操作方面做出改进，且其优点是主要的。因此，仍不失为气固相催化反应器中的主要形式，在化学工业中得到广泛的应用。

1.2 固定床反应器工业应用

固定床反应器广泛用于气固相反应和液固相反应过程。如石油炼制工业中的裂化、重整、异构化、加氢精制等；无机化学工业中的合成氨、合成硫酸、天然气转化等；有机化学工业中的乙烯氧化制环氧乙烷、乙烯水合制乙醇、乙苯脱氢制苯乙烯、苯加氢制环己烷等。

1. 你是否有这样的疑问？任务是认识固定床反应器，但是内容却偏重表达催化剂。你觉得本书为什么会这样安排？说说你的想法。

....

....

....

....

....

....

....

2. 结合你查阅的资料，说说固定床反应器在工业生产中的应用情况。

....

....

....

....

....

....

任务二　学习固定床反应器的类型与结构

随着化工生产技术的进步，已出现多种固定床反应器的结构类型，以适应不同的传热要求和传热形式，主要分为绝热式和换热式两大类。下面对各种固定床反应器的类型做简单介绍和评述。

2.1　绝热式固定床反应器

绝热式固定床反应器结构简单，催化剂均匀装填于床层内，一般有以下特点：床层直径远大于催化剂颗粒直径；床层高度与催化剂颗粒直径之比一般超过 100；与外界没有热量交换，床层温度沿物料的流向而改变。

反应器绝热措施良好，无热量损失且与外界无热量交换。绝热式固定床反应器又分为单段绝热式和多段绝热式。

2.1.1　单段绝热式反应器

单段绝热式

单段绝热式反应器一般为一高径比不大的圆筒体，反应器内部无换热构件，只在圆筒体下部装有栅板等构件（支撑板），在栅板上均匀堆置固体催化剂。反应气体经预热到适当温度后，从圆筒体上部通入，经过气体预分布装置均匀通过催化剂床层进行反应，反应后的气体由下部引出，如图 5-5 所示。这类反应器结构简单、生产能力大。对于反应热效应不大、温度允许有较宽变动范围的反应过程，常采用此类反应器。以天然气为原料的大型氨厂中的一氧化碳中（高）温变换及低温变换甲烷化反应都采用单段绝热式。

对于热效应较大的反应，只要对反应温度不很敏感或是反应速率非常快的过程，有时也使用这种类型的反应器。例如甲醇在银或铜的催化剂上用空气氧化制甲醛时，虽然反应热很大，但因反应速率很快，则只用薄薄的催化剂床层即可，如图 5-6 所示。此薄层为绝热床层，下端为一列管式换热器。反应物预热到 383K，反应后升温到 873～923K，立即在很高的混合气体线速度下进入冷却器，防止甲醛进一步氧化或分解。

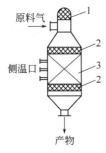

图 5-5　绝热式固定床反应器
1—矿渣棉；2—瓷环；3—催化剂

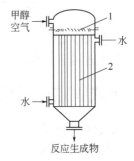

图 5-6　甲醇氧化的薄层反应器
1—催化剂；2—冷却器

单段绝热式反应器的缺点：反应过程中温度变化较大。当反应热效应较大而反应速率较慢时，则绝热升温必将使反应器内温度的变化超出允许范围。

多段绝热式

2.1.2　多段绝热式固定床反应器

多段绝热式反应器是为了弥补单段绝热式固定床反应器的不足而提出的。多段绝热床中，反应气体通过第一段绝热床反应至一定的温度和转化率而离可逆放热单一反应平衡温度曲线不太远时，将反应气体冷却至远离平衡温度曲线的状态，再进行下一段的绝热反应。反应和加热（或冷却）过程间隔进行。根据反应特征，一般有二段、三段或四段绝热床。根据段间反应气体的冷却或加热方式，其又分为中间间接换热式和冷激式两种。中间间接换热式是在段间装有换热器，其作用是将上一段的反应气冷却，同时利用此热量将未反应的气体预热或通入外来载热体取出多余反应热，如图5-7（a）～（c）所示。二氧化硫氧化、乙苯脱氢过程等常用多段中间间接换热式。间接换热式是用热交换器使冷、热流体通过管壁进行热交换。而冷激式则是用冷流体直接与上一段出口气体混合，以降低反应温度。冷激式用的冷流体如果是非关键组分的反应物，称为非原料气冷激式，如图5-7（d）所示；冷激式用的冷流体如果是尚未反应的原料气，称为原料气冷激式，如果5-7（e）所示。冷激式反应器结构简单，便于装卸催化剂，内无冷管，避免由于少数冷管损坏而影响操作，特别适用于大型催化反应器。工业上高压下操作的反应器如大型氨合成塔，一氧化碳和氢合成甲醇常采用冷激式反应器。

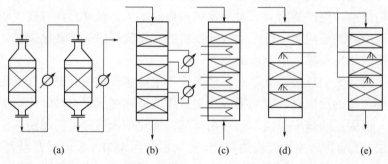

图 5-7　多段绝热式固定床反应器

（a）～（c）中间间接换热式；（d）、（e）冷激式

总之，绝热式固定床反应器结构简单，同样大小的装置所容纳的催化剂较多，且反应效率高，广泛适用于大型、高温高压的反应。

2.2　换热式固定床反应器

换热式固定床反应器以列管式为多，通常管内装催化剂，管间走载热体，一般有以下特点：催化剂粒径小于管径的1/8；利用载热体来移走或供给热量，床层温度维持稳定。

当反应热效应较大时，为了维持适宜的温度条件，必须利用换热介质来移走或供给热量，按换热介质不同，可分为对外换热式固定床反应器和自热式固定床反应器。

2.2.1　对外换热式固定床反应器

对外换热式
结构

以各种载热体为换热介质的对外换热式反应器多为列管式结构，如图 5-8 所示，类似于列管式换热器。催化剂装填在管内，壳程通入载热体。由于通常采用 $\varphi25\sim30mm$ 的小管径，传热面积大，有利于强放热反应。列管式反应器的传热效果好，催化剂床层温度易控制，又因管径较小，流体在催化床内的流动可视为理想置换流动，故反应速率快，选择性高。然而其结构较复杂，设备费用高。

列管式固定床反应器中，合理选择载热体及其温度的控制是保持反应稳定进行的关键。载热体与反应体系的温差宜小，但必须能移走反应过程中释放出来的大量热量。这就要求有大的传热面积和传热系数。一般反应温度在 240℃ 以下宜采用加压热水作载热体；反应温度在 250～350℃ 可采用挥发性低的导热油或导生液作载热体；反应温度在 350～400℃ 的则需用无机熔盐作载热体，如 KNO_3 53%、$NaNO_3$ 7%、$NaNO_2$ 40%的混合物；对于 600～700℃ 左右的高温反应，只能用烟道气作载热体。

图 5-9 是以加压热水作载热体的固定床反应装置示意图，水的循环是靠位能或外加循环泵来实现的，水温则是靠蒸汽出口的调节阀控制一定的压力来保持，应使床层处于热水或沸腾水的条件下进行换热，如果不适当调节压力，可能使水很快全部汽化，床层外面进行气体换热而使传热效率降低。乙烯乙酰基氧化制乙酸乙烯酯、乙炔与氯化氢合成氯乙烯、乙烯氧化制环氧乙烷都可采用这样的反应装置。

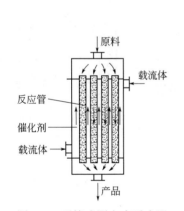

图 5-8　列管式固定床反应器

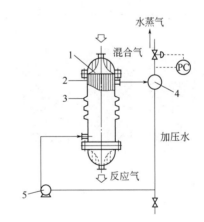

图 5-9　以加压热水作载热体的固定床反应装置示意图
1—列管上花板；2—反应列管；3—膨胀圈；4—汽水分离器；5—加压热水泵

图 5-10 是以有机载热体导生油带走反应热的反应装置。反应器外设置载热体冷却器，利用载热体移出的反应热副产中压蒸汽。

图 5-11 是以熔盐作载热体且冷却装置安装在器内的反应装置，在反应器的中心设置载热体冷却器和推进式搅拌器，搅拌器使熔盐在反应区域和冷却区域间不断进行强制循环，减小反应器上下部熔盐的温差（4℃左右），熔盐移走反应热后，即在冷却器中冷却并产生高压水蒸气。如丙烯固定床氨氧化制备丙烯腈、萘氧化制苯酐都采用这样的装置。

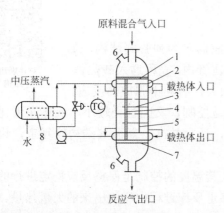

图 5-10　以导生油作载热体的固定床反应装置

1—列管上花板；2、3—折流板；4—反应列管；5—折流板固定棒；6—人孔；7—列管下花板；8—载热体冷却器

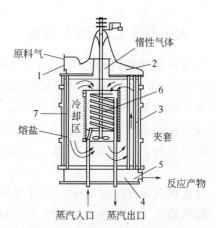

图 5-11　以熔盐为载热体的反应装置示意图

1—原料气进口；2—上头盖；3—催化剂列管；4—下头盖；5—反应气出口；6—搅拌器；7—笼式冷却器

2.2.2　自热式固定床反应器

自热式固定床催化反应器只适用于放热反应，如图 5-12、图 5-13、图 5-14 所示，催化剂层内设有冷管，管内通过需要预热的原料气体，并移走管外反应热，原料气被预热后，离开冷管进入催化剂层进行反应。冷管的结构形式有单管、双套管和三套管三种。

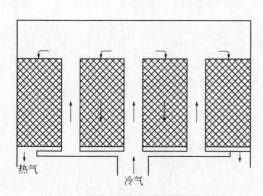

图 5-12　单管逆流式催化床装置示意图

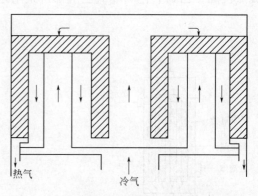

图 5-13　双套管并流式催化床装置示意图

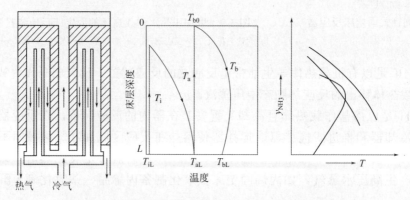

图 5-14　三套管并流式催化装置及温度分布示意图

图 5-12 为单管逆流式催化床，冷管内冷气体自下而上流动时，温度一直在升高，冷管上端气体温度即为催化床入口气体温度，无绝热段。

图 5-13 为双套管并流式催化床，冷管是同心的双重套管，冷气体经催化床外换热器加热后，经冷管内管向上，再经内、外冷管间环隙向下，预热至所需催化床进口温度后，经分气盒及中心管翻向催化床顶端，经中心管时，气体温度略有升高。气体经催化床顶部绝热段，进入冷却段，被冷管环隙中气体所冷却，而环隙中气体又被内冷管内的气体所冷却。图 5-14 是三套管并流式催化床的气体温度分布和操作状况图，三套管并流式催化床是双套管式催化床的冷管内加一内衬管改为三套管的，由于催化床内温度分布比较合理，空时收率有所提高，但催化床的压降也有所增加。其特点是反应床层中温度接近最佳温度曲线、反应过程中热量自给，缺点是结构复杂、造价高、催化剂装载系数较大，只适用于较易维持一定温度分布的热效应不大的放热反应，能适用于高压反应。

2.2.3　其他型式固定床反应器

气固相固定床催化反应器除以上几种主要型式外，近年来又发展了径向反应器。按照反应气体在催化床中的流动方向，固定床反应器可分为轴向流动与径向流动。轴向流动反应器中气体流向与反应器的轴平行，而径向流动催化床中气体在垂直于反应器轴的各个横截面上沿半径方向流动，如图 5-15 所示。

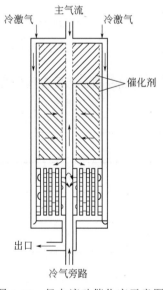

图 5-15　径向流动催化床示意图

径向反应器与轴向反应器相比，径向流动催化床的气体流道短、流速低，可大幅度地降低催化床压降，为使用小颗粒催化剂提供了条件。径向流动反应器的设计关键是合理设计流道使各个横截面上的气体流量均等，对分布流道的制造要求较高，且要求催化剂有较高的机械强度，以免催化剂破损而堵塞分布小孔，破坏流体的均匀分布。

1. 本任务内容安排框架性强、分类清晰、内部构件及工作原理表述详细，你是否有更好的学习方法将本任务的知识内容进行归纳总结？请表述出来。

....

....

....

....

....

....

....

2. 结合你查阅的资料，说说固定床反应器是否还有其他的分类？分享给大家。

....

....

....

....

....

....

....

....

任务三　熟悉催化剂的制备与使用

实际上，工业使用的气固相反应绝大部分都是在固体催化剂作用下的催化反应。因此，要学习气固相反应器的设计与计算，就必须先了解固体催化剂的基础知识。

3.1　固体催化剂基础知识

化学工业之所以发展到今天这样庞大的规模，生产出不同种类的化工产品，在国民经济中占有如此重要的地位，是与催化剂的发明和发展分不开的。从合成氨等无机产品到三大合成材料，大量的化工产品是从煤、石油和天然气这些天然原料出发，中间经过各种各样的化学催化加工而制得的。化学催化可分为均相催化和非均相催化两大类。当催化剂与反应物处于同一相，没有相界面存在时，其催化系统称为均相催化；当催化剂与反应物处于不同相中，催化反应在界面上进行的催化系统称为非均相催化（或称多相催化）。在非均相催化中最重要也是工业上应用最广泛的是使用固体催化剂的系统。

3.1.1　催化作用与催化剂

一个化学反应要在工业中实现，基本要求是该反应要以一定的反应速率进行。想提高反应速率，可以有多种手段，比如加热、光化学、电化学和辐射化学等方法。加热的方法往往缺乏足够的化学选择性，其他的光化学、电化学、辐射化学等方法作为工业装置使用往往需要消耗额外的能量。而用催化的方法，既能提高反应速率，又能对反应方向进行控制，且原则上催化剂是不消耗的。因此，应用催化剂是提高反应速率和控制反应方向较为有效的方法。对催化作用和催化剂的研究应用，已成为现代化学工业的重要课题之一。

（1）催化作用的定义与基本特征

① 催化作用定义　根据 IUPAC（国际纯粹与应用化学联合会）于 1981 年提出的定义，催化剂是一种物质，它能够加速化学反应的速率而不改变该反应的标准自由焓的变化，这种作用称为催化作用。催化作用可用最简单的"假设循环"表示出来，如图 5-16 所示。

图 5-16 中 A、R 分别代表反应物、产物，催化剂-A、催化剂-R 则分别代表由反应物、产物和催化剂反应形成的中间物种。在暂存的中间物种解体后，又重新得到催化剂以及产物。这个简单的示意图可以帮助人们理解即使是最复杂的催化反应过程的本质。

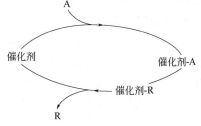

图 5-16　催化反应的假设循环

②催化剂基本特征

a.催化剂能够加快化学反应速率，但它本身并不进入化学反应的计量。由于催化剂在参与化学反应的中间过程后又恢复到原来的化学状态而循环起作用，所以一定量的催化剂可以促进大量反应物起作用，生成大量的产物。例如氨合成采用熔铁催化剂，1 吨催化剂能生产出约 2 万吨氨。应该注意，在实际反应过程中，催化剂并不能无限期使用。因为催化作用不仅与催化剂的化学组成有关，亦与催化剂的物理状态有关。例如，在使用过程中，由于高温受热而导致反应物的结焦，使得催化剂的活性表面被覆盖，致使催化剂的活性下降。

b. 催化剂对反应具有选择性，即催化剂对反应类型、反应方向和产物的结构具有选择性。例如，以合成气为原料，可用四种不同催化剂完成四种不同的反应：

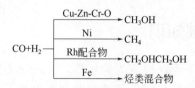

这种选择关系的研究是催化研究中的主要课题，常常要付出巨大的劳动才能创立高效率的工业催化过程。亦正是由于这种选择关系，人们有可能对复杂的反应系统从动力学上加以控制，使之向特定反应方向进行，生产特定的产物。

c. 催化剂只能加速热力学上可能进行的化学反应，而不能加速热力学上无法进行的反应。如果某种化学反应在给定的条件下属于热力学上不可行的，这就告诉人们不要为它白白浪费人力和物力去寻找高效催化剂。因此，在开发一种新的化学反应催化剂时，首先要对该反应系统进行热力学分析，看它在该条件下是否属于热力学上可行的反应。

d. 催化剂只能改变化学反应的速率，而不能改变化学平衡的位置（平衡常数）。即在一定外界条件下某化学反应产物的最高平衡浓度受热力学变量的限制。换言之，催化剂只能改变达到（或接近）这一极限值所需要的时间，而不能改变这一极限值的大小。

e. 催化剂不改变化学平衡，意味着既能加速正反应，也能同样程度地加速逆反应，这样才能使其化学平衡常数保持不变。因此，某催化剂如果是某可逆反应正反应的催化剂，必然也是其逆反应的催化剂。例如合成甲醇反应：

$$CO+2H_2 \rightleftharpoons CH_3OH$$

该反应需在高压下进行。在早期研究中，利用常压下甲醇的分解反应来初步筛选合成甲醇的催化剂，就是利用上述的原理。

（2）催化剂组成与功能　固体催化剂是具有不同形状（如球形、柱状或无定形等）的多孔性颗粒，在使用条件下不发生液化、汽化或升华。通常不是单一的物质，而是由多种物质组成。绝大多数固体催化剂有三类可以区分的组分，主要包括主催化剂、助催化剂和载体三个部分。

① 主催化剂　是催化剂不可或缺的成分，其单独存在时具有显著的催化活性，也称活性组分。没有它，就不存在催化作用。活性组分有时由一种物质组成，如乙烯氧化制环氧乙烷的银催化剂，活性组分就是银单一物质；有时则由多种物质组成，如丙烯氨氧化制丙烯腈用的钼-铋催化剂，活性组分就是由氧化钼和氧化铋两种物质组合而成。

② 助催化剂　是一些本身对某一反应没有活性或活性很小，但添加少量于催化剂之中（一般小于催化剂总量的 10%）却能使催化剂具有所期望的活性、选择性或稳定性的物质，称为助催化剂。助催化剂的类型分为结构型助催化剂和调变型助催化剂。用一些高熔点、难还原的氧化物作为助催化剂，可以增加活性组分表面积，提高活性组分的

热稳定性。结构型助催化剂一般不影响活性组分的本性。调变型助催化剂可以调节和改变活性组分的本性。比如，用于脱水的 Al_2O_3 催化剂以 CaO、MgO、ZnO 为助催化剂。又如在醋酸锌中添加少量的醋酸铋，可提高乙酸乙烯酯生产的选择性；乙烯法合成乙酸乙烯酯的催化剂活性组分是金属钯，若不添加醋酸钾，其活性较低，如果添加一定量的醋酸钾，可显著提高催化剂的活性。助催化剂可以是单质，也可以是化合物。

③ 载体 是固体催化剂所特有的组分。它起增大表面积、提高耐热性和机械强度的作用，有时还能担当助催化剂的角色。它与助催化剂的不同之处在于，载体在催化剂中的含量远大于助催化剂。

载体是催化活性组分的分散剂、黏合物或支撑体，是负载活性组分的骨架。将活性组分、助催化剂组分负载于载体上所制得的催化剂，称为负载型催化剂。负载型催化剂的载体，其物理结构和性质往往对催化剂有决定性影响。

载体在催化剂中主要起到如下作用：a. 提供有效的表面和适合的孔结构；b. 使催化剂获得一定的机械强度；c. 提高催化剂的热稳定性；d. 提供活性中心；e. 与活性组分作用形成新的化合物；f. 节省活性组分用量。载体还可起到支撑、稳定、传热和稀释的作用（对于活性极高的活性组分，可控制反应程度）。在有些情况下，载体不仅起着上述作用，还具有化学功能。如有的载体与活性组分之间具有相互作用，可改变活性表面的性质，即载体起到催化剂活性组分的作用，或改善催化剂的选择性。

载体的种类很多，可以是天然的，也可以是合成的。如刚玉、浮石、硅胶、活性炭、氧化铝、硅藻土、碳化硅等具有高比表面积的固体物质。

④ 抑制剂 大多数化工使用的催化剂是由活性组分、助催化剂和载体这三大部分构成的，个别情况也有多于或少于这三部分的。如果在活性组分中添加少量物质，便能使活性组分的催化活性适当降低，甚至在必要时大幅度下降，则这样的少量物质称为抑制剂。抑制剂的作用正好与助催化剂相反。

一些催化剂配方中添加抑制剂，是为了使工业催化剂的各性能达到均衡匹配、整体优化。有时，过高的活性反而有害，它会影响反应器移热而导致"飞温"，或者导致副反应加剧、选择性下降，甚至引起催化剂积炭失活。

几种催化剂的抑制剂举例如表 5-1 所示。

表 5-1 几种催化剂的抑制剂

催化剂	反应	抑制剂	作用效果
Fe	氨合成	Cu、Ni、P、S	降低活性
Al_2O_3	柴油裂化	Na	中和酸点，降低活性
Ag	乙烯环氧化	1，2-二氯乙烷	降低活性，抑制深度氧化

（3）催化剂的性能与指标 一种良好的催化剂不仅能选择地催化所要求的反应，同时还必须具有一定的机械强度；有适当的形状，以使流体阻力减小并能均匀地通过；在长期使用后（包括开停车）仍能保持其活性与力学性能。即必须具备高活性、合理的流体流动性质及长寿命这三个条件。对理想催化剂的要求如图 5-17 所示。

这些要求之间有些是相互矛盾的，一般难以完全满足。活性和选择性是首先应当考虑的方面。影响催化剂活性和选择性的因素很多，但主要是由催化剂的化学组成和物理结构决定的。

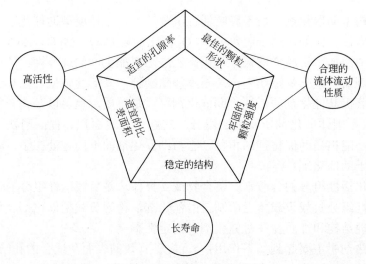

图 5-17　理想催化剂的要求

① 活性　催化剂的活性是指催化剂改变反应速率的能力，即加快反应速率的程度。它反映了催化剂在一定工艺条件下催化性能的最主要指标，直接关系到催化剂的选择、使用和制造。催化剂的活性不仅取决于催化剂的化学本性，还取决于催化剂的物理结构等性质。活性可以用下面的几种方法表示。

a．比活性　非均相催化反应是在催化剂表面上进行的。在大多数情况下，催化剂的表面积愈大，催化活性愈高，因此可用单位表面积上的反应速率即比活性来表示活性的大小。

比活性在一定条件下又取决于催化剂的化学本性，而与其他物理结构无关，所以用它来评价催化剂是比较严格的方法。但是反应速率方程式比较复杂，特别是在研究工作初期探索催化剂阶段，常不易写出每一种反应的速率方程式，因而很难计算出反应速率常数。

b．转化率　用转化率表示催化剂的活性，是在一定反应时间、反应温度和反应物料配比的条件下进行比较的。转化率高则催化活性高，转化率低则催化活性低。此种表示方法比较直观，但不够确切。

c．空时收率　空时收率是指单位时间内单位催化剂（单位体积或单位质量）上生成目的产物的数量，单位常表示为：kg/(m³·h)或 kg/(kg·h)。这个量直接给出生产能力，生产和设计部门使用最为方便。在生产过程中，常以催化剂的空时收率来衡量催化剂的生产能力，它也是工业生产中经验计算反应器的重要依据。

② 选择性　催化剂的选择性是指催化剂促使反应向所要求的方向进行而得到目的产物的能力。它是催化剂的又一个重要指标。催化剂具有特殊的选择性，说明不同类型的化学反应需要不同的催化剂；同样的反应物，选用不同的催化剂，则获得不同的产物。

③ 使用寿命　催化剂的使用寿命是指催化剂在反应条件下具有活性的使用时间，或活性下降经再生而又恢复的累计使用时间。它也是催化剂的一个重要性能指标。催化剂寿命愈长，使用价值愈大。所以高活性、高选择性的催化剂还需要有长的使用寿命。催化剂的活性随运转时间而变化。各类催化剂都有它自己的"寿命曲线"，即活性随时间变化的曲线，可分为三个时间段，如图 5-18 所示。

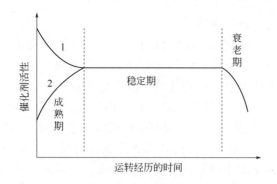

图 5-18　催化剂活性随时间变化曲线

1—起始活性很高，很快下降达到老化稳定；2—起始活性很低，经一段诱导达到老化稳定

　　a．成熟期　在一般情况下，当催化剂开始使用时，其活性逐渐有所升高，可以看成是活化过程的延续，直至达到稳定的活性，即催化剂已经成熟。

　　b．稳定期　催化剂活性在一段时间内基本保持稳定。这段时间的长短与使用的催化剂种类有关，可以从很短的几分钟到几年，这个稳定期越长越好。

　　c．衰老期　随着反应时间的增长，催化剂的活性逐渐下降，即开始衰老，直到催化剂的活性降低到不能再使用，此时必须再生，重新使其活化。如果再生无效，就要更换新的催化剂。

　　④ 机械强度和稳定性　在化工生产中，大多数催化反应都采用连续操作流程，反应时有大量原料气通过催化剂层，有时还要在加压下运转，催化剂又需定期更换，在装卸、填装和使用时都要承受碰撞和摩擦，特别在流化床反应器中，对催化剂的机械强度要求更高，否则会造成催化剂的破碎，增加反应器的阻力降，甚至物料将催化剂带走，造成催化剂的损失。更严重的还会堵塞设备和管道，被迫停车，甚至造成事故。所以，机械强度是催化剂活性、选择性和使用寿命之后的又一个评价催化剂质量的重要指标。

　　影响催化剂机械强度的因素很多，主要有催化剂的化学组成、物理结构、制备成型方法及使用条件等。

　　工业上表示催化剂机械强度的方法很多，主要随反应器的要求而定。固定床反应器主要考虑压碎强度，流化床反应器则主要考虑磨损强度。

　　工业催化剂还需要耐热稳定性及抗毒稳定性好。固体催化剂在高温下，较小的晶粒可以重结晶为较大的晶粒，使孔半径增大，表面积降低，因而导致催化活性降低，这种现象称作烧结作用。催化剂的烧结多半是由于操作温度的波动或催化剂床层的局部过热造成的。所以，制备催化剂时一定要尽量选用耐热性能好、导热性能强的载体，以阻止容易烧结的催化活性组分相互接触，防止烧结发生，同时有利于散热，避免催化剂床层过热。

　　催化剂在使用过程中，有少量甚至微量的某些物质存在，就会引起催化剂活性显著下降。因此在制备催化剂的过程中从各方面都要注意增强催化剂的抗毒能力。

　　⑤ 其他物理性状　催化剂的物理状态对催化剂的性质有重要的影响。物理状态及有关的性状可以分为两类：一类是微观的，属于深入的科学研究范围；另一类是与固体催化剂宏观组织构造有关的指标，在工业催化剂商品中列有这一类指标，供催化剂使用

者参考，这些指标主要有以下 9 项。

　　a．形状与尺寸　固体催化剂，不管以何种方法制备，最终总是要以不同形状和尺寸的颗粒在催化反应器中使用。市售的固体催化剂必须是颗粒状或微球状，以便均匀地填充到工业反应器中。工业上常用的催化剂，除无定形粒状外，还有圆柱形（包括拉西球形及多孔球形）、锭形、球形、条形、蜂窝形、内外齿轮形、三叶草形、小球及微粒形、梅花形等。图 5-19 列举了固定床反应器中常用的催化剂形状。颗粒的大小，如锭状应指出其直径与高度（如 $D \times h = 5mm \times 5mm$），球状应指出直径（如 $\varphi = 3mm$）。同一类催化剂，由于应用场合不同，常要求不同的尺寸规格，形成一个系列的牌号。流化床用的微球或粉末催化剂，其尺寸多数为微米级，应指出其粒度分布。

(a) 七筋车轮形　　(b) 拉西环形　　(c) 四孔形　　(d) 七孔形
(e) 五筋车轮形　(f) 外齿轮形　(g) 内齿轮形　(h) 梅花形　(i) 多孔梅花形
(j) 蜂窝形　　(k) 七孔球形　　(l) 无孔外齿轮形　　(m) 四叶蝶形

图 5-19　固定床反应器中常用的固体催化剂的形状

　　b．比表面积。指每克催化剂的表面积，记为 S_g，单位为 m^2/g。常用的多孔性催化剂比表面积较大，而大孔催化剂与非孔性催化剂的比表面积甚小。

　　c．孔容积。指每克催化剂中孔隙的容积，记为 V_g，单位为 mL/g。多孔性催化剂的孔容积多数在 0.1～1.0mL/g 范围内。

　　d．孔径分布、平均孔径与或然孔径。多孔性催化剂的孔径大小可从 Å（$1Å = 10^{-10}m$）级至 μm 级。细孔形多数在十至数百埃（Å）范围，而粗孔形者则为几微米至 100μm 以上。除极少数例外（如分子筛），催化剂中的孔径都是不均匀的。为了表达孔径大小的分布，可以用多种不同的指标，例如在不同孔径范围内的孔所占孔容积的分数，或不同孔径范围内的孔隙所提供的表面积的分数。平均孔径为一设想值，即设想孔径一致时为了提供实际催化剂所具有的孔容积和比表面积，孔的半径应为多少。或然孔径值，即为在实际催化剂的孔径分布中出现概率最大的孔径值。

　　e．孔隙率　指催化剂颗粒孔隙体积与催化剂颗粒总体积之比，用 θ 表示。

　　f．空隙率　指催化剂床层的空隙体积与催化剂床层总体积之比，用 ε 表示。

　　g．真密度　又称骨架密度，即催化剂颗粒中固体实体的密度，用 ρ_p 表示，单位为 g/cm^3。

　　h．表观密度　又称假密度或颗粒密度，即包括催化剂颗粒中的孔隙容积时该颗粒的密度，记为 ρ_s，单位为 g/cm^3。

i. 堆积密度　又称填充密度，对催化反应床层而言，即当催化剂自由地填入反应器中时包括床层中的自由空间每单位体积反应器中催化剂的质量，记为 ρ_b，单位可用 g/cm^3、g/L 或 kg/m^3 表示。

这些性质中，比表面积直接与催化活性、选择性等有关，其他性质则常与宏观动力学和工程问题有关。例如催化剂的形状、大小将影响反应器中的流体力学条件；颗粒大小分布、催化剂的密度在流化床反应系统中有重要的意义；孔容积、孔径分布等是对传递过程极为重要的因素；堆积密度直接影响反应器的利用率。所以在催化剂的设计、制造和使用中对于这些性质必须重视。

3.1.2　工业催化剂的制备

固体催化剂的制备方法很多。由于制备方法的不同，尽管原料与用量完全一样，但所制得的催化剂性能仍可能有很大的差异。因为工业催化剂的制备过程比较复杂，许多微观因素较难控制，目前的科学水平还不足以说明催化剂的奥秘。另外，催化剂生产的技术高度保密，影响了制备理论的发展，使制备方法在一定程度上还处于半经验的探索阶段。随着生产实践经验的逐渐总结，再配合基础理论研究，现在催化剂制备中的盲目性大大减少。目前，工业上使用的固体催化剂的制备方法有沉淀法、浸渍法、混合法、熔融法、离子交换法等。

（1）沉淀法　沉淀法是借助沉淀反应，用沉淀剂（如碱类物质）将可溶性的催化剂组分（金属盐类的水溶液）转化为难溶化合物，再经分离、洗涤、干燥、焙烧、成型等工序制得成品催化剂。沉淀法是制备固体催化剂最常用的方法之一，广泛用于制备高含量的非贵金属、金属氧化物、金属盐催化剂或催化剂载体。例如采用沉淀法制备 γ-Al_2O_3 催化剂：$60℃$ 温水中溶解处理工业硫酸产品的粉碎体，配制 20% 左右 Na_2CO_3 溶液，混合，pH 控制在 5 左右，经搅拌形成氢氧化铝沉淀物，对沉淀物和上层清液进行分离，将沉淀物洗净后放于氨水中陈化处理，经反复洗涤和沉淀后，取沉淀物于 $100℃$ 左右干燥处理，$500℃$ 下焙烧，得到 γ-Al_2O_3 催化剂。

影响沉淀法的因素有溶液的浓度、沉淀的温度、溶液的 pH 值和加料的顺序等。

沉淀法的优点是：有利于杂质的清除；可获得活性组分分散度较高的产品；有利于组分间紧密结合，造成适宜的活性构造；活性组分与载体的结合较紧密，且前者不易流失。

沉淀法的缺点是：沉淀物可能聚集有多种物质，或含有大量的盐类，或包裹着溶剂，所得产品纯度通常比结晶法低，过滤比较困难。

（2）浸渍法　浸渍法是负载型催化剂最常用的制备方法。其制备步骤大体包括：①抽空载体；②载体与被浸渍溶液接触；③除去过剩的溶液；④干燥；⑤煅烧及活化。例如用于加氢反应的载于氧化铝上的镍催化剂 Ni/Al_2O_3，其制造方法是将抽空的氧化铝粒子浸泡在硝酸镍溶液里，然后移除掉过剩的溶液，在炉内加热使硝酸镍分解成氧化镍。这种催化剂在使用之前需要将氧化镍还原成金属镍，还原过程可在反应器内进行。

所制备出的催化剂活性与活性组分和载体用量比、载体浸渍时溶液的浓度、浸渍后干燥速率等因素有关。

（3）混合法　混合法是工业上制备多组分固体催化剂时常采用的方法。它是将几种组分用机械混合的方法制成多组分催化剂。混合的目的是促进物料间的均匀分布，提高分散度。因此，在制备时应尽可能使各组分混合均匀。尽管如此，这种单纯的机械混合使得组分间的分散度不及其他方法。为了提高机械强度，在混合过程中一般要加入一定量的黏结剂。

（4）熔融法　熔融法是在高温条件下进行催化剂组分的熔合，使之成为均匀的混合体、合金固溶体或氧化物固溶体。在熔融温度下金属、金属氧化物都呈流体状态，有利于它们的混合均匀，促使助催化剂组分在活性组分上的分布。

熔融法制造工艺显然是高温下的过程，因此温度是关键性的控制因素。熔融温度的高低，视金属或金属氧化物的种类和组分而定。熔融法制备的催化剂活性好、机械强度高且生产能力大，局限性是通用性不大。主要用于制备氨合成的熔铁催化剂、Fischer-Tropsch 合成催化剂、甲醇氧化的 Zn-Ga-Al 合金催化剂等。其制备程序一般为：①固体的粉碎；②高温熔融或烧结；③冷却、破碎成一定的粒度；④活化。例如目前合成氨工业上使用的熔铁催化剂，就是将磁铁矿（Fe_3O_4）、硝酸钾、氧化铝于 1600℃高温熔融，冷却后破碎到几毫米的粒度，然后在氢气或合成气中还原，即得 $Fe-K_2O-Al_2O_3$ 催化剂。

（5）离子交换法　离子交换法是利用载体表面上存在着可进行交换的离子，将活性组分通过离子交换（通常是阳离子交换）到载体上，然后经过适当的后处理，如洗涤、干燥、焙烧、还原，最后得到金属负载型催化剂。离子交换反应在载体表面固定而有限的交换基团和具有催化性能的离子之间进行，遵循化学计量关系，一般是可逆过程。该方法制得的催化剂分散度好、活性高，尤其适用于制备低含量、高利用率的贵金属催化剂。沸石分子筛、离子交换树脂的改性过程也常采用这种方法。

例如，离子交换法常用于 Na 型分子筛及 Na 型离子交换树脂，经离子交换除去 Na^+，而制得许多不同用途的催化剂。例如，用酸（H^+）与 Na 型离子交换树脂交换时制得的 H 型离子交换树脂可用作某些酸、碱反应的催化剂。而用 NH_4^+、碱土金属离子、稀土金属离子或负金属离子与分子筛交换，可得到多种相对应的分子筛型催化剂，其中 NH_4^+ 分子筛加热分解，又可得到 H 型分子筛。

3.1.3　催化剂的成型

由于反应器的类型和操作条件不同，常需要不同形状的催化剂，以符合其流体力学条件。催化剂对流体的阻力由固体的形状、外表面的粗糙度和床层的空隙率所决定。具有良好流线型固体的阻力较小，一般固定床中球形催化剂的阻力最小，不规则形催化剂阻力较大。流化床中一般采用细粒或微球形的催化剂。

为了生产特定形状的催化剂，需要通过成型工序。催化剂的成型方法通常有破碎成型、挤条成型、压片成型及生产球状成品的成型技术。

（1）破碎　直接将大块的固体破碎成无规则的小块。坚硬的大块物料可先用颚式破碎机，欲进一步破碎则可采用粉碎机。由于用破碎法得到的固体催化剂的形状不规则，粒度不整齐，因此要筛分成不同的品级。破碎物块常有棱角，这些棱角部分易碎裂成粉状物，故通常在破碎后将块状物放在旋转的角磨机内，使颗粒间相互碰撞，磨去棱角。

（2）挤条　一般适用于亲水性强的物质，如氢氧化物等。将湿物料或加适量水的粉末物料碾捏成具有可塑性的浆状物料，然后放置在开有小孔的圆筒中，在活塞的推动下，物料呈细条状从小孔中被挤压出来，干燥并硬化。工业上最常见的挤条成型装置是单螺杆挤条机，其结构如图5-20所示。

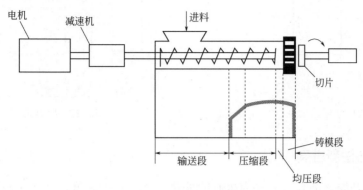

图 5-20　单螺杆挤条机结构

（3）压片　压片是常用的成型方法，某些不易挤条成型的物质可用此方法成型。

压片是将粉末状物料注入圆柱形的空腔中，在空腔中的活塞上施加预定的压力，将粉末压成片。片的尺寸按需要而定，压机的压力一般为$4×10^7～4×10^8Pa$，这取决于粉末的可压缩性。有些物料（例如硅藻土）压片容易，有些物料则需添加少量塑化剂和润滑剂（例如滑石、石墨、硬脂酸）来帮助。片压成后排出，它的形状和尺寸非常均匀，机械强度大，孔隙率适中。有时在粉末中混入纤维（例如合成纤维），然后将它烧去，以增加片中的大孔；有时在粉末中混入金属，以改善片内和片间的导热性能。

（4）造球　球状催化剂的应用日益增多，现介绍一些造球方法。

① 滚球法　将少量的粉末加少量的液体（多数为水）造粒，过筛，取出一定筛分的粒子作种子，放入滚球机（一个斜立的可旋转的浅盘）中。将待成型的粉末物料加入，并不断加入水分，由于水产生的毛细管力使粉末黏附于种子上，因而逐渐长大，成为球状物。

② 流化法　造球过程基本上与滚球法相似，但是在流化床中进行。将种子不断地加入床层中，在床层底部将含有催化剂组分的浆料与热风一起鼓入。种子在床中处于流化状态，浆料黏附于种子上，同时逐渐干燥。由于粒子之间相互碰撞，使球体颗粒逐渐长大，得到所需要的球状固体催化剂。

③ 油浴法　将可以胶凝的物料滴入（或喷入）一柱形容器中，器内盛油。由于表面张力，物料变为球状，并逐渐固化。成型后的球状产物移出容器外后，立即送入老化干燥等工序。

为了使物料固化，可用多种方法。例如制造球状硅胶时，当物料在油层中成球后立即进入下部的热水层中，由于温度上升而老化成固体，如图5-21所示。

④ 喷雾法　对用于流化床中的微球型催化剂常可用喷雾造球法。即在一柱状容器内，将含催化剂组分的浆料自塔顶的喷头中以雾状喷入，在热风中干燥，经旋风分离器后获得产品，如图5-22所示。

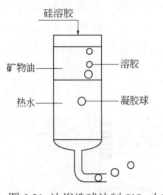

图 5-21　油浴造球法制 SiO$_2$ 小球

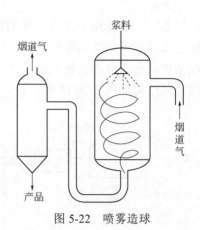

图 5-22　喷雾造球

3.1.4　制备方法新进展

近年来，以催化剂制备方法为核心的催化剂技术不断发展，形成了与前述几大传统制备方法有原则区别的许多新的方法和技术。

目前，均相催化剂特别是均相配合物催化剂，在化工生产中的应用比例在提高，特别是在聚合催化剂领域；酶催化剂也在扩大其在化工催化中的应用。这其中，自然也要包括一些有别于传统固体催化剂制造方法的新型制备方法。

（1）纳米技术　近年来涌现出的超细微粒新材料，即纳米材料，其发展特别引人关注。这种纳米新材料的主要特征，是其材料的基本构成是数个纳米直径的微小粒子。

实验证明，构成固体材料的微粒如果再充分细化，由微米级再细化到纳米级别之后，由量变到质变，将可能产生很大的"表面效应"，其相关性能会发生飞跃性突变，并由此带来其物理的、化学的以及物理化学的诸多性能的突变，因而赋予材料一些非常或特异的性能，包括光、电、热、化学活性等各个方面。现以纯铜粒子为例说明这种纳米微粒的表面效应。

铜粒子粒径越小，其外表面积越大，从微米级到纳米级大体呈几何级数增加趋势，如表 5-2 所示。同时，如果铜粒子细到 10nm 以下，即进入纳米级，则每个微粒将成为含约 30 个原子的原子簇，几乎等于原子全集中于这些纳米粒子的外表面，如图 5-23 所示。从图 5-23 中看出，当超细铜粒子细到 10nm 以下，80%以上的原子簇均处于其外表面。假定这些超细铜粒子用作催化剂，这将对气固相反应表面结合能的增大有重要影响。因为表面现象的研究证明，表面原子与体相中的原子大不相同。表面原子缺少相邻原子，有许多悬空的键，具有不饱和性质，因而易于与其他原子相结合，反应活性就会显著增加。这样一来，新制的超细粒子金属催化剂，除贵金属以外，都会接触空气而自燃；其光催化作用强化，用于某些废水光催化处理，可在 2min 内达到 98%的无害转化；用于太阳能电池的超细粒子，提高了光电转化效率。

表 5-2　铜粒子粒径与外表面积

粒径/nm	10000	1000	100	10	1
外表面积/（m^2/g）	0.068	0.68	6.8	68	680

至于超细粒子催化剂的制备方法，物理机械的方法有胶体磨、低温粉碎等特殊设备加工。而化学方法中，若干传统制法如果加以进一步改进和提高，已经可以在某些方面达到或接近制备纳米级催化材料的水平。

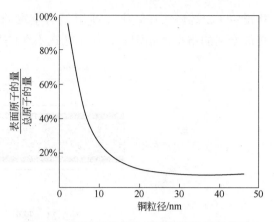

图 5-23　铜粒子粒径与表面原子比例的关系

（2）气相淀积技术　所谓气相淀积是气态物质在一固体表面进行化学反应后在其上生成固态淀积物的过程。下面的反应比较常见，可以此为例说明。

$$2CO \underset{}{\overset{约250℃}{\rightleftharpoons}} CO_2+C$$

这个反应早已用于气相法制超细炭黑，用作橡胶填料。厨房炉灶中的热烟气在冷的锅底或烟囱壁形成炭黑，也就是发生了这种气相淀积现象。

气相淀积反应与前述的溶液中的沉淀反应不同，它是在均匀气相中一两个分子反应后从气相分别沉淀而后积于固体表面。因此可知：第一，它可以制超细物，其他种分子不可能在完全相同的条件下正好也发生淀积反应，于是可以超纯；第二，它是在由分子级别上沉积的粒子，可以超细。沉积的细粒还可以在固体上用适当工艺引导，形成一维、二维或三维的小尺寸粒子，晶须，单晶薄膜，多晶体或非晶形固体。因此，从另一个角度看，也可视为是纳米级的小尺寸材料。

下面的一些淀积反应机理已比较成熟，有一定应用价值，其中有些反应可望用于催化剂制备。

$$SiH_4 \xrightarrow{800\sim1000℃} Si\downarrow+2H_2 （用于制集成电路硅）$$
（气）

$$Pt(CO)_2Cl_2 \xrightarrow{600℃} Pt\downarrow+2CO+Cl_2 （用于金属镀 Pt，可望用于催化剂）$$
（蒸气）

$$Ni(CO)_4 \xrightarrow{140\sim240℃} Ni\downarrow+4CO （用于金属镀 Ni，可望用于催化剂）$$
（蒸气）

（3）膜催化剂　膜分离技术是化工分离技术的新发展。有机高分子膜用于净水，无机微孔陶瓷或玻璃膜用于过滤，以及金属钯膜或中空石英纤维膜分别用于氢气提纯回收及助燃空气的富氧化，都是成功的工业实例。

近年来，在非均相催化中，将催化反应和膜分离技术结合起来，受到极大关注。膜催化剂将化学反应与膜分离结合起来，甚至以无机膜作催化剂载体附载催化剂活性组分及助催化剂，把催化剂、反应器以及分离膜构成一体化设备。膜催化剂的原理如图 5-24 所示。膜可以是多种材料（一般是无机材料），可以是惰性的，只起分离作用；也可以是活性的，起催化和分离双重作用。

膜催化剂引入化学反应，其引人注目的优点在于：①由于不断地从反应系统中以吹扫气带出某一产物，使化学平衡随之向生成主产物的方向移动，可以大大提高转化率；②省去反应后复杂的分离工序。这对于那些通常条件下平衡转化率较低的反应，以及放热反应（如烷烃选择氧化），尤其具有宝贵的价值。目前，乙苯脱氢的膜催化剂已开始有美国专利的申报，预示着相关工艺在不久的将来可望有所突破。举例如表 5-3 所示。

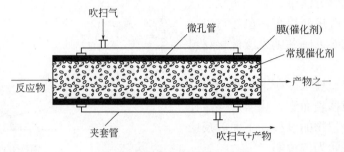

图 5-24　膜催化剂原理示意图

表 5-3　部分膜催化反应的条件和实验结果

化学反应	温度/℃	转化率（平衡值）	膜材料
$CO_2 \rightleftharpoons CO + \frac{1}{2}O_2$	2227	21.5%（1.2%）	$ZrO_2\text{-}CaO$
$C_3H_8 \rightleftharpoons C_3H_6 + H_2$	550	35%（29%）	Al_2O_3
$C_6H_{12} \rightleftharpoons C_6H_6 + 3H_2$	215	80%（35%）	烧结玻璃
$H_2S \rightleftharpoons H_2 + S$	—	14%（H_2）（3.4%）	MoS
$2CH_3CH_2OH \rightleftharpoons H_2O + (CH_3CH_2)_2O$	200	高活性（10 倍）	Al_2O_3

催化剂膜的制法，可用微孔陶瓷或玻璃粒子烧结，或用分子筛作基料烧结，造孔可用溶胶浸涂加化学刻蚀等。例如，SiO_2 与 $Na_2O\text{-}B_2O_3$ 制膜成功后，酸溶后而成无机膜载体，再用沉淀、浸渍或气相淀积加入其他催化成分。

（4）微乳化技术　用微乳化技术制备催化剂的关键是在微乳液中形成催化剂的活性组分或载体。由于催化剂组分被分散得十分均匀，所以形成的催化剂沉淀物均一性很好，催化活性和选择性高，而且易于回收。在乳液的制备中，乳化剂的选择很重要，它必须具备好的表面活性和低的界面张力，能形成一个被压缩的界面膜，在界面张力降到最低时能及时迁移到界面，即有足够的迁移速率。目前，在工业上已采用微乳化技术制备聚合物微球，可用作催化剂载体，或用以制作高效离子交换树脂型催化剂。另一个典型的例子是用微乳化技术制备 Rh/ZrO_2 催化剂。活性组分铑的盐与溶剂环己烷、表面活性剂一起在高速搅拌下混合，形成铑盐的微乳分散体，其中的铑盐被还原剂肼还原成纳米级铑细晶。同时，正丁醇锆也被分散于环己烷中，当加入 $NH_3 \cdot H_2O$ 沉淀剂后，在 40℃下形成氢氧化锆，再通过加热、还原处理，即得催化剂成品。

（5）化学镀等其他方法　电镀和化学镀等金属材料的表面处理技术近年来已发展到用于催化剂的制备，这些移植而来的方法也很可能是大有特色和前途的。

3.2　催化剂的使用

由于大多数化学反应均有催化剂参加，因此不难理解，化工厂的有效运行，很大程度上取决于操作人员对于催化剂使用经验和操作技术的掌握。

在经过试用积累正反面经验的基础上，若要保持工业催化剂长周期的稳定操作及工厂的良好经济效益，往往应当考虑和处理下列各方面的若干技术问题，并长期积累操作经验。

3.2.1　运输、储藏与填装

催化剂通常是装桶供应的，有金属桶（如 CO 变换催化剂）或纤维板桶（如 SO_2 接触氧化催化剂）包装。用纤维板桶装时，桶内有一塑料袋，以防止催化剂吸收空气中的水分而受潮。装有催化剂桶的运输应按规定使用专用工具和设备，如图 5-25 所示，尽可能轻轻搬运，并严禁摔、滚、碰、撞击，以防催化剂破碎。

图 5-25　搬运催化剂桶的装置

催化剂的储藏要求防潮、防污染。例如，SO_2 接触氧化使用的钒催化剂，在储藏过程中不与空气接触则可保存数年，性能不发生变化。催化剂受潮与否，就钒催化剂来说，大致可由其外观颜色判别，新的未受潮的催化剂应是淡黄色或深黄色的。如催化剂变为绿色，那就是它和空气接触受潮了，因为钒催化剂很容易与任何还原性物质作用，还原成四价钒。对于合成氨催化剂，如用金属桶存放时间为数月，则可置于户外，但也要注意防雨防污，做好密封工作。如有空气泄漏进入金属桶中，空气中含有的水汽和硫化物等会与催化剂发生作用，有时可以看到催化剂上有一层淡淡的白色物质，这是空气中的水汽和催化剂长期作用使钾盐析出的结果。在储藏期间如有雨水浸入催化剂表面润湿，这些催化剂均不宜使用。

催化剂的装填是非常重要的工作，填装的好坏对催化剂床层气流的均匀分布以降低床层的阻力有效地发挥催化剂的效能有重要的作用。催化剂在装入反应器之前先要过筛，因为运输中所产生的碎末细粉会增加床层阻力，甚至被气流带出反应器，阻塞管道阀门。在填装之前要认真检查催化剂支撑箅条或金属支网的状况，因为这方面的缺陷在填装后很难矫正。常用的催化剂装填装置如图 5-26 所示。

在装填固定床宽床层反应器时，要注意两个问题：一是要避免催化剂从高处落下造成破损；二是在填装床层时一定要分布均匀。忽视了上述两项，如果在填装时造成严重破碎或出现不均匀的情况，形成反应器断面各部分颗粒大小不均，小颗粒或粉尘集中的地方空隙率小、阻力大，大颗粒集中的地方空隙率大、阻力小，气体必然更多地从空隙率大、阻力小的地方通过，使得气体分布不均影响了催化剂的利用率。理想的填装通常是采用装有加料斗的布袋，加料斗架于人孔外面，当布袋装满催化剂时，便缓缓提起，使催化剂有控制地流进反应器，并不断地移动布袋，以防止总是卸在同一地点。在移动时要避免布袋的扭结，催化剂装进一层布袋就要缩短一段，直至最后将催化剂装满为止。也可使用金属管代替布袋，这样更易于控制方向，更适合于装填像合成氨那样密度较大、磨损作用较严重的催化剂。另一种填装方法叫绳斗法，该方法使用的料斗如图 5-27 所示，料斗的底部装有活动的开口，上部有双绳装置，一根绳子吊起料斗，另一根绳子控制下部的开口，当料斗装满催化剂后，吊绳向下传送，使料斗到达反应器的底部，尔后放松另一根绳子，使活动开口松开，催化剂即从斗内流出。此外，装填这一类反应器也可用人工将一小桶一小桶或一塑料袋一塑料袋的催化剂逐一递进反应器内，再小心倒出并分散均匀。催化剂填装好后，在催化剂床顶要安放固定栅条或一层重的惰性物质，以防止由高速气体引起催化剂的移动。

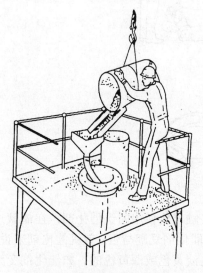

图 5-26　装填催化剂的装置

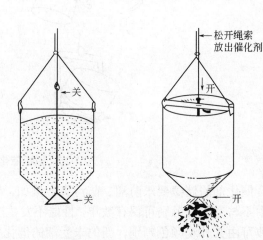

图 5-27　绳斗法装填催化剂的料斗

对于固定床列管式的反应器，有的从管口到管底可高达 10m。当催化剂装于管内时，催化剂不能直接从高处落下加到管中，这时不仅会造成催化剂的大量破碎，而且容易形成"桥接"现象，使床层造成空洞，出现沟流，不利于催化反应，严重时还会造成管壁过热，因此填装要特别小心。管内填装的方法由可利用的入口而定，可采用"布袋法"或"多节杆法"。前者是在一个细长布袋（直径比管子直径略小）内装入催化剂，布袋顶端系一绳子，底端折起 300mm 左右，将折叠处朝下放入管内，当布袋落于管底时轻轻地抖动绳子，折叠处在袋内催化剂的冲击下自行打开，催化剂便慢慢地堆放在管中。后者则是采用多节杆来顶住管底支持催化剂的箅条板，然后将其推举到管顶，倒入催化剂，抽去短杆，使箅条慢慢地落下，催化剂不断地加入，直到箅条落到原来管底的位置。以上是管式催化床中催化剂填装目前常用的方法，其中尤以布袋法更为普遍。

为了检查每根管子的填装量是否一致，催化剂在填装前应先称重。为了防止"桥接"现象，在填装过程中对管子应定时地震动。装填后催化剂的料面应仔细地测量，以确保在操作条件下管子的全部加热长度均有催化剂。最后，对每根装有催化剂的管子应进行阻力降的测定，控制每根管子阻力降的相对误差在一定的范围内，以保证在生产运行中各根管子气体量分配均匀。检查催化剂压降的气流装置如图 5-28 所示。

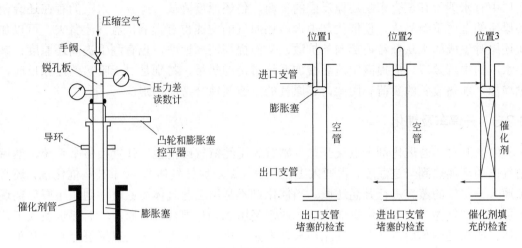

图 5-28　检查催化剂压降的气流装置

3.2.2　升温与还原

催化剂的升温与还原实际上是其制备过程的继续，是投入使用前的最后 1 道工序，也是催化剂形成活性结构的过程。在此过程中，既有化学变化，也有宏观物性的变化。例如，一些金属氧化物（如 CuO、NiO、CoO 等）在氢或其他还原性气体作用下还原成金属时，表面积将大大增加，而催化活性和表面状态也与还原条件有关，用 CO 还原时还可能析炭。因此，升温还原的好坏将直接影响到催化剂的使用性能。目前国内有些催化剂生产厂家是以预还原的形态提供催化剂，使用者必须将催化剂表面活化后才能进入负荷运转，但更多的是未经还原的催化剂。因此，在这里有必要对催化剂的还原做简单介绍。由于工业上使用的催化剂多种多样，还原的方法和条件也各异，这里仅就一些共同问题进行讨论。

催化剂的还原必须到达一定的温度后才能进行。因此，从室温到还原开始以及从开始还原到还原终点，催化剂床层都需逐渐升温，稳定而缓慢地进行，并不断脱除催化剂表面所吸附的水分。升温所需的热量是通过装在反应器内的加热器（多为电加热器）或反应器外的加热器将惰性气体或还原气体经预热而带入的。为了使催化剂床层的径向温度均匀分布，通常升温到某一阶段需恒温一段时间，特别在接近还原温度时恒温更显得重要。还原开始后，一般有热量放出，许多催化剂床层能自身维持热量或部分维持热量，但仍要控制好温度，必须均匀地进行，严格遵守操作规程，密切注意不要使温度发生急剧的改变。例如，低温 CO 变换用的 CuO-ZnO 催化剂，还原热高达 88kJ/mol，而铜催化剂对温度又很敏感，极易烧结。在这种情况下可用氮气等惰性气体稀释还原气，降低还原速率。如果催化反应是放热的，也可利用反应热来维持和升高温度。例如，使用 N_2 与 H_2 混合气体还原合成氨用的熔铁催化剂时，当部分 Fe_3O_4 被氢还原成金属铁后，即具有催化活性，部分 N_2 与 H_2 反应生成 NH_3 而放出热量，利用这一反应热可逐步提高还原温度。但也要适当控制其反应量，以免温度过高使微晶烧结而影响催化剂的活性。

对于还原气体，也有用水蒸气稀释的。但如果是氧化物的还原，由于有水的生成，还原中有水蒸气存在会影响还原反应的平衡，使还原度降低。此外，水汽的存在还会使还原后的金属重新氧化，使催化剂中毒。还原气的空速也有影响，氢气流量大，可以加快还原时生成的水从颗粒内部向外扩散，从而提高还原速率，也有利于提高还原度，减小水汽的中毒效应。但提高空速会增加系统带走的热量，特别是对于吸热的还原反应，则增加了加热设备的负荷。因此，还原气的空速要综合考虑确定。

3.2.3　开停车及钝化

（1）开车　若催化剂为点火开车，则首先用纯氮气或惰性气体置换整个系统，然后用气体循环加热到一定温度，再通入工艺气体（或还原性气体）。对于某些催化剂，还必须通入一定量的蒸汽进行升温还原。当催化剂不是用工艺气体还原时，则在还原后期逐步加入工艺气体。如合成甲醇催化剂，通常是用 N_2-H_2 混合气还原，然后逐步换入工艺气体。如果是停车后再开车，催化剂只是表面钝化，就可用工艺气直接进行升温开车，不需再进行长时间的还原处理。

（2）停车及钝化　临时性的短期停车，只需关闭催化反应器的进出口阀门，保持催化剂床层的温度，维持系统正压即可。当短时间停车检修时，为了防止空气漏入引起已还原催化剂的剧烈氧化，可用纯氮气充满床层，保护催化剂不与空气接触。如果停车期间床层的温度不低于该催化剂的起燃温度，可直接开车，否则需开热炉，用工艺气体升温。

若系统停车时间较长，生产使用的催化剂又是具有活性的金属或低价金属氧化物，为防止催化剂与空气中的氧反应，放热烧坏催化剂和反应器，则要对催化剂进行钝化处理。即用含有少量氧的氮气或水蒸气处理，使催化剂缓慢氧化，氮气或水蒸气作为载热体带走热量，逐步降温。钝化使用的气体要视具体情况而定。操作的关键是通过控制适宜的配氧浓度来控制温度，开始钝化时氧的浓度不能过大，在催化剂无明显升温的情况下再逐步递增氧含量。

若是更换催化剂的停车，则应包括催化剂的降温、氧化和卸出几个步骤。先将催化剂床层降到一定的温度，用惰性气体或过热蒸汽置换床层，并逐步加入空气进行氧化。要求氧化温度不超过正常操作温度，空气量要逐步加大。当进出口空气中的氧含量不变时，可以认为氧化结束，再将反应器的温度降至 50℃ 以下。有些催化剂床层采用惰性气体循环法降温，催化剂也可以不氧化。但当温度降到 50℃ 以下时，需加入少量空气，观察有没有温度回升现象。如果没有温度回升，则可加大空气量吹一段时间后，再打开人孔，即可卸出催化剂。

3.2.4　催化剂的使用、失活与再生

（1）催化剂使用注意事项

① 防止已还原或已活化好的催化剂与空气接触。

② 原料必须净化除尘，减少毒物和杂质的影响。在使用过程中，避免毒物与催化剂接触。

③ 严格保持催化剂使用所允许的温度范围，防止催化剂床层局部过热，以致烧坏催化剂。催化剂使用初期活性较高，操作温度尽量控制低一些，当活性衰退以后，可逐步提高操作温度。

④ 维持正常操作条件（如温度、压力、原料配比、流量等）的稳定，尽量减少波动。

⑤ 开车时要保持缓慢的升温、升压速率，温度、压力的突然变化易造成催化剂的粉碎。要尽量减少开停车的次数。

（2）催化剂的失活　所有催化剂的活性都是随着使用时间的延长而不断下降，在使用过程中缓慢地失活是正常的、允许的，但是催化剂活性的迅速下降将会导致工艺过程在经济上失去生命力。失活的原因是各种各样的，主要是沾污、烧结、积炭和中毒等，如图 5-29 所示。

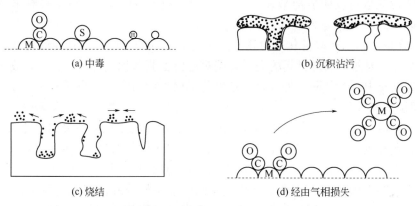

图 5-29　催化剂失活原因图解

M—金属

催化剂表面渐渐沉积铁锈、粉尘、水垢等非活性物质而导致活性下降称为沾污。高温下有机化合物反应生成的沉淀物称为结焦或积炭。积炭的影响与沾污相近。焦的沉积导致催化剂活性的下降，可能是因为焦对活性中心的物理覆盖，或者堵塞部分催化剂的孔隙，从而导致活性表面积的减少或增加内扩散的阻力。

高温下发生烧结会使粒子长大并减少孔隙率，使载体和活性组分表面积损失，导致催化剂活性的衰退。

金属氧化物可借助于添加少量的添加物来抑制其粒子的长大。为了抑制氧化物晶体的长大，通常是加入另一种氧化物稳定剂，使两者形成低熔混合物。添加的氧化物数量常常只需很少。

金属比氧化物更容易被烧结，因此使用金属催化剂时常常把它负载在氧化物载体上。氧化物载体的功能之一，就是防止金属粒子的合并长大或烧结。对于放热反应，以及从经济上考虑催化剂需要较长时间使用时，更应该注意催化剂的烧结问题。

烧结过程与时间和温度有关，在一定的反应条件下催化剂随着使用时间的增长总会伴有烧结而导致活性下降。化工操作切忌迅速升温，这样常会导致催化剂的迅速失活。这种情况常出现在负载型催化剂上，因为很多载体是热的不良导体。

① 中毒　指原料中极微量的杂质导致催化剂活性迅速下降的现象。事实上，极少量的毒物可使整个催化剂活性完全丧失，这说明催化剂表面存在活性中心，而这些活性中心对整个催化剂来说只占很少一部分表面积。工业催化剂在使用时常常会遇到活性突然下降的现象，通常是由于催化剂已发生了中毒。

催化剂的毒物通常可分为化学型毒物和选择型毒物两大类。

a．化学型毒物　这是一种最常见的毒物。毒物比反应物能够更强烈地吸附在催化剂活性中心上。毒物的吸附导致反应速率的迅速下降，这个过程是由于毒物和催化剂活性中心形成较强化学键，从而改变了表面的电子状态，甚至形成一种稳定的、无活性的新化合物。化学吸附性的毒物可以分为两类：一类是当原料经过净制后，原料中的毒物完全被除掉，已中毒的催化剂可继续使用，活性可以重新恢复的，称为暂时性毒物，这种中毒过程称为可逆中毒；另一类是使催化剂活性恢复很慢或不能完全恢复的毒物，称为永久性毒物，这个中毒过程称为不可逆中毒。升高温度时，脱附速率比吸附速率增加得快，从而中毒现象可以明显地减弱。如允许高温操作，可尽量提高一些操作温度。在有中毒现象时，这个方案是合理的。

b．选择型毒物　有些催化剂毒物不是损害催化剂的活性，而是使催化剂对复杂反应的选择性变坏。因为由中毒引起的失活几乎对任何工业催化剂都可能存在，故研究中毒的原因和机理以及中毒的判断和处理是工业催化剂操作使用中的一个普遍而重要的问题。

② 积炭　在催化反应中如裂化、重整、选择性氧化、脱氢、脱氢环化、加氢裂化、聚合、乙炔气相水合等，除毒化作用外，积炭也是导致催化剂活性衰退的主要原因之一。积炭是催化剂在使用过程中逐渐在表面上沉积一层炭质化合物，减少了可利用的表面积，引起催化活性的衰退。故积炭也可看作是副产物的毒化作用。

发生积炭的原因很多，通常是催化剂导热性能不好或孔隙过细时容易发生。积炭过程是催化系统中的分子经脱氢聚合而形成难挥发性高聚物，它们还可以进一步脱氢而形成含氢量很低的类焦物质，所以积炭常称为结焦。例如，丁烷在铝-铬催化剂上脱氢时，结焦相当激烈，已结焦的催化剂粘在反应器壁上，并占有反应器相当部分的空间，催化剂使用 1.5～3.0 月后必须停止生产，清洗反应器。研究工业反应器发现，焦炭是从边缘向中心累积的，而且渐渐地只留下气体流动的狭窄通道，在结焦最多的部分通道仅占整个反应器有效截面的 15%～20%，如图 5-30 所示。

研究表明，催化剂上不适宜的酸中心常常是导致结焦的原因。这些酸中心可能来自活性组分，亦可能来自载体表面。催化剂过细的孔隙结构增加了产物在活性表面上的停留时间，使产物进一步聚合脱氢，亦是造成结焦的因素。

在工业生产中，总是力求避免或推迟结焦造成的催化剂活性衰退，可以根据上述结焦的机理来改善催化剂系统。例如，可用碱来毒化催化剂上那些引起结焦的酸中心；用热处理来消除那些过细的孔隙；在临氢条件下进行作业，抑制造成结焦的脱氢作用；在催化剂中添加某些有加氢功能的组分，在

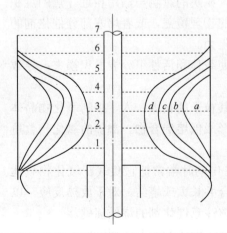

图 5-30　丁烷脱氢反应器中结焦的情况
a—最初结焦区；b～d—后来结焦区；
1～7—反应器挡板

氢气存在下使初始生成的类焦物质随即加氢而气化，谓之自身净化；在含水蒸气的条件下作业，可在催化剂中添加某种助催化剂促进水煤气反应，使生成的焦气化。有些催化剂，如用于催化裂化的分子筛，几秒钟后就会在其表面产生严重的结焦，工业上只能采用双器操作连续烧焦的方法来清除。

③ 烧结、挥发与剥落　烧结是引起催化剂活性下降的另一个重要因素。由于催化剂长期处于高温操作，金属会融结而导致晶粒长大，减少了催化金属的比表面。烧结的反向过程是通过减小金属颗粒的大小而增加具有催化活性金属的数目，称之为"再分散"。再分散也是已烧结的负载型金属催化剂的再生过程。

温度是影响烧结过程的一个重要参数，烧结过程的性质随温度的变化而变化。例如负载于 SiO_2 表面上的金属铂，在高温下发生合并。当温度升至 500℃ 时，发现铂粒子长大，同时铂的表面积和苯加氢反应的转化率相应地降低。当温度升到 600～800℃ 时，铂催化剂实际上完全丧失活性，如表 5-4 所示。此外，催化剂所处的气体类型，如氧化的（空气、O_2、Cl_2）、还原的（CO、H_2）或惰性的（He、Ar、N_2）气体，以及各种其他变量，如金属类型、载体性质、杂质含量等，都对烧结和再分散有影响。负载在 $Al_2O_3 \cdot SiO_2$ 和 SiO_2-Al_2O_3 上的铂金属，在氧气或空气中，当温度大于或等于 600℃ 时发生严重的烧结。但负载于 γ-Al_2O_3 上的铂，当温度低于 600℃ 时，在氧气氛中处理，则会增加分散度。从上面的情况来看，工业上使用的催化剂要注意使用的工艺条件，重要的是要了解其烧结温度，催化剂不允许在出现烧结的温度下操作。

表 5-4　温度对 Pt/SiO_2 催化剂的金属表面积和催化活性的影响

温度/℃	金属的比表面积/(m^2/g)	苯的转化率/%	温度/℃	金属的比表面积/(m^2/g)	苯的转化率/%
100	2.06	52.0	500	0.03	1.9
250	0.74	16.6	600	0.03	0
300	0.47	11.3	800	0.06	0
400	0.30	4.7			

催化剂活性组分的挥发或剥落，造成活性组分的流失，导致其活性下降。如乙烯水合反应所用磷酸-硅藻土催化剂的活性组分磷酸的损失，正丁烷异构化反应所用的 $AlCl_3$ 催化剂的损失，都是由挥发造成的。而乙烯氧化制环氧乙烷的负载银催化剂，在使用中则会出现银剥落的现象，都是引起催化剂活性衰退的原因。

（3）催化剂的再生　催化剂的再生是在催化活性下降后，通过适当的处理使其活性得到恢复的操作。因此，再生对于延长催化剂的寿命、降低生产成本是一种重要的手段。催化剂能否再生及其再生的方法，要根据催化剂失活的原因来决定，在工业上对于可逆中毒的情况可以再生，这在前面已经讨论。对于催化工业中的积炭现象，由于只是一种简单的物理覆盖，并不破坏催化剂的活性表面结构，只要把炭烧掉就可再生。总之，催化剂的再生是对于催化剂的暂时性中毒或物理中毒。如果催化剂受到毒物的永久中毒或结构毒化，就难以进行再生，如微孔结构阻塞等。

工业上常用的再生方法有下列几种。

① 蒸汽处理　如轻油水蒸气转化制合成气的镍基催化剂，当处理积炭现象时，用加大水蒸气比或停止加油，单独使用水蒸气吹洗催化剂床层，直至所有的积炭全部清除掉为止。其反应式如下

$$C + 2H_2O \longrightarrow CO_2 + 2H_2$$

对于中温一氧化碳变换催化剂，当气体中含有 H_2S 时，活性组分 Fe_3O_4 要与 H_2S 反应生成 FeS，使催化剂受到一定的毒害作用。反应式如下

$$Fe_3O_4 + 3H_2S + H_2 \Longleftrightarrow 3FeS + 4H_2O$$

由此可见，加大蒸汽量有利于反应向着生成 Fe_3O_4 的方向移动。因此，工业上常用加大原料气中水蒸气的比例，使受硫毒害的变换催化剂得以再生。

② 空气处理　当催化剂表面吸附了炭或碳氢化合物，阻塞了微孔结构时，可通入空气进行燃烧或氧化，使催化剂表面的炭及类焦状化合物与氧反应，将碳转化成二氧化碳放出。例如原油加氢脱硫用的钴钼或铁钼催化剂，当吸附了上述物质时活性显著下降，常用通入空气的办法把这些物质烧尽，这样催化剂就可继续使用。

③ 通入氢气或不含毒物的还原性气体　如合成氨使用的熔铁催化剂由于原料气中含氧或氧的化合物浓度过高受到毒害时，可停止通入该气体，而改用合格的 N_2-H_2 混合气体进行处理，催化剂可获得再生。有时加氢的方法，也是除去催化剂中含焦油状物质的一种有效途径。

④ 用酸或碱溶液处理　如加氢用的骨架镍催化剂被毒化后，通常采用酸或碱，以除去毒物。

催化剂经再生后，一些可以恢复到原来的活性，但也受到再生次数的制约。如用烧焦的方法再生，催化剂在高温的反复作用下其活性结构也会发生变化。因结构毒化而失活的催化剂，一般不容易恢复到毒化前的结构和活性。如合成氨的熔铁催化剂，被含氧化合物多次毒化和再生，则 α-Fe 的微晶由于多次氧化还原，晶粒长大，使结构受到破坏，即使用纯净的 N_2-H_2 混合气也不能使催化剂恢复到原来的活性。因此，催化剂再生次数也受到一定的限制。

催化剂再生的操作，可以在固定床、移动床或流化床中进行。再生操作方式取决于许多因素，但首要取决于催化剂活性下降的速率。一般说来，当催化剂的活性下降比较缓慢，可允许数月或一年再生时，可采用设备投资少、操作也容易的固定床再生。但对于反应周期短，需要进行频繁再生的催化剂，最好采用移动床或流化床连续再生。例如，催化裂化反应装置就是一个典型的例子。该催化剂使用几秒钟后就会产生严重的积炭，在这种情况下，工业上只能采用连续烧焦的方法来清除，即在一个流化床反应器中进行催化反应，随即气固分离，连续地将已积炭的催化剂送入一个流化床再生器，在再生器中通入空气，用烧焦方法进行连续再生。最佳的再生条件，应以催化剂在再生中的烧结最小为准。显然，这种再生方法设备投资大，操作也复杂。但连续再生的方法使催化剂始终保持新鲜的表面，提供了催化剂充分发挥催化效能的条件。

3.2.5　催化剂的卸出

催化剂在使用过程中性能逐渐衰退，当达不到生产工艺的要求准备卸出时，应做好充分的准备工作，制订出详细的停工卸出方案。除了包括正常的降温、钝化内容外，还要安排废催化剂的取样工作，以便收集资料，帮助分析失活原因，同时安排好物资供应工作。

在废催化剂卸出前，一般采用氮气或蒸汽将催化剂降至常温。有时为加快卸出速度，也可采用喷水降温法卸出。

列管式转化炉或其他特殊炉型、特殊反应器催化剂的卸出，常配置专用工具。

学习
札记

1. 你认为在本项目中设置催化剂的内容是否合理? 说明理由。

....

....

....

....

....

2. 本任务就催化剂的知识描述详尽, 请你用更好的方法将催化剂的性能、制备
   及工业应用提炼总结出来, 并分享给大家。

....

....

....

....

....

3. 结合查阅的资料, 有关催化剂知识你还知道哪些? 分享给大家。

....

....

....

....

....

任务四　熟悉固定床反应器内的流体流动

固定床内流体是通过催化剂颗粒构成的床层而流动的，因此，要了解固定床内流体的流动情况，首先要了解与流动有关的催化剂床层的性质。

4.1　催化剂颗粒的直径和形状系数

催化剂颗粒可为各种形状，如球形、圆柱形、片状、环状、无规则等。催化剂的粒径大小，对于球形颗粒可以方便地用直径表示；对于非球形颗粒，习惯上常用与球形颗粒做对比的相当直径表示，用形状系数 φ_s 表示其与圆球形的差异程度。通常有以下三种相当直径。

4.1.1　体积相当直径 d_v

即采用体积相同的球形颗粒直径来表示非球形颗粒直径。

$$d_v=(6V_p/\pi)^{1/3} \tag{5-1}$$

式中，V_p 为非球形颗粒的体积，m^3。

4.1.2　面积相当直径 d_a

即采用外表面积相同的球形颗粒直径来表示非球形颗粒直径。

$$d_a=(A_p/\pi)^{1/2} \tag{5-2}$$

式中，A_p 为非球形颗粒的外表面积，m^2。

4.1.3　比表面积相当直径 d_s

采用比表面积相同的球形颗粒直径来表示非球形颗粒的直径，非球形颗粒的比表面积为 $S_v=A_p/V_p$，比表面积等于 S_v 的球形有如下关系式

$$S_v = \pi d_s^2 \Big/ \left(\frac{1}{6}\pi d_s^3\right) = 6/d_s$$

所以
$$d_s=6/S_v=6V_p/A_p \tag{5-3}$$

在固定床的流体力学研究中，非球形颗粒的直径常常采用体积相当直径；在传热传质的研究中，常常采用面积相当直径。

4.1.4　形状系数 φ_s

非球形颗粒的外表面积一定大于等体积圆球的外表面积。因此，引入一个无量纲系数，称为颗粒的形状系数 φ_s，其值如下

$$\varphi_s=A_s/A_p \tag{5-4}$$

式中，A_s 为与非球形颗粒等体积圆球的外表面积，m^2；$A_s=\pi d_v^2$。

φ_s 即与非球形颗粒体积相等的圆球的外表面积与非球形颗粒的外表面积之比。对于球形颗粒，$\varphi_s=1$；对于非球形颗粒，$\varphi_s<1$。形状系数说明了颗粒与圆球的差异程度。

三种相当直径用 φ_s 联系起来，有如下关系

$$d_s=\varphi_s d_v=\varphi_s^{\frac{3}{2}}d_a \qquad (5\text{-}5)$$

4.2　混合颗粒的平均直径及形状系数

当催化剂床层由大小不一、形状各异的颗粒组成时，就有一个如何计算混合颗粒的平均粒度及形状系数的问题。

对于大小不等的混合颗粒，如果颗粒不太细（大于 0.075mm），平均直径可由筛分分析数据来决定。将混合颗粒用标准筛组进行筛分，分别称量留在各号筛上的颗粒质量，然后根据颗粒的总质量分别算出各种颗粒所占的分数。在某一号筛上的颗粒，其直径 d_i 通常为该号筛孔净宽及上一号筛孔净宽的几何平均值（即两相邻筛孔净宽乘积的平方根）。如混合颗粒中，直径为 d_1、d_2、$\cdots$、d_n 的颗粒的质量分数分别为 x_1、x_2、$\cdots$、x_n，则混合颗粒的平均直径用算术平均直径法计算为

$$\overline{d_p} = \sum_{i=1}^{n} x_i d_i \qquad (5\text{-}6)$$

若以调和平均法计算，则

$$\frac{1}{\overline{d_p}} = \sum_{i=1}^{n} \frac{x_i}{d_i} \qquad (5\text{-}7)$$

在固定床和流化床的流体力学计算中，用调和平均直径较为符合实验数据。

大小不等且形状也各不同的混合颗粒，其形状系数由待测颗粒组成的固定床压降来计算。同一批混合颗粒，平均直径的计算方法不同，计算出来的形状系数也不同。

4.3　床层空隙率及径向流速分布

空隙率是催化剂床层的重要特性之一，它对流体通过床层的压降、床层的有效热导率及比表面积都有重大影响。

空隙率是催化剂床层的空隙体积与催化剂床层总体积的比，可用式（5-8）进行计算。

$$\varepsilon = 1 - \frac{\rho_b}{\rho_s} \qquad (5\text{-}8)$$

式中，ε 为床层空隙率；ρ_b 为催化剂床层堆积密度，即单位体积催化剂床层具有的质量，kg/m^3；ρ_s 为催化剂的表观密度，即单位体积催化剂颗粒具有的质量，kg/m^3。

床层空隙率 ε 的大小与下列因素有关：颗粒形状、颗粒的粒度分布、颗粒表面的粗糙度、充填方式、颗粒直径与容器直径之比等。

紧密填充固定床的床层空隙率低于疏松填充固定床，反应器中充填催化剂时应以适当方式加以震动压紧，床层的压降虽较大，但装填的催化剂可较多。固定床中同一截面上的空隙率也是不均匀的，近壁处空隙率较大，而中心处空隙率较小。图 5-31 中纵坐标

为固定床的局部空隙率，其值随径向距离而变化；横坐标是按 d_p 数目计算的离壁距离。固定床由均匀球形颗粒乱堆在圆形容器中组成。由图 5-31 可见，近壁处 0~1 个颗粒直径处局部床层空隙率变化较大。由于床层径向空隙率分布不均，因此固定床中存在流速的不均匀分布。以径向距离 r 处局部流速 $u(r)$ 与床层平均流速 u 之比表示的径向流速分布，以 0~1 个颗粒直径处变化最大，如图 5-32 所示。器壁对空隙率分布的这种影响及由此造成对流动、传热和传质的影响，称为壁效应。由图 5-31 及图 5-32 可见，距壁 4 个颗粒直径处床层空隙率和流速分布趋于平坦，因此一般工程上认为当管径与催化剂颗粒直径比 d_t/d_p 达 8 时可不计壁效应，故工业上通常要求 $d_t>8d_p$。

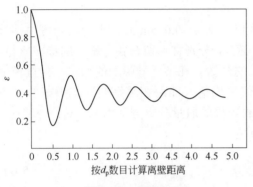 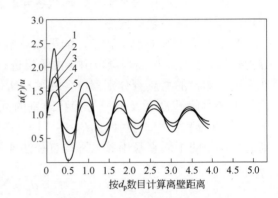

图 5-31　空隙率分布

d_t=75.5mm；d_p=7.035mm

图 5-32　不同雷诺数下的流速分布

1—Re=1.8；2—Re=58.9；3—Re=117.9；
4—Re=589.2；5—Re=1178.5

如果固定床与外界换热，床层非恒温，存在着径向温度分布，则床层中径向流速分布的变化比恒温时还要大；当管内 Re 数增大时，径向流速分布要趋向平坦，如图 5-32 所示。管式催化床内直径一般为 25~40mm，而催化剂颗粒直径一般为 5~8mm，即管径与催化剂颗粒直径比 d_t/d_p 相当小，此时壁效应对床层中径向空隙率分布和径向流速分布及催化反应性能的影响就必须考虑。

4.4　流体在固定床中流动的特性

流体在固定床中的流动情况较之在空管中的流动要复杂得多。固定床中流体是在颗粒间的空隙中流动，颗粒间空隙形成的孔道是弯曲的、相互交错的，孔道数和孔道截面沿流向也在不断改变。空隙率是孔道特性的一个主要反映。如前所述，在床层径向，空隙率分布的不均匀造成流速分布的不均匀性，流速的不均匀造成物料停留时间和传热情况的不均匀性，最终影响反应的结果。但是由于固定床内流动的复杂性，至今难以用数学解析式来描述流速分布，工艺计算中常采用床层平均流速的概念。

此外，流体在固定床中流动时，由于本身的湍流、对催化剂颗粒的撞击、绕流以及孔道的不断缩小和扩大，造成流体的不断分散和混合，这种混合扩散现象在固定床内并非各向同性，因而通常把它分成径向混合和轴向混合两个方面进行研究。径向混合可以简单理解为由于流体在流动过程中不断撞击到颗粒上，发生流股的分裂而造成的，如图 5-33 所示。轴向混合可简单地理解为流体沿轴向依次流过一个由颗粒间空隙形成的串联着的"小槽"，在进口处，由于孔道收缩，流速增大，进到"小槽"后，由于突然扩大而减速，形成混合。因此，固定床中的流体流动可以用简单的扩散模型进行模拟，即认为流动由两部分合成：一部分为流体以平均流速沿轴向做理想置换式的流动，另一部分为流体的径向和轴向的混合扩散，包括分子扩散（层流时为主）和涡流扩散（湍流时为主）。根据不同的混合扩散程度，将两个部分叠加。

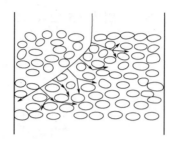

图 5-33　固定床内径向混合示意图

4.5　流体流过固定床层的压降

流体流过固定床层的压降，主要是由于流体与颗粒表面间的摩擦阻力和流体在孔道中的收缩、扩大和再分布等局部阻力引起的。当流动状态为滞流时，以摩擦阻力为主；当流动状态为湍流时，以局部阻力为主。计算压降的公式很多，常用的一个是仿照流体在空管中流动的压降公式而导出的埃冈（Ergun）公式。

固定床的压降可表示为

$$\Delta p = f_{\mathrm{M}} \frac{\rho_{\mathrm{f}} u_0^2}{d_{\mathrm{s}}} \times \frac{1-\varepsilon}{\varepsilon^3} L \tag{5-9}$$

式中，Δp 为压降，Pa；f_{M} 为修正摩擦系数；L 为管长，m；ρ_{f} 为流体密度，kg/m^3；u_0 为流体空床平均流速，即以床层空截面积计算的流体平均流速，m/s；d_{s} 为催化剂颗粒的比表面积相当直径。

经实验测定，修正摩擦系数 f_{M} 与修正雷诺数 Re_{M} 的关系可表示如下：

$$f_{\mathrm{M}} = \frac{150}{Re_{\mathrm{M}}} + 1.75 \tag{5-10}$$

$$Re_{\mathrm{M}} = \frac{d_{\mathrm{s}}\rho_{\mathrm{f}} u_0}{\mu_{\mathrm{f}}} \times \frac{1}{1-\varepsilon} = \frac{d_{\mathrm{s}} G}{\mu_{\mathrm{f}}} \times \frac{1}{1-\varepsilon} \tag{5-11}$$

式中，μ_{f} 为流体的黏度，Pa·s；G 为流体的质量流速，$kg/(m^2 \cdot s)$。

当 $Re_{\mathrm{M}} < 10$ 时，流体处于层流状态，式（5-10）中 $\frac{150}{Re_{\mathrm{M}}} \gg 1.75$，即式（5-9）可简化为

$$\Delta p = 150 \frac{\mu_{\mathrm{f}} u_0}{d_{\mathrm{s}}^2} \times \frac{(1-\varepsilon)^2}{\varepsilon^3} L \tag{5-12}$$

当 $Re_M > 1000$ 时，流体处于湍流状态，式（5-10）中 $\dfrac{150}{Re_M} \ll 1.75$，即式（5-9）可简化为

$$\Delta p = 1.75 \frac{\rho_f u_0^2}{d_s} \times \frac{1-\varepsilon}{\varepsilon^3} L \tag{5-13}$$

如果床层中催化剂颗粒大小不一，用式（5-12）、式（5-13）时，应采用颗粒的平均相当直径 $\overline{d_s}$。

$\overline{d_s}$ 可按式（5-14）计算

$$\overline{d_s} = \frac{6}{\sum x_i S_{vi}} = \frac{1}{\sum \left(\dfrac{x_i}{d_{si}} \right)} \tag{5-14}$$

式中，$\overline{d_s}$ 为平均比表面积相当直径，m；x_i 为颗粒 i 筛分所占的体积分数（如果各筛分颗粒的密度相同，则体积分数亦为质量分数）；S_{vi} 为颗粒 i 筛分的比表面积，m^2/m^3。

如果各种粒度颗粒的形状系数相差不大，$\overline{d_s}$ 即为按式（5-7）计算的调和平均直径 $\overline{d_p}$ 与平均形状系数的乘积。

影响床层压降的因素可分为两类：一类来自流体，如流体的黏度、密度等物理性质和流体的质量流速；另一类来自床层，如床层的高度、空隙率和颗粒的物理特性（如粒度、形状和表面粗糙度等）。

由式（5-12）、式（5-13）可知：增大流体空床平均流速 u_0、减少颗粒直径 d_s 以及减小床层空隙率 ε 都会使床层压降增大，其中尤以空隙率的影响最为显著。

【例 5-1】固定床压降实验是指在常温下用固定床颗粒层过滤实验装置，通过改变气体压力，测定过滤介质特性与总压降的关系。本例题中，是以筛分为 3.3～4.7mm 的不均匀颗粒作固定床压降试验，床层高度为 $L=1m$，空隙率 $\varepsilon=0.38$，壁效应忽略不计，在测试条件下（$Re_M > 1000$）测得的床层压降 $\Delta p_1 = 2.3 \times 10^2$ kPa。现在同一固定床中，改用与 3.3～4.7mm 不均匀颗粒材料相同的 φ4mm 球形颗粒，空隙率 $\varepsilon=0.40$，其他测试条件相同，测得的床层压降 $\Delta p_2 = 0.63 \times 10^2$ kPa。试求筛分为 3.3～4.7mm 不均匀颗粒的形状系数。

解　当 $Re_M > 1000$ 时，固定床压降的计算公式按式（5-13）为

$$\Delta p = 1.75 \frac{\rho_f u_0^2}{d_s} \times \frac{1-\varepsilon}{\varepsilon^3} L$$

对于 3.3～4.7mm 不均匀颗粒

$$\Delta p_1 = 1.75 \frac{\rho_f u_0^2}{d_{s1}} \times \frac{1-0.38}{0.38^3} \times 1 = 1.75 \frac{\rho_f u_0^2}{d_{s1}} \times 11.3 = 2.3 \times 10^2$$

对于 φ4mm 球形颗粒

$$\Delta p_2 = 1.75 \frac{\rho_f u_0^2}{d_{s2}} \times \frac{1-0.40}{0.40^3} \times 1 = 1.75 \frac{\rho_f u_0^2}{d_{s1}} \times 9.38 = 0.63 \times 10^2$$

则由 $\dfrac{\Delta p_1}{\Delta p_2} = \dfrac{11.3/d_{s1}}{9.38/d_{s2}} = \dfrac{2.3 \times 10^2}{0.63 \times 10^2}$ 得 $\dfrac{d_{s2}}{d_{s1}} = 3.03$ 。按式（5-5），颗粒的形状系数为

$\varphi_s = \dfrac{d_s}{d_v}$。

对于球形颗粒，因为 $\varphi_{s2} = 1$，$d_{v2} = 0.004\mathrm{m}$，所以

$$d_{s2} = d_{v2} = 0.004\mathrm{m}$$

对于不均匀颗粒　　　　$d_{s1} = \dfrac{d_{s2}}{3.03} = \dfrac{0.004}{3.03} = 0.00132\mathrm{m}$

又因为　　　　　　　　$d_{v1} = \sqrt{3.3 \times 4.7} \times 10^{-3} = 3.94 \times 10^{-3}\,\mathrm{m}$

所以　　　　　　　　$\varphi_{s1} = \dfrac{d_{s1}}{d_{v1}} = \dfrac{1.32 \times 10^{-3}}{3.94 \times 10^{-3}} = 0.335$

【例5-2】在管内径 $d_0 = 50\mathrm{mm}$ 的列管内装有 $L = 4\mathrm{m}$ 高的催化剂，形状系数 $\varphi_s = 0.65$，床层空隙率 $\varepsilon = 0.44$，催化剂颗粒的粒度分布如下表。

粒径 d_{vi}/mm	3.40	4.60	6.90
质量分数 x_i/%	60	25	15

在反应条件下，气体的密度为 $\rho_f = 2.46\mathrm{kg/m^3}$，气体黏度 $\mu_f = 2.3 \times 10^{-5}\mathrm{Pa \cdot s}$。如果气体以 $G = 6.2\mathrm{kg/(m^2 \cdot s)}$ 的质量流速通过床层，求床层压降。

解　（1）计算催化剂平均粒径 $\overline{d_s}$

按式（5-7）得颗粒平均粒径 $\overline{d_v}$ 为

$$\overline{d_v} = \frac{1}{\sum \dfrac{x_i}{d_{vi}}} = \frac{1}{\dfrac{0.60}{3.40} + \dfrac{0.25}{4.60} + \dfrac{0.15}{6.90}} = 3.96\mathrm{mm}$$

按式（5-5），颗粒的平均比表面积相当直径 $\overline{d_s}$ 为

$$\overline{d_s} = \varphi_s \overline{d_v} = 0.65 \times 3.96 = 2.574\mathrm{mm}$$

（2）计算床层压降

因为　　　　$Re_M = \dfrac{d_s G}{\mu_f}\left(\dfrac{1}{1-\varepsilon}\right) = \dfrac{2.574 \times 10^{-3} \times 6.2}{2.3 \times 10^{-5}} \times \dfrac{1}{1-0.44} = 1239\,(\,>1000\,)$

故按式（5-13）计算床层压降为

$$\Delta p = 1.75 \frac{\rho_f u_0^2}{d_s} \times \frac{1-\varepsilon}{\varepsilon^3} L = 1.75 \frac{G^2}{d_s \rho_f} \times \frac{1-\varepsilon}{\varepsilon^3} L$$

$$= 1.75 \times \frac{6.2^2}{2.574 \times 10^{-3} \times 2.46} \times \frac{1-0.44}{0.44^3} \times 4 = 2.794 \times 10^5\,\mathrm{Pa}$$

**学习
札记**

1. 你是否清楚本任务中涉及的参数的物理含义？请将它们一一找出来，罗列对比。

....

....

....

....

....

2. 请对比分析流体在固定床反应器和流化床反应器中的流动是否相同？若有不同，请表述出来。

....

....

....

....

**联系
实际**

针对所熟悉的化工生产过程，试说明哪些产品的生产工艺过程使用固定床反应器。试总结固定床反应器的结构及工业用途。

....

....

....

....

任务五　固定床反应器的实训

5.1　乙苯气相脱氢制苯乙烯实训

5.1.1　反应原理

乙苯气相催化脱氢制苯乙烯反应过程发生的主副反应如下。

主反应为：乙苯在催化剂氧化锌或氧化铁的作用下，高温脱氢生产苯乙烯。

$$\bigcirc\!\!\!-CH_2-CH_3 \rightleftharpoons \bigcirc\!\!\!-CH=CH_2 + H_2$$

同时还会发生如下副反应：

（1）平行副反应　由于乙苯中的苯环比较稳定，故反应都发生在侧链上。平行副反应主要有裂解反应和加氢裂解反应两种。

$$C_6H_5C_2H_5 \longrightarrow \bigcirc + C_2H_4$$
$$C_6H_5C_2H_5 + H_2 \longrightarrow C_6H_5CH_3 + CH_4$$
$$C_6H_5C_2H_5 + H_2 \longrightarrow \bigcirc + C_2H_6$$

（2）连串副反应　主要是脱氢产物的聚合、缩聚生成焦油和焦，以及脱氢产物加氢裂解生成甲苯和甲烷。

在水蒸气存在条件下，乙苯还可能发生水蒸气的转化反应。

$$C_6H_5C_2H_5 + 2H_2O \longrightarrow C_6H_5CH_3 + CO_2 + 3H_2$$

5.1.2　工艺流程简述

乙苯气相催化脱氢制苯乙烯基本上都采用绝热式脱氢反应器。如图5-34所示，向来自乙苯蒸发器的乙苯蒸气中加入占总配料1.5%的水蒸气进行稀释，利用脱氢后的物料进行加热，使温度达到150℃，再进入乙苯过热器过热，进一步与脱氢气换热至500℃后进入进料混合器，与来自水蒸气过热炉的温度为770℃的过热水蒸气进行混合，控制温度在630℃左右，然后进入乙苯脱氢反应器，反应器为单壳圆筒双段绝热式，经一段反应后温度降为580℃，再与来自水蒸气过热炉的过热水蒸气混合，继续进行二段反应，反应后的气体温度降为590℃，与乙苯过热器、废热锅炉、乙苯蒸发器进行热交换后，温度降为137℃左右，然后进入冷凝器，液相进入油水分离器，油层送入脱氢液储罐供精馏使用。

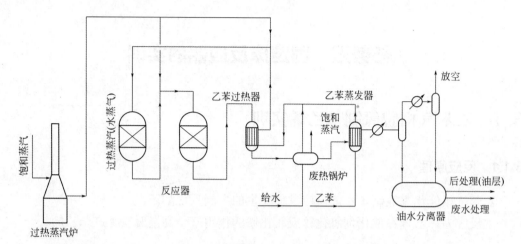

图 5-34　乙苯绝热脱氢工艺流程

5.1.3　实施准备

任务卡

任务编号		任务名称	
学员姓名		指导教师	
任务组组长		任务组成员	
学习任务	乙苯气相催化脱氢制苯乙烯绝热式固定床反应器的操作与控制		
学习目标	知识目标 （1）描述乙苯气相催化制苯乙烯的生产原理及工艺流程； （2）评价绝热式固定床反应器实验装置。 技能目标 （1）具有对工艺参数（温度、压力）调节的能力； （2）会进行正常的开停车； （3）在生产过程中，能对随时发生的其他事故进行判断和处理的能力； （4）能做好个体防护，实现安全、清洁生产。 素养目标 （1）良好的语言表达和沟通能力； （2）具有强的应急应变能力，遇突发事件能冷静分析、正确处理； （3）严格遵守操作规程的职业操守及团结协作、积极进取的团队合作精神		
工作内容及要求			
实施前	1．填写任务卡，明确任务目标、内容及要求		
	2．学习实训岗位操作规程（SOP），明确操作要领		
	3．回答引导问题，填写任务预习记录		
实施中	1．穿戴整洁、干净的实训服，佩戴乳胶手套、防毒口罩等防护用品		
	2．严格按 SOP 完成备料		
	3．严格按 SOP 完成投料、反应过程的控制、产物的进一步处理		
	4．正确进行产品质量分析		
实施完成	1．提交纸质版的任务完成工作册		
	2．在教师引导下，总结完成任务的要点，系统地完成相关理论知识的学习		
	3．归纳总结实验得出的结论		
	4．通过分析计算，对整个任务完成的过程进行评价		
	5．对实施过程和成果进行互评，得出结论		
进度要求			
1．任务实施的过程、相关记录、成果和考核要在任务规定实操时间内完成			
2．理论学习在任务完成后一天内完成（含自学内容）			
预习活页			
任务名称		子任务名称	
学员姓名/学号		任务组成员	

引导问题

引导问题回答

任务预习记录

一、原辅料和产物理化性质、主要危险性及个体防护措施

1	原辅料/产物名称	物质的量/mol	密度/(kg/m³)	主要危险性	个体防护措施
2					
3					
4					
5					

二、实训操作注意事项

三、问题和建议

预习完成时间：　　　年　　月　　日

5.1.4　任务实施

题目：乙苯气相催化脱氢制苯乙烯生产岗位操作规程（SOP）

文件号：	生效日期：		审核期限：	页码：
起草人：	第一审核人：	第二审核人：	批准人：	发布部门：
日期：　年　月　日	日期：　年　月　日	日期：　年　月　日	日期：　年　月　日	

（1）正常开停车操作

① 开车前的准备

a. 所有设备、管道、阀门试压合格，清洗吹扫干净。

b. 所有温度、流量、压力、液位的仪表要正确无误。

c. 机泵单机运行正常，包括备用泵也处于可运转状态。

d. 燃料系统经试压后无泄漏，喷嘴无堵塞，油温预热至正常操作温度，并注意油储罐排水。

e. 生产现场包括主要通道无杂物乱堆乱放，符合安全技术有关规定。

f. 与调度联系，使燃料气、燃料油、动力空气、仪表空气、水蒸气、冷冻盐水、循环水、电、生产原料等符合要求，处于备用状态。

② 正常开车　经过燃料管道吹扫、炉膛吹扫、点火后，可以进行化工投料操作。

a. 点火后待火焰稳定，开始记录温度，然后以一定的速率升温。

b. 温度升至150℃时，逐步开大烟囱挡板的角度，控制温度在150℃稳定4h，并做好通空气的准备。

c. 150℃稳定结束，通入动力空气，并控制空气压力和流量。

d. 恒温结束后，继续以一定的速率升温。

e. 当温度升至500℃时，开大烟囱挡板的角度，并恒温24h。

f. 在500℃恒温过程中，做好通水蒸气的准备工作，当恒温结束，开始切换通入水蒸气。

g. 水蒸气通入后，仍以一定的速率升温。

h. 温度升为500℃时，水蒸气以一定的流量进入水蒸气过热炉的辐射段，并以一定的流量通入乙苯蒸发器。

i. 温度升为600℃时，加大水蒸气的通入量。仍以一定的速率升温。

j. 温度升为800℃时，进一步加大水蒸气的通入量。再进一步开大烟囱挡板的角度。

k. 在800℃稳定6h后，准备投料通乙苯。

l. 开乙苯储罐的底部出口阀，启动乙苯泵，控制一定的流量。

m. 一段时间后，采样分析，根据结果调节乙苯的流量和炉顶温度，炉顶温度指示不得超过850℃。

③ 正常操作

a. 本岗位所有温度、压力、流量、液位均应每小时如实记录一次，数据要正确无误，字迹端正，不得涂改。

b. 本岗位所属管道、设备每小时应检查一次，发现异常及时汇报，并做好记录。

c. 经常观察加热炉燃烧情况，调节喷嘴火焰，稳定炉顶温度。

d. 需要增加负荷时，先加水蒸气负荷，后加乙苯负荷；要减少负荷时，先减乙苯负荷，后减水蒸气负荷。

④ 正常停车

a. 在接到停车通知后，逐步减少乙苯进料流量，以 10℃/h 速率降低炉顶温度至 800℃后恒温。

b. 在 800℃恒温下，仍按一定的速率减少乙苯进料量，直至切断乙苯。

c. 800℃恒温结束后，以 15℃/h 速率降低炉顶温度至 750℃，关小烟囱挡板角度。

d. 750℃恒温 1h，逐步减少水蒸气进入量，再关小烟囱挡板角度，以减少空气进入量，关闭盐水阀。

e. 以 15℃/h 速率降低炉顶温度至 500℃，减少水蒸气进入量。

f. 500℃恒温 17h，恒温过程中，第三小时开始进一步减少水蒸气进入量，交替切换动力空气，控制动力空气的流量。

g. 恒温结束后，以 15℃/h 速率降低炉顶温度直至 150℃，继续以一定流量通动力空气。

h. 150℃恒温 2h，关小烟囱挡板角度。

i. 恒温结束切断动力空气阀，关小烟囱挡板角度。并以 20℃/h 速率降低炉顶温度至熄火，然后自然降温。

j. 切断循环上水，排净存水，必要时要加盲板。

⑤ 停车注意事项

a. 切断或使用水蒸气、空气、燃料、乙苯、循环水时要及时与调度联系。

b. 火焰调节要均匀，温度不可以突升或突降。

c. 停车时要切断报警系统的仪表。

d. 停车过程中，要加强巡回检查，一发现故障应尽快处理。

e. 停车过程中，各温度、压力、流量、液位的记录要完整。

（2）不正常停车

① 停蒸汽停车　蒸汽压力尚能维持数小时：

a. 炉顶温度以 30～40℃/h 速率急剧降温。

b. 当反应器二段出口温度低于 600℃时，停通乙苯，继续降温，改通空气后按正常降温指标执行。

c. 若停蒸汽时间短，可在 500℃时恒温通空气，待蒸汽恢复后重新升温开车。

蒸汽压力低于 0.5MPa：

a. 立即切断乙苯进料，以 100℃/h 的速度降低炉顶温度。

b. 断乙苯 1h 后，切换通空气。

c. 蒸汽流量如果较小，而短期不能恢复供汽，则按正常停车操作执行。

d. 蒸汽压力低于 0.1MPa（表压）时，切断蒸汽总阀，防止倒压。

② 停燃料停车　燃料尚能维持 12h 以上：

a. 参照停蒸汽停车①中 a. 的处理办法执行。

b. 当炉顶温度在 600℃时，交替切换通空气，切断水蒸气，立即关小烟囱挡板至 20°，让其自然降温；当炉顶温度在 200℃时，停止通空气。

燃油压力低于 0.3MPa 或燃气压力低于 0.1MPa：

a．立即切断乙苯进料，通知调度，要求燃料气升压，或组织抢修油泵或启动备用泵。

b．若不能维持，则按不正常停车的降温速度参照执行，取消恒温阶段。

c．中途能恢复，则重新升温可按正常开车的相应操作阶段执行。

燃料突然中断：

a．立即切断喷嘴阀门，启动空压机送工艺空气。

b．立即切断乙苯进料。

c．关小烟囱挡板至 20°，让其自然降温。

d．减少蒸汽流量，一段反应器入口温度降至 500℃时交替切换通空气，150℃时停止通空气。

e．燃料系统，特别是尾气燃料中，若进入空气，在重新点火前应吹扫炉膛，检测合格方可点火。

③ 断乙苯停车

a．关闭乙苯总阀，停乙苯泵。

b．将一段反应器入口温度降至 600℃恒温。

c．重新投料按正常开车的相应步骤参照执行。

④ 突然停电停车

a．所有管线全部采用现场手控阀操作。

b．所有液面全部现场观察。

c．立即关闭乙苯进料。

d．降低炉膛温度至 600℃，恒温，若乙苯仍供应不上，则按正常停车处理。

e．重新开车自控应缓慢切换，切一条稳一条。

⑤ 停工艺空气停车

a．在开车过程中的通空气阶段若停空气，则按正常停车处理，取消其中恒温阶段。

b．在停车过程中若遇停空气，处理方法同上。

c．立即查明断空气的原因，待供气正常后则停止降温，按正常开车重新升温。

⑥ 停仪表空气停车　参照突然停电事故处理。

⑦ 停冷冻盐水停车

a．降低乙苯进料量，保证放空管无物料喷出。

b．迅速查明原因，待盐水供应正常后再适当恢复乙苯进料量。

c．若盐水供应在 24h 内无法恢复，则按正常停车执行。

d．短时间的停盐水，除乙苯适当减量外，其他工艺条件不变。

⑧ 停循环水停车

a．立即关闭乙苯进料。

b．通知调度，要求恢复供水。

c．调节一段反应器的入口温度至 600℃。

d．若 24h 无法恢复供水，按正常停车操作执行。

（3）清场

检查生产使用的仪器、设备水电是否关闭，将剩余原料、生产记录本、设备运行记录等按照标准化管理要求，放到指定位置。清洗仪器：设备外表面擦拭干净，打扫卫生，垃圾和废物收集到指定位置。房间内挂上"待用、已清洁"状态标志。填写清场记录。

笔记

乙苯气相催化脱氢制苯乙烯生产作业活页笔记

1. 学习完这个子任务，你有哪些收获、感受和建议？

2. 你对乙苯气相催化脱氢制苯乙烯生产过程，有哪些新认识和见解？

3. 你还有哪些尚未明白或者未解决的疑惑？

5.1.5　评价与考核

任务名称：固定床反应器的实训操作		实训地点：	
学习任务：乙苯气相催化脱氢制苯乙烯操作与控制		授课教师：	学时：
任务性质：理实一体化实训任务		综合评分：	

知识掌握情况评分（20分）

序号	知识考核点	教师评价	配分	得分
1	反应物料的选择		4	
2	脱氢原理		4	
3	反应条件的控制		5	
4	反应温度的控制		2	
5	产品质量的评估		2	
6	催化剂的选用		1	
7	脱氢反应特别注意的要点		2	

工作任务完成情况评分（60分）

序号	能力操作考核点	教师评价	配分	得分
1	对任务的解读分析能力		10	
2	正确按规程操作的能力		20	
3	处理应急任务的能力		10	
4	与组员的合作能力		10	
5	对自己的管控能力		10	

违纪扣分（20分）

序号	违纪考核点	教师评价	分数	扣分
1	不按操作规程操作		5	
2	不遵守实训室管理规定		5	
3	操作不爱惜器皿、设备		4	
4	操作间打电话		2	
5	操作间吃东西		2	
6	操作间玩游戏		2	

5.2　煤气化制备煤气实训

5.2.1　反应原理

理想发生炉煤气的基本反应，理论上制取发生炉煤气是按下列两个反应进行的：

$$2C+O_2+3.76N_2 =\!\!=\!\!= 2CO+3.76N_2 \qquad \Delta H=-246.3MJ/kmol$$

$$H_2O+C =\!\!=\!\!= CO+H_2 \qquad \Delta H=+118.8MJ/kmol$$

理想发生炉煤气的组成决定于这两个反应的热平衡条件，即放热反应的热效应与吸热反应的热效应平衡等。为了达到这个目的，每 2kmol 碳与空气起反应时，与水蒸气起反应的碳应为 246.3/118.8=2.07kmol。因此满足热平衡时的方程式为：

$$2C+O_2+3.76N_2 =\!\!=\!\!= 2CO+3.76N_2 \qquad \Delta H=-246.3MJ/kmol$$

$$2.07H_2O+2.07C =\!\!=\!\!= 2.07CO+2.07H_2 \qquad \Delta H=+246.3MJ/kmol$$

则其综合反应式为：

$$4.07C+O_2+2.07H_2O+3.76N_2 =\!\!=\!\!= 4.07CO+2.07H_2+3.76N_2$$

理想发生炉煤气的几项指标：煤气组成（体积分数）为 CO 41.1%、H_2 20.9%、N_2 38.0%。

5.2.2　流程简述

将原料煤加入反应炉中，通入空气和水蒸气，在常压下炉内同时发生碳与氧、碳与水蒸气的反应。由于碳与氧反应生成一氧化碳的反应是放热反应，而碳与水蒸气的反应为吸热反应，因此，理想制取煤气的过程是两个反应同时发生，碳氧化放出的热量用于水蒸气汽化热源，以此实现煤的气化。生产工艺流程如图 5-35 所示。

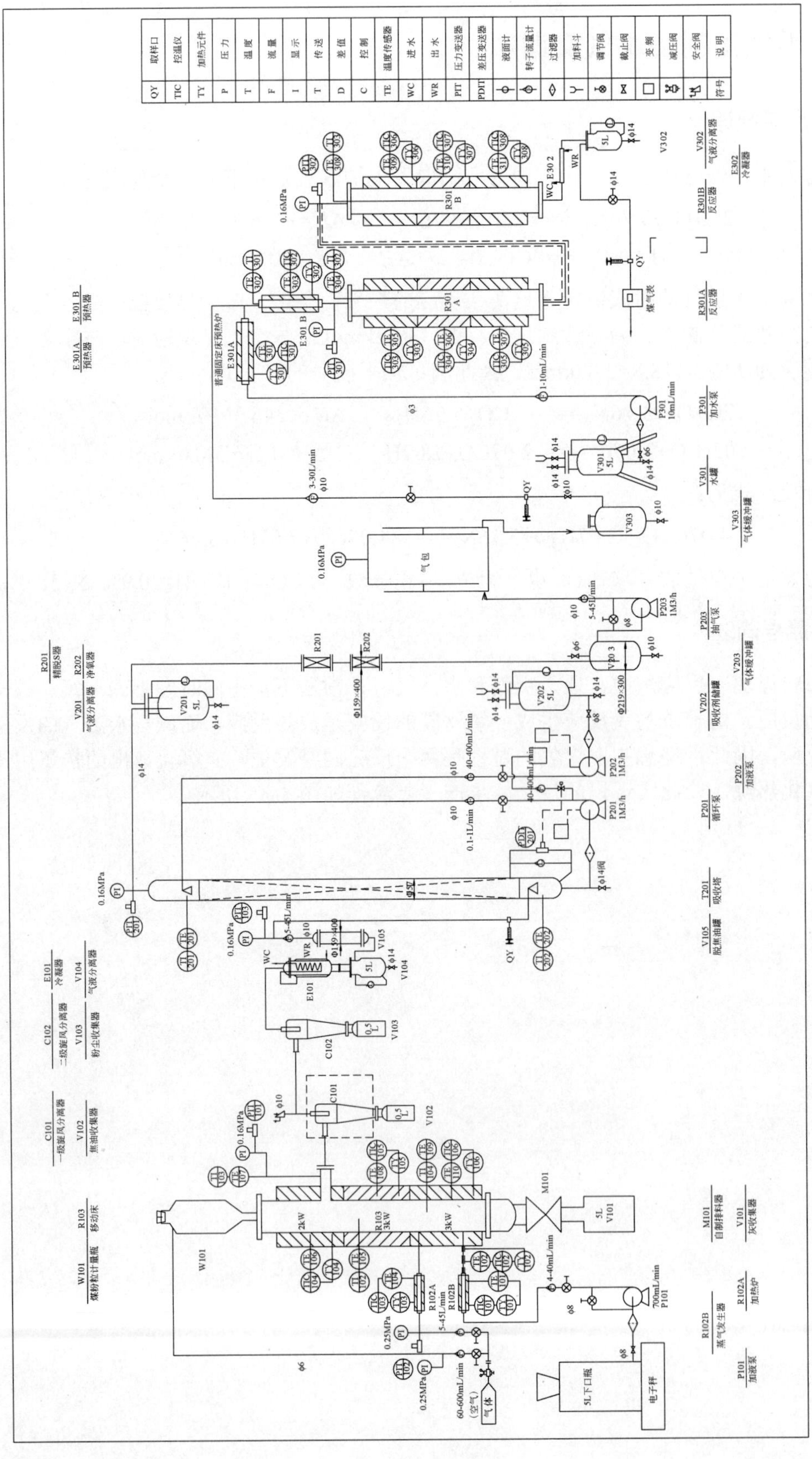

图 5-35　煤气化装置流程图

5.2.3 任务实施

任务卡

任务编号		任务名称	
学员姓名		指导教师	
任务组组长		任务组成员	
学习任务	煤气化反应操作与控制		
学习目标	知识目标 （1）描述煤气化反应原理、气化条件的选择及流程； （2）评价煤气化反应装置。 技能目标 （1）具有识读和表述工艺流程图的能力； （2）能根据现场装置，对主要设备、阀门、仪表进行操作与控制的能力； （3）能做好个体防护，实现安全、清洁生产。 素养目标 （1）良好的语言表达和沟通能力； （2）具有强的应急应变能力，遇突发事件能冷静分析，正确处理； （3）严格遵守操作规程的职业操守及具有团结协作、积极进取的团队合作精神。		
工作内容及要求			
实施前	1. 填写任务卡，明确任务目标、内容及要求		
	2. 学习实训岗位操作规程（SOP），明确操作要领		
	3. 回答引导问题，填写任务预习记录		
实施中	1. 穿戴整洁、干净的实训服，佩戴乳胶手套、防毒口罩等防护用品		
	2. 严格按 SOP 完成备料		
	3. 严格按 SOP 完成投料、反应过程的控制、产物的进一步处理		
	4. 正确进行产品质量分析		
实施完成	1. 提交纸质版的任务完成工作册		
	2. 在教师引导下，总结完成任务的要点，系统地完成相关理论知识的学习		
	3. 归纳总结实验得出的结论		
	4. 通过分析计算，对整个任务完成的过程进行评价		
	5. 对实施过程和成果进行互评，得出结论		
进度要求			
1. 任务实施的过程、相关记录、成果和考核要在任务规定实操时间内完成			
2. 理论学习在任务完成后一天内完成（含自学内容）			
预习活页			
任务名称		子任务名称	
学员姓名/学号		任务组成员	

引导问题

引导问题回答

任务预习记录

一、原辅料和产物物理化性质、主要危险性及个体防护措施

1	原辅料/产物名称	物质的量/mol	密度/(kg/m^3)	主要危险性	个体防护措施
2					
3					
4					
5					

二、实训操作注意事项

三、问题和建议

预习完成时间：　　　年　　月　　日

5.2.4　任务实施

题目：以煤原料制备煤气的生产岗位操作规程（SOP）

文件号：	生效日期：		审核期限：		页码：
起草人：	第一审核人：	第二审核人：	批准人：		发布部门：
日期：　　年　月　日	日期：　　年　月　日	日期：　　年　月　日	日期：　　年　月　日		

（1）实验过程

① 实验准备：原料是煤，先将煤块通过粉碎机，使之粉碎为 120 目左右的煤粉（要求达到实验用量），做成煤粒，还要添加一些物料，成分组成为 12%淀粉、1.5%K_2CO_3、1.5%$CaCO_3$、85%煤粉，先将淀粉用热水打成糊状，然后加入如上比例的配料及煤粉，和成面团后用成丸机成丸，再由烘箱烘干即成煤粒。

② 设备试漏：用空气打压到 0.1MPa 左右，用肥皂水涂抹各管道接口，看是否有漏气点，如有漏气接点，及时处理（注意试漏前玻璃容器接点处用无孔垫安装）。

③ 分析准备：因本套煤气化设备分析的主要成分是一氧化碳和二氧化碳及氮气和氢气，色谱柱是气体分析专用，绝对不能测试液体，此柱失活比较快，所以在使用一段时间后要将柱温加到 200℃活化色谱柱 3～4h，以保证气体的分析结果准确。

④ 实验步骤：

a．加料。将做好的煤粒加入 W101 煤粉粒计量瓶中，煤粒将随之下降，到达 M101 煤粒排料器（开始会有一些煤粒掉到 V101 灰收集器中），待煤粒加到计量瓶上口时停止加料，盖上计量瓶上口旋塞盖。

b．向 R101 蒸汽发生器中加入水，水位由液位计观察，要求加到液位计快满为止。向 V202 吸收剂储罐中加入低浓度氨水或低浓度碱溶液。

c．根据流程图检查流程，所有气体流过的地方要求是通路，检查电路及传感器是否有断路或脱落的地方。

d．开始接通总电源，当用空气和水蒸气作为气化剂时，调节空气进气量为 5L/min，打开各段加热开关，设置初始加热温度，气化炉上段设为 350℃，气化炉中段设为 600℃和下段设为 850℃（温度可根据实际使用的煤粒组成进行调节）；空气预热设置为 200℃，保温设为 150℃，蒸汽发生器设置为 350℃；先将进入 P203 抽气泵的入口软管断开放到窗外。

e．煤气炉加热后一定要开启冷却水。

f．尾气吸收系统主要是吸收产生的气体中的一部分酸和焦油。开启尾气吸收系统，先将一定量的吸收液通过 P202 加液泵加入 T201 吸收塔中，在不断加入液体的同时，可以看到吸收塔的釜压差传感器读数增加，设置好排料压差，打开吸收塔 P201 循环泵，调节变频器使之流量为 200mL/min。

g．待煤气化炉测温达到设置温度时，调整水流量 12mL/min，使水蒸气马上进入煤粒床层发生反应。同时进行气体组成测定，由 R202 脱氧剂后的取样口取样，如有一氧化碳产生，立即打开 P203 抽气泵，同时接通抽气泵入口软管，使产生的煤气进入气包中保存，当测定煤气中没有一氧化碳了，立即关掉抽气泵电源开关，把入口软管放到窗外，这时说明煤粒已燃烧充分，通过 M101 排料器排掉一部分燃烧后的煤灰粒，新煤粒又到达了燃烧位置，如此循环操作，最终收集满后可以进行下一变换反应。

h．在制造煤气时要时刻观察水蒸气水位的变化、旋风分离器产生的废料、气液分离器的水位、吸收液的水位，水位低时一定要加水，蒸汽发生炉的水位不能低于发生器的加热棒，收集器内的水要及时外排。

i．做好实验数据的记录。

j．当气包中有一定量煤气时，变换反应就可以开始了，先使 R301A 和 R301B 固定床升温，温度可控制在 300～350℃之间，待温度到达预定温度时开启气源阀门，调节进气流量和进水流量，进气流量可控制在 3～5L/min 之间，进水流量可控制在 2～4mL/min 之间，测量入口的气体含量，再测定出口的气体含量。

k．停车时，降温，停水停电，注意最后关掉总电源。

（2）升温与温度控制

① 温度控制仪的参数较多，不能任意改变，因此在控制方法上必须详细阅读控温仪表说明书后才能进行。升温时要将仪表参数 opH 控制在 40～50，此时加热仅以 40%～50%的强度进行，电流值不大，以后可根据需要提高或降低该值，以防止过度加热，而热量不能及时传给反应器则造成炉丝烧毁。控温仪表的使用应仔细阅读 AI 人工智能工业调节器的使用说明书，没有阅读该使用说明书的人，不能随意改动仪表的参数，否则仪表不能正常进行温度控制。

② 反应器温度控制是靠插在加热炉内的热电偶感知其温度后传送给仪表去执行的，它紧靠加热炉丝，其值要比反应器内高，反应器的测温热电偶是插在反应器的催化剂床层内，故给定值必须微微高些（指吸热反应）。预热器的热电偶直接插在预热器内，用此温度控温，温度不要太高，对液体进料来说能使它气化即可。也可不安装预热器而直接将物料进入反应器顶部，因为反应器有很长的加热段，起预热作用。值得注意的是在操作中给定电流不能过大，过大会造成加热炉丝的热量来不及传给反应器，因过热而烧毁炉丝。当改变流速时床内温度也要改变，故调节温度一定要在固定的流速下进行。

（3）注意事项

① 升温操作一定要有耐心，不能忽高忽低乱改乱动；

② 流量的调节要随时观察及时调节，否则温度也不容易稳定；

③ 不使用时，应将装置放在干燥通风的地方；

④ 预热炉和反应炉如果再次使用，一定在低电流下通电加热一段时间以除去加热炉保温材料吸附的水分；

⑤ 每次试验后一定要将气液分离器的液体放净；

⑥ 要经常检查除油装置及脱硫、脱氧装置内的填装物，如发现已经失活要及时更换；

⑦ 要随时检查各个储液罐内的水位，如发现液体过少要及时补充；

⑧ 由于本实验设备产物为 CO 和 H_2，所以实验现场一定要确保通风良好，并且严

禁使用明火；

⑨ 在实验设备开启过程中，实验现场一定要有专人负责，无人时实验设备禁止开启；

⑩ 在使用实验设备的各个仪表之前一定要详细阅读使用说明书，禁止无关人员开启本设备。

（4）故障处理

① 开启电源开关指示灯不亮，并且没有交流接触器吸合声，则保险坏或电源线没有接好。

② 开启仪表各开关时指示灯不亮，并且没有继电器吸合声，则分保险坏或接线有脱落的地方。

③ 开启电源开关有强烈的交流震动声，则是接触器接触不良，应反复按动开关可消除。

④ 控温仪表、显示仪表出现四位数字，则告知热电偶有断路现象。

⑤ 反应系统压力突然下降，则有大泄漏点，应停车检查。

⑥ 电路时通时断，有接触不良的地方。

⑦ 压力增高，尾气流量减少，系统有堵塞的地方，应停车检查。

⑧ 转子流量计没有示数，说明管路有堵塞的地方，应停车检查。

⑨ 当摇动移动床放料阀时，如果不下料，应轻轻振动移动床的外壁；如果仍然不下料，应当停车，待温度降为常温后，检查放料阀内的搅动棒是否脱落，如脱落，将其重新装好即可。

⑩ 如果发现吸收塔塔釜液位下降速度过快，则有可能吸收塔出现液泛现象，此时应停止循环泵及加液泵，加大产气量。当发现塔釜内液位上升时，即证明吸收塔内液泛现象已解决，可重新开启循环泵及加液泵，并将产气量调节到初始值。

⑪ 如果发现循环泵或加液泵不进液时，应检查泵头前的过滤器，查看过滤器内部的丝网是否堵塞，将丝网清理干净重新装回到过滤器内即可。

⑫ 如若发现移动床测温热电偶温度远远高于所给定的控制温度时，可能移动床内部的煤颗粒已经燃烧，此时可摇动移动床底部的放料阀，将已经充分燃烧的煤颗粒排出即可。

（5）清场　检查生产使用的仪器、设备水电是否关闭，将剩余原料、生产记录本、设备运行记录等按照标准化管理要求，放到指定位置。清洗仪器：设备外表面擦拭干净，打扫卫生，垃圾和废物收集到指定位置。房间内挂上"待用、已清洁"状态标志。填写清场记录。

笔记

以煤为原料制备煤气生产作业活页笔记

1. 学习完这个子任务，你有哪些收获、感受和建议？

....

....

....

....

....

....

2. 你对煤气化制煤气生产过程，有哪些新认识和见解？

....

....

....

....

....

....

3. 你还有哪些尚未明白或者未解决的疑惑？

....

....

....

....

....

....

5.2.5　评价与考核

任务名称：煤气化实训操作		实训地点：	
学习任务：煤气化制备煤气的操作与控制		授课教师：	学时：
任务性质：理实一体化实训任务		综合评分：	

知识掌握情况评分（20分）

序号	知识考核点	教师评价	配分	得分
1	反应物料的选择		4	
2	气化原理		4	
3	气化反应条件的控制		5	
4	气化温度的控制		2	
5	产品质量的分析与评估		2	
6	反应热的综合利用		1	
7	气化反应特别注意的要点		2	

工作任务完成情况评分（60分）

序号	能力操作考核点	教师评价	配分	得分
1	对任务的解读分析能力		10	
2	正确按规程操作的能力		20	
3	处理应急任务的能力		10	
4	与组员的合作能力		10	
5	对自己的管控能力		10	

违纪扣分（20分）

序号	违纪考核点	教师评价	分数	扣分
1	不按操作规程操作		5	
2	不遵守实训室管理规定		5	
3	操作不爱惜器皿、设备		4	
4	操作间打电话		2	
5	操作间吃东西		2	
6	操作间玩游戏		2	

任务六　固定床反应器的仿真操作

下面以乙炔催化加氢反应的仿真操作为例说明固定床反应器的仿真操作。

6.1　反应原理及工艺流程简述

6.1.1　反应原理

本工艺流程是利用催化加氢除乙炔的工艺。乙炔是通过等温加氢反应器除掉的，反应器温度由壳侧中的冷剂温度进行控制。

主反应：$nC_2H_2 + 2nH_2 \longrightarrow (C_2H_6)_n + Q$

副反应：$2nC_2H_4 \longrightarrow (C_4H_8)_n + Q$

冷却介质为液态丁烷，通过丁烷蒸发带走反应器中的热量，丁烷蒸气通过冷却水冷凝。

6.1.2　工艺流程简述

反应原料分两股，一股为约 $-15℃$ 的以 C_2 为主的烃原料，进料量由流量控制器 FIC1425 控制；另一股为 H_2 与 CH_4 的混合气，温度约 $10℃$，进料量由流量控制器 FIC1427 控制。FIC1425 与 FIC1427 为比值控制，两股原料按一定比例在管线中混合后经原料气/反应气换热器 EH423 预热，再经原料加热器 EH424 预热到 $38℃$，进入固定床反应器 ER424A/B。预热温度由温度控制器 TIC1466 通过调节加热器 EH424 加热蒸汽（S3）的流量来控制。

ER424A/B 中的反应原料在 2.523MPa、$44℃$ 下反应生成 C_2H_6。当温度过高时会发生 C_2H_4 聚合生成 C_4H_8 的副反应。反应器中的热量由反应器壳侧循环的加压 C_4 冷剂蒸发带走。C_4 蒸气在水冷器 EH429 中由冷却水冷凝，而 C_4 冷剂的压力由压力控制器 PIC1426 通过调节 C_4 蒸气冷凝回流量来控制在 0.4MPa 左右，从而保持 C_4 冷剂的温度为 $38℃$。

为了生产安全，本单元设有一联锁，联锁动作是：①关闭 H_2 进料，FIC 设手动；②关闭加热器 EH424 蒸气进料，TIC1466 设手动；③闪蒸器冷凝回流控制 PIC1426 设手动，开 100%；④自动打开电磁阀 XV1426。该联锁有一复位按钮，联锁发生后，在联锁复位前，应首先确定反应器温度已降回正常，同时处于手动状态的各控制点应设成最低值。

固定床反应器带控制点工艺流程图如图 5-36 所示，固定床反应器 DCS 图如图 5-37 所示，固定床反应器现场图如图 5-38 所示。

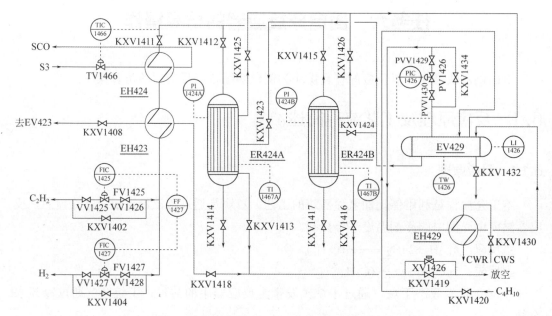

图 5-36　固定床反应器带控制点工艺流程图

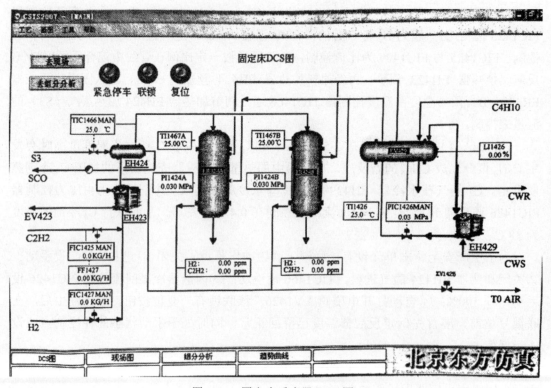

图 5-37　固定床反应器 DCS 图

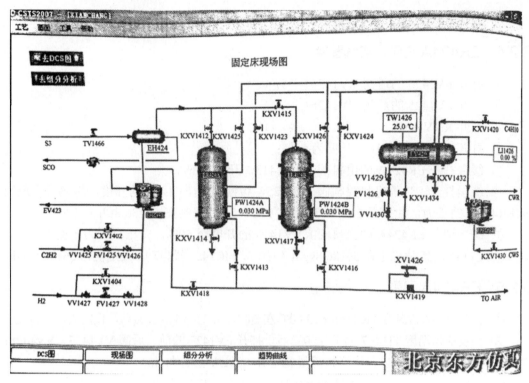

图 5-38　固定床反应器现场图

6.2　开车操作训练

6.2.1　EV429 闪蒸器充丁烷

① 确认 EV429 压力为 0.03MPa；

② 打开 EV429 回流阀 PV1426 的前阀 VV1429；

③ 打开 EV429 回流阀 PV1426 的后阀 VV1430；

④ 调节 PV1426 阀开度为 50%；

⑤ 打开 KXV1430，开度为 50%，向 EV429 通冷却水；

⑥ 打开 EV429 的丁烷进料阀门 KXV1420，开度 50%；

⑦ 当 EV429 液位到达 50%时，关进料阀 KXV1420。

6.2.2　ER424A 反应器充丁烷

① 确认反应器 ER424A 压力为 0.03MPa；

② 确认 EV429 液位到达 50%；

③ 打开丁烷冷剂进 ER424A 壳层的阀门 KXV1423；

④ 打开出 ER424A 壳层的阀门 KXV1425。

6.2.3　ER424A 启动准备

① 打开 S3 蒸汽进料控制 TV1466，开度为 30%；

② 调节 PIC1426 压力设定在 0.4MPa，投自动。

6.2.4 ER424A 充压、实气置换

① 打开 FV1425 的前阀 VV1425；

② 打开 FV1425 的后阀 VV1426；

③ 全开 KXV1412；

④ 打开阀门 KXV1418，开度为 50%；

⑤ 缓慢打开 ER424A 的出料阀 KXV1413，开度为 5%；

⑥ 缓慢打开乙炔的进料控制阀 FV1425，缓慢调节 FV1425 的开度，慢慢提高反应器 ER424A 的压力，冲压至 2.523MPa，将 FIC1425 值控制在 56186.8t/h 左右；

⑦ 缓慢调节 ER424A 的出料阀 KXV1413 的开度至 50%，充压至压力平衡；

⑧ 当 FIC1425 值稳定在 56186.8kg/h 左右时，FIC1425 投自动，设定值为 56186.8kg/h。

6.2.5 ER424A 配氢

① 待反应器入口温度 TIC1466 在 38.0℃ 左右时，将 TIC1466 投自动，设定值为 38.0℃；

② 当反应器温度 TI1467 大于 32.0℃ 后，打开 FV1427 的前、后阀 VV1427、VV1428；

③ 缓慢打开 FV1427，使氢气流量稳定在 80kg/h 左右 2min；

④ 缓慢增加氢气进料量到 200kg/h 时，将 FIC1427 投串级。

6.3 停车操作训练

6.3.1 关闭氢气进料阀

① 关闭氢气进料阀 VV1427；

② 关闭 VV1428；

③ 将 FIC1427 改为手动控制；

④ 关闭阀门 FV1427。

6.3.2 关闭加热器和蒸汽进料阀

① 将 TIC1466 改为手动控制；

② 关闭加热器 EH424 蒸汽进料阀 TV1466。

6.3.3 全开闪蒸器冷凝回流阀 PV1426 设手动

① 将 PIC1426 改成手动控制；

② 全开闪蒸器回流阀 PV1426。

6.3.4 关闭乙炔进料阀

① 将 FIC1425 改成手动控制；

② 逐渐关闭乙炔进料阀 FV1425；

③ 关闭阀门 VV1425；

④ 关闭阀门 VV1426。

6.3.5 开大冷却水进料阀

① 逐渐开大 EH429 冷却水进料阀 KXV1430；

② 将闪蒸器温度 TW1426 降到常温；

③ 将反应器压力 PI1424A 降至常压；

④ 将反应器温度 TI1467A 降到常温。

6.4 正常运营管理及事故处理操作

6.4.1 正常操作

熟悉工艺流程，密切注意各工艺参数的变化，维持各工艺参数稳定。正常操作下工艺参数如表 5-5 所示。

表 5-5 正常操作工艺参数

位号	正常值	单位
TI1467A	44.0	℃
PW1424A	2.523	MPa
FIC1425	56186.8	t/h
PIC1426	0.4	MPa
TW1426	38.0	℃
TIC1466	38.0	℃

在正常运行中可根据需要进行 ER424A 与 ER424B 间的切换，其具体操作如下：

① 关闭氢气进料；

② ER424A 温度下降到低于 38.0℃后，打开阀 KXV1424、KXV1426；

③ 关闭阀 KXV1423、KXV1425；

④ 开 C_2H_2 进 ER424B 的阀 KXV1415，微开 KXV1416；

⑤ 关 C_2H_2 进 ER424A 的阀 KXV1412。

6.4.2 事故处理

出现突发事故时，应先分析事故产生的原因，并及时做出正确的处理（见表 5-6）。

表 5-6 事故处理

事故名称	主要现象	处理办法
氢气进料阀卡住	氢气量无法自动调节	① 将 FIC1427 改成手动控制 ② 关闭阀门 VV1428 ③ 关闭阀门 VV1427 ④ 关小 KXV1430 阀，降低 EH429 冷却水量 ⑤ 当氢气用量恢复正常（FIC1427 稳定在 200kg/h 左右）后，将 KXV1430 阀开度调到 50%

事故名称	主要现象	处理办法
加热器 EH424 阀卡住	换热器出口温度超高	① 增加 KXV1430 的阀门开度，增加 EH429 冷却水量 ② 将 FIC1427 改成手动控制 ③ 关闭 FV1427，减少配氢量 ④ 控制 EH424 的出口温度在 44℃左右
闪蒸罐压力调节阀卡住	闪蒸罐压力、温度超高	① 将 PIC1426 改为手动控制 ② 关闭阀门 VV1429 ③ 关闭阀门 VV1430 ④ 增大 KXV1430 阀门的开度，增加 EH429 冷却水的量 ⑤ 用旁通阀 KXV1434 手工调节，使闪蒸罐的压力 PIC1426 在 0.4MPa 左右，闪蒸罐的温度 TW1426 在 38℃左右
反应器漏气	反应器压力迅速降低	① 关闭氢气进料阀 VV1427 ② 关闭阀门 VV1428 ③ 将 FIC1427 改成手动控制 ④ 关闭调节阀 FV1427 ⑤ 将 TIC1466 改成手动控制 ⑥ 关闭加热器 EH424 蒸汽进料阀 TIC1466 ⑦ 将调节阀 PIC1426 改成手动控制 ⑧ 全开闪蒸器回流阀 PV1426 ⑨ 将调节阀 FIC1425 改成手动控制 ⑩ 逐渐关闭乙炔进料阀 FV1425 ⑪ 关闭阀门 VV1425 ⑫ 关闭阀门 VV1426 ⑬ 逐渐开大 EH429 冷却水进料阀 KXV1430，将闪蒸器的温度（TW1426）和反应器的温度（TI1467A）降至常温，反应器的压力 PI1424A 降到常压
EH429 冷却水停	闪蒸罐压力、温度超高	① 关闭氢气进料阀 VV1427 ② 关闭阀门 VV1428 ③ 将 FIC1427 改成手动控制 ④ 关闭调节阀 FV1427 ⑤ 将 TIC1466 改成手动控制 ⑥ 关闭加热器 EH424 蒸汽进料阀 TV1466 ⑦ 将调节阀 PIC1426 改成手动控制 ⑧ 全开闪蒸器回流阀 PV1426 ⑨ 将调节阀 FIC1425 改成手动控制 ⑩ 逐渐关闭乙炔进料阀 FV1425 ⑪ 关闭阀门 VV1425 ⑫ 关闭阀门 VV1426 ⑬ 逐渐开大 EH429 冷却水进料阀 KXV1430，将闪蒸器的温度（TW1426）和反应器的温度（TI1467A）降至常温，反应器的压力 PI1424A 降到常压
反应器超温	反应器温度超高，会引发乙烯聚合副反应	增大 KXV1430 的阀门开度，增加 EH429 冷却水的量，控制 EV429 温度，TI1467A 稳定在 44℃左右，ER424A 的温度 TW1426 稳定在 38℃左右

学习成果考核

关闭操作提示，现场仿真考试，最后得分以系统评分为准。

学习
札记

任务七 掌握固定床反应器的常见故障及维护要点

7.1 常见故障及处理方法

固定床催化反应器常见的故障例如温度偏高或者偏低、压力偏高或者偏低、进料管或者出料管被堵塞等现象。当温度偏高时可以增大移热速率或减小供热速率，当温度偏低时可减小移热速率或增大供热速率；压力与温度关系密切，当压力偏高或者偏低时，可通过温度调节，或改变进出口阀开度，当压力超高时，打开固定床反应器前后放空阀；当加热剂阀或冷却剂阀卡住时，打开蒸汽或冷却水旁路阀；当进料管或出料管被堵塞时用蒸汽或者氮气吹扫等。

乙苯脱氢绝热式固定床反应器常见异常现象及处理方法具体情况分析如表 5-7。

表 5-7 乙苯脱氢绝热式固定床反应器常见异常现象及处理方法

序号	异常现象	原因分析及判断	操作处理方法
1	炉顶温度波动	① 燃料波动； ② 仪表失灵； ③ 烟囱挡板滑动造成炉膛负压波动； ④ 乙苯或水蒸气流量波动； ⑤ 喷嘴局部堵塞； ⑥ 炉管破裂（烟囱冒黑烟）	① 调节并稳定燃料供应压力； ② 检查仪表，切换手控； ③ 调整挡板至正常位置； ④ 调节并稳定流量； ⑤ 清理堵塞喷嘴后，重新点火； ⑥ 按事故处理，不正常停车
2	一段反应器进口温度波动	① 物料量波动； ② 过热水蒸气波动； ③ 仪表失灵	① 调整物料量； ② 调整并稳定水蒸气过热温度； ③ 检修仪表，切换手控
3	反应器压力升高	① 催化剂固定床阻力增加； ② 水蒸气流量加大； ③ 进口管堵塞； ④ 盐水冷凝器出口冻结	① 检查床层，催化剂烧结或粉碎，应限期更换； ② 调整流量； ③ 停车清理，疏通管道； ④ 调节或切断盐水解冻，严重时用水蒸气冲刷解冻
4	火焰突然熄灭	① 燃料气或燃料油压力下降； ② 燃料中含有大量水分； ③ 喷嘴堵塞； ④ 管道或过滤器堵塞	① 调整压力或按断开燃料处理； ② 油储罐放调存水后重新点火； ③ 疏通喷嘴； ④ 清洗过滤器或管道
5	脱氢液颜色发黄	① 水蒸气配比太小； ② 催化剂活性下降； ③ 反应温度过高； ④ 回收乙苯中苯乙烯含量过高	① 加大水蒸气流量； ② 活化催化剂； ③ 降低反应温度； ④ 不合格的乙苯不能使用
6	炉膛回火	① 烟囱挡板突然关闭； ② 熄火后，余气未抽净又点火； ③ 炉膛温度偏低； ④ 炉顶温度仪表失灵； ⑤ 燃料带水严重	① 调节挡板开启角度并固定； ② 抽净余气，分析合格后再点火； ③ 提高炉膛温度； ④ 检查仪表； ⑤ 排净存水

序号	异常现象	原因分析及判断	操作处理方法
7	苯乙烯的转化率和选择性下降	① 反应温度偏低； ② 乙苯投料量太大； ③ 催化剂已到晚期； ④ 副反应增加； ⑤ 催化剂炭化严重，活性下降	① 在允许的情况下提高反应温度； ② 降低空速，减少投料量； ③ 更新催化剂； ④ 活化催化剂可以减少副反应的发生； ⑤ 停止进料，通水蒸气活化，提高活性
8	尾气中 CO_2 含量经常偏高	① 回收乙苯中苯乙烯含量偏高； ② 水蒸气配比太小； ③ 催化剂失活严重； ④ 过热水蒸气温度偏高	① 控制回收乙苯中苯乙烯的含量小于3%； ② 提高水蒸气配比大于2.5； ③ 停止进料，用水蒸气活化催化剂； ④ 适当降低过热水蒸气温度
9	降温过程中通工艺空气后反应器床层温度升高	① 通工艺空气没有按规定交替切换； ② 管道死角内残留乙苯遇空气燃烧； ③ 催化剂层积炭遇空气燃烧	① 按规定交替切换通空气； ② 通水蒸气时间不宜太短； ③ 通大量水蒸气，使催化剂还原

7.2 维护要点

固定床催化反应器的日常维护要点：正常巡检，发现跑、冒、滴、漏现象，及时处理；经常进行控制室与现场的调节阀位对比，确保调节的准确性和灵活性；保证原料气的净化度，严格控制工艺指标，以防催化剂失活；严格按照催化剂的装卸、活化和再生等操作规程操作。

7.2.1 生产期间维护

要严格控制各项工艺指标，防止超温、超压运行，循环气体应控制在最佳范围，应特别注意有毒气体含量不得超过指标。升、降温度及升、降压力速率应严格按规定执行。调节催化剂层温度，不能过猛，要注意防止气体倒流。定期检查设备各连接处及阀门管道等，消除跑、冒、滴、漏及振动等不正常现象。在操作、停车或充氮气期间均应检查壁温，严禁塔壁超温。运行期间不得进行修理工作，不许带压紧固螺栓，不得调整安全阀，按规定定期校验压力表。主螺栓应定期加润滑剂，其他螺栓和紧固件也应定期涂防腐油脂。

7.2.2 停车期间维护

无论短期停产还是长期停产，都需要进行以下维护：①检查和校验压力表；②用超声波检测厚仪器，测定与容器相连接管道、管件的壁厚；③检查各紧固件有无松动现象；④检查塔外表面，防腐层是否完好，对塔壁表面的锈蚀情况（深度、分布位置），要绘制简图予以记载；⑤短期停产时，必须保持正压，防止空气流入烧坏催化剂；⑥长期停产，还必须做定期检修、停产所做的各项检查。

7.3 固定床反应器的安全保护装置

固定床催化反应器的安全保护装置主要包括防超压、防超温和防爆设施等。在进料和出料管线上均设有放空阀以防超压；在催化剂床层中设冷却副线以防超温；设置氮气吹扫管线，用于稀释保护，以防火灾和爆炸。

工业文化

中国催化剂之父——闵恩泽

闵恩泽（1924 年 2 月 8 日—2016 年 3 月 7 日），四川成都人，石油化工催化剂专家，中国科学院院士、中国工程院院士、第三世界科学院院士、英国皇家化学会会士，2007年度国家最高科学技术奖获得者，感动中国 2007 年度人物之一，是中国炼油催化应用科学的奠基者，石油化工技术自主创新的先行者，绿色化学的开拓者，被誉为"中国催化剂之父"。

闵恩泽主要从事石油炼制催化剂制造技术领域研究，20 世纪 60 年代初，闵恩泽参加并指导完成了移动床催化裂化小球硅铝催化剂、流化床催化裂化微球硅铝催化剂、铂重整催化剂和固定床烯烃叠合磷酸硅藻土催化剂制备技术的消化吸收再创新和产业化，打破了中国之外其他国家的技术封锁，满足了国家的急需，为中国炼油催化剂制造技术奠定了基础。

20 世纪 70 年代，闵恩泽指导开发成功的 Y-7 型低成本半合成分子筛催化剂获 1985年国家科技进步奖二等奖，还开发成功了渣油催化裂化催化剂及其重要活性组分超稳 Y 型分子筛、稀土 Y 形分子筛，以及钼镍磷加氢精制催化剂，使中国炼油催化剂迎头赶上世界先进水平，并在多套工业装置推广应用，实现了中国炼油催化剂跨越式发展。

20 世纪 80 年代后，闵恩泽从战略高度出发，重视基础研究，亲自组织指导了多项催化新材料、新反应工程和新反应的导向性基础研究工作，是中国石油化工技术创新的先行者。经过多年努力，在一些领域已取得了重大突破。其中，他指导开发成功的 ZRP分子筛被评为 1995 年中国十大科技成就之一，支撑了"重油裂解制取低碳烯烃新工艺（DCC）"的成功开发，满足了中国炼油工业的发展和油品升级换代的需要。

在国家需要的时候，闵恩泽站出来燃烧自己，照亮能源产业。把创新当成快乐，让混沌变得清澈，他为中国制造了催化剂。点石成金，引领变化，永不失活，他就是中国科学的催化剂！

　知识拓展

知识拓展

请扫码学习气固相催化反应动力学、固定床反应器的传质与传热、固定床反应器的计算和催化剂的历史及其发展趋势。

项目测试

一、填空题

1．衡量催化剂的性能指标主要有_____、寿命和_____。

2．固体催化剂失活的原因有：_____、烧结、_____、_____和经由气相损失。

3．固定床反应器床层内的传热过程主要包括_____和_____过程。

4．固定床反应器可通过_____和_____方法使气体分布均匀。

5．固相催化反应过程中，反应物 A 的浓度分布为：_____。若内扩散作为控制步骤，则浓度分布_____，若外扩散作为控制步骤，则浓度分布_____。

6．固定床反应器的型式主要有_____和_____两种。

7．固定床反应器器壁使床层空隙率在径向分布_____处最大，_____处最小。

8．消除内扩散对反应的影响的方法是_____，消除外扩散对反应的影响的方法是_____。

9．催化剂是一种物质，它能够加速化学反应的速率而不改变该反应的标准自由焓的变化，这种作用称为_____。

10．复合催化剂一般主要有三部分构成，分别是_____、_____和_____。

11．_____是指单位时间内单位催化剂上生成目的产物的数量。

12．_____是指催化剂在反应条件下具有活性的使用时间。

13．固体催化剂的制备方法主要有_____、_____、_____、_____和_____。

14．催化剂的毒物通常可分为_____和_____两大类。

15．研究表明，催化剂上不适宜的_____常常是导致结焦的原因。

16．_____是在催化剂活性下降后，通过适当的处理使其活性得到恢复的操作。

17．_____是催化剂床层的空隙体积与催化剂床层总体积之比。

18．流体流过固定床层的_____，主要是由于流体与颗粒表面间的摩擦阻力和流体在孔道中的收缩、扩大和再分布等局部阻力引起的。

19．影响床层压降的因素主要可归纳为：一是_____，二是_____。

20．固定床反应器中的传质过程包括_____、_____和_____。

21．固定床中流体的流动，通常分成_____和_____两个方面进行研究。

22．固定床内的混合扩散主要包括_____和_____混合扩散。

二、选择题

1．当化学反应的热效应较小，反应过程对温度要求较宽，对单程转化率要求较低时，可采用（　　）。

A．自热式固定床反应器　　　　　　B．单段绝热式固定床反应器

C．换热式固定床反应器　　　　　　D．多段绝热式固定床反应器

2．乙苯脱氢制苯乙烯、氨合成等都采用（　　　）反应器。

A．固定床　　　　　B．流化床　　　　　C．釜式　　　　　D．鼓泡式

3．催化剂的主要评价指标是（　　　）。

A．活性、选择性、状态、价格　　　　　B．活性、选择性、寿命、稳定性

C．活性、选择性、环保性、密度　　　　D．活性、选择性、环保性、表面光洁度

4．关于催化剂的描述下列哪种说法是错误的？（　　　）

A．催化剂能改变化学反应速率。　　　　B．催化剂能加快逆反应的速率。

C．催化剂能改变化学反应的平衡。　　　D．催化剂对反应过程具有一定的选择性。

5．催化剂之所以能增加反应速率，其根本原因是（　　　）。

A．改变了反应历程，降低了活化能　　　B．增加了活化能

C．改变了反应物的性质　　　　　　　　D．以上都不对

6.下列不能表示催化剂颗粒直径的是（　　　）。

A．体积当量直径　　　　　　　　　　　B．面积当量直径

C．长度当量直径　　　　　　　　　　　D．比表面积当量直径

三、判断题

1．催化剂能够加快化学反应速率，但它本身并不进入化学反应的计量。（　　　）

2．"飞温"可使床层内催化剂的活性和选择性、使用寿命等性能受到严重的危害。（　　　）

3．内扩散效率因子越大，说明反应过程中内扩散的影响越小。（　　　）

4．催化剂的有效系数是球形颗粒的外表面与体积相同的非球形颗粒的外表面之比。（　　　）

5．气固相催化反应宏观反应速率的控制步骤是反应过程中速率最快的那一步。（　　　）

6．增加床层管径与颗粒直径比可降低壁效应，提高床层径向空隙率的均匀性。（　　　）

7．径向固定床反应器可采用细粒催化剂的原因是该反应器的压降小。（　　　）

8．催化剂只能加速热力学上可能进行的化学反应，而不能加速热力学上无法进行的反应。（　　　）

9．催化剂的还原，不一定必须要达到一定的温度才能进行。（　　　）

10．所有催化剂的活性都是随着使用时间的延长而不断下降，在使用过程中缓慢地失活是正常的、允许的。（　　　）

11．金属比氧化物更容易被烧结，因此使用金属催化剂时常常把它负载在氧化物载体上。（　　　）

四、思考题

1．气固相催化反应器有哪几类？如何进行选择？

2．工业上用合成气制甲醇，选择什么反应器合适？请说明理由。

3．固定床反应器分为哪几种类型？其结构有何特点？

4．试述绝热式和换热式气固相催化固定床反应器的特点，并举出应用实例。

5．试述对外换热式与自热式固定床反应器的特点，并举出应用实例。

6．催化剂的定义及其基本特征、必备条件是什么？

7．工业固体催化剂的制备方法有哪些？

8．催化剂失活的原因有哪些？什么情况下可进行催化剂的再生？工业上常用的再生方法有哪些？

9．评价催化剂性能的指标包括哪些？

10．简述气固相催化反应的宏观过程。

11．固定床催化反应器的床层空隙率 ε 的定义、影响因素是什么？为什么 ε 是固定床反应器的重要特性参数？

12．流体在固定床反应器中的流动特性是什么？

13．催化剂在使用时应注意哪些问题？

14．固定床反应器常见故障有哪些？产生的原因是什么？如何排除？

项目六　流化床反应器与操作

学习目标

学习建议

🌐 知识目标

1. 说出流化床反应器的分类、结构和特点；
2. 解释固体流态化；
3. 操作和控制流化床反应器。

🎯 技能目标

1. 能根据反应特点和工艺要求选择反应器类型；
2. 能按生产操作规程操作反应单元；
3. 能正确维护流化床反应器。

💡 素质目标

1. 养成责任、成本、时间意识；
2. 具有严谨、细致的职业素养与团队精神；
3. 具有化工生产规范操作意识，具有良好的观察力、逻辑判断力、紧急应变能力。

通过阅读设备图、参观实训装置、观看仿真素材图片，培养对流化床反应器的感性认识，以感性认识为基础，掌握流化床反应器的基础知识，通过流化床反应器的实物图画流化床反应器的装配图，通过装置或仿真软件的实操训练，掌握流化床反应器的基本操作。

案例导入

图 6-1 为 MTG 流化床 URBK-Mobil 工艺流程示意图，该工艺是德国的 URBK 公司、伍德公司和美国 Mobil 公司在 Mobil 法固定床工艺的基础上开发出了流化床工艺，使用的也是 Mobil 的 ZSM-5 催化剂。流化床工艺主要装置有流化床反应器、再生塔和外冷却器。流化床反应器包括一个浓相段，其下部为稀相提升管。原料甲醇和水按一定比例混合并汽化，过热到 177 ℃ 后进入流化床反应器。流化床反应器顶部出来的产物除去夹带的催化剂后进行冷却，分离出水、稳定的汽油和轻组分。流化床中的反应是急剧的放热

反应，必须采用外部冷却器移走热量。为了控制催化剂表面积炭，将一部分催化剂循环至再生塔，1983年，他们又改造了反应器，将原先的外部冷却催化剂改为在反应器内部加一个冷却器冷却。无论是使催化剂通过外部冷却器循环来回收该反应器放出的热量，还是采用在流化床内安装传热盘管，不管采用哪一种热量取出办法，为了将催化剂表面的积炭去除，都不得不将一部分催化剂循环至再生塔进行再生。

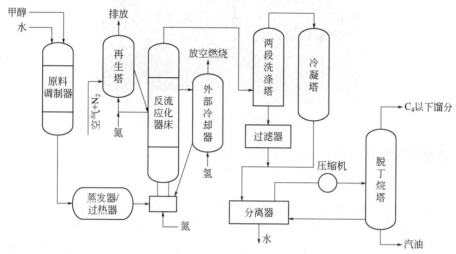

图 6-1　MTG 流化床 URBK-Mobil 工艺流程示意图

任务一　认识流化床反应器

利用流态化技术进行化学反应的装置称为流化床反应器。图 6-2 为清洁煤制气循环流化床装置。流化床反应器是化工生产中常用的一种反应器，主要针对一些有固体颗粒参与的化学反应。固体颗粒在化学反应中一般有两种性质：一是作为一种反应物参与化学反应，例如硫铁矿的焙烧，氧化铁矿石的还原等；二是作为催化剂在反应中起催化作用，例如合成氨中的铁触媒反应，应用铁粉作为催化剂进行合成氨反应。无论是何种性质，这些固体颗粒都可以在流化床反应器中参与化学反应。流化床反应器为气固相反应提供了很好的传质和传热的反应场所。

流化床反应器
原理展示

1.1　流化床反应器的分类

流化床反应器多用于气固相反应，反应条件和物料的性质对流化床的结构和形式要求比较高，这样流化床反应器的种类、形式比较多，按不同的分类方法有不同的种类。

图 6-2　清洁煤制气循环流化床装置

1.1.1　按照固体颗粒是否在系统内循环分类

　　有单器（又称非循环操作的流化床）和双器（又称循环操作的流化床）两类。单器流化床在工业上应用最为广泛，如图 6-3 所示，多用于催化剂使用寿命较长的气固相催化反应过程，如乙烯氧氯化反应器、萘氧化反应器和乙烯氧化反应器等。双器流化床多用于催化剂寿命较短且容易再生的气固相催化反应过程，如石油炼制工业中的催化裂化装置。其结构形式如图 6-4 所示。双器流化床由反应器和再生器两部分组成，两器以管道连通。固体催化剂在反应器中参与反应后进入再生器重整、再生。这样实现了催化剂的循环使用和连续操作。

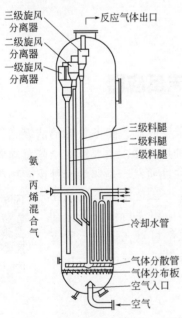

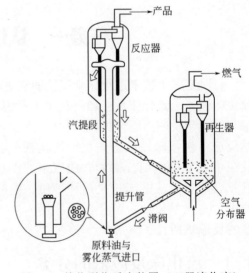

图 6-3　丙烯氨化氧化流化床反应器（单器流化床）　　图 6-4　催化裂化反应装置（双器流化床）

1.1.2　按照床层的外形分类

　　可分为圆筒形和圆锥形流化床，如图 6-3 和图 6-5 所示。圆筒形流化床反应器结构简单，制造容易，设备容积利用率高。圆锥形流化床反应器的结构比较复杂，制造比较困难，设备的利用率较低，但因其截面自下而上逐渐扩大，故也具有很多优点：

（1）适用于催化剂粒度分布较宽的体系 由于床层底部速度大，较大颗粒也能流化，防止了分布板上的阻塞现象，上部速度低，减少了气流对细粒的带出，提高了小颗粒催化剂的利用率，也减轻了气固分离设备的负荷。这使得在低速下操作的工艺过程可获得较好的流化质量。

（2）由于底部速度大，增强了分布板的作用 床层底部的速度大，孔隙率也增加，使反应不致过分集中在底部，并且加强了底部的传热过程，故可减少底部过热和烧结现象。

（3）适用于气体体积增大的反应过程 气泡在床层的上升过程中，随着静压的减少，体积相应增大。采用锥形床，选择一定的锥角，可适应这种气体体积增大的要求，使流化更趋平稳。

1.1.3 按照床层中是否设置有内部构件分类

可分为自由床和限制床。床层中设置内部构件的称为限制床，未设置内部构件的称为自由床。设置内部构件的目的在于增进气固接触，减少气体返混，改善气体停留时间分布，提高床层的稳定性，从而使高床层和高流速操作成为可能。许多流化床反应器都采用挡网、挡板等作为内部构件。

对于反应速率快、延长接触时间不至于产生严重副反应或对于产品要求不严的催化反应过程，则可采用自由床，如石油炼制工业的催化裂化反应器便是典型的一例。

1.1.4 按照反应器内层数的多少分类

可分为单层和多层流化床。对气固相催化反应主要采用单层流化床。多层式流化床中，气流由下往上通过各段床层，流态化的固体颗粒则沿溢流管从上往下依次流过各层分布板，如图 6-6 所示，用于石灰石焙烧的多层式流化床的结构。

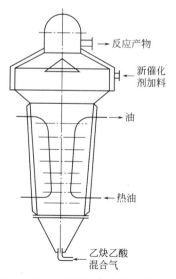

图 6-5 乙炔与乙酸合成乙酸乙烯酯反应器

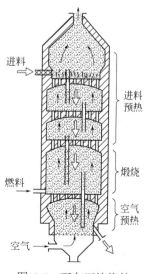

图 6-6 石灰石焙烧炉

1.1.5　按是否催化反应分类

分为气固相流化床催化反应器和气固相流化床非催化反应器两种。以一定的流动速度使固体催化剂颗粒呈悬浮湍动，并在催化剂作用下进行化学反应的设备是气固相流化床催化反应器，它是气固相催化反应常用的一种反应器。而在气固相流化床非催化反应器中，是原料直接与悬浮湍动的固体原料发生化学反应。

1.2　流化床操作的优缺点

流化床内的固体粒子像流体一样运动，由于流态化的特殊运动形式，这种反应器具有如下特点。

1.2.1　优点

①　床层温度分布均匀。由于床层内流体和颗粒剧烈搅动混合，床内温度均匀。由于传热效率高，床内温度均匀，特别适合于一些热效应较高的反应及热敏性材料。

②　流化床内的传热及传质速率很高。由于颗粒的剧烈运动，两相间表面不断更新，因此床内的传热及传质速率高，这对于以传热和传质速率控制的化学反应和物理过程是非常有用的，可大幅度地提高设备的生产强度，进行大规模生产。

③　床层和金属器壁之间的传热系数大。由于固体颗粒的运动，金属器壁与床层之间的传热系数大为增加，要比没有固体颗粒存在的情况下大数十倍乃至上百倍。因此便于向床内输入或取出热量，所需的传热面积却较小。

④　流态化的颗粒流动平稳，类似液体，其操作可以实现连续、自动控制，并且容易处理。

⑤　床与床之间颗粒可连续循环，这样使得大型反应器中生产的或需要的大量热量有传递的可能性。

⑥　为小颗粒或粉末状物料的加工开辟了途径。

1.2.2　缺点

由于颗粒处于运动状态，流体和颗粒的不断搅动，也给流化床带来一些缺点：

①　颗粒的返混现象使得在床内颗粒停留时间分布不均，因而影响产品质量。另外，由于颗粒的返混造成反应速率降低和副反应增加。

②　由于气泡的存在，床内气流不少以气泡状态流经床层和固体接触不均匀，若气相是加工对象，也影响产品的均匀性和使得转化率的降低。

③　颗粒流化时，相互碰撞，脆性固体材料易成粉末而被气体夹带，除尘要求高且损失严重。

④　由于固体颗粒的磨损作用，管子和容器的磨损严重，设备更新要求高。

⑤　不利于高温操作，由于流态化要求颗粒必须是固态，由于高温下颗粒易于聚集和黏结，因而不能在高温下操作，从而影响了产物的生成速率。

尽管有这些缺点，但流态化的优点是不可比拟的。并且由于对这些缺点充分认识，可以借助结构加以克服，因而流态化得到了越来越广泛的应用。

学习
札记

1. 通过本节内容的学习，你对流化床反应器有哪些认识？

....
....
....
....
....
....
....

2. 通过参考资料和网络信息等列举流化床的工业应用。

....
....
....
....
....
....
....

任务二　学习流化床反应器的结构

流化床运行

流化反应器的类型比较多，每一类型反应器都有自己特有的结构，但多数反应器的结构都包括壳体、气体分布装置、内部构件、换热装置、气固分离装置。图 6-7 为单器和双器流化床反应器的结构示意图。

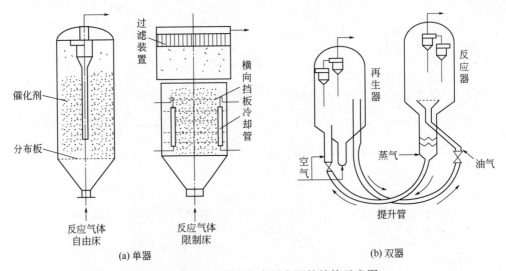

图 6-7　单器和双器流化床反应器的结构示意图

2.1　壳体

壳体是流化床反应器的主体部分，一般由耐磨性强的不锈钢做成。为了抵抗固体小颗粒的磨蚀，有些反应器里面内衬高耐磨性材料。壳体的下部开有气体入口，上部开有气体出口，侧面开有固相入口和出口。另外，为了除尽残留的固体颗粒，有些反应器在顶部开有空气吹净入口。壳体按床层中的介质密度分布分为浓相段（有效体积）和稀相段，底部设有锥底，有些流化床的上部还设有扩大段，用以增强固体颗粒的沉降。

2.2　气体分布装置

流化床的气体分布板是保证流化床具有良好而稳定流态化的重要构件，它应该满足下列基本要求。

① 具有均匀分布气流的作用，同时其压降要小。这可以通过正确选取分布板的开孔率或分布板压降与床层压降之比，以及选取适当的预分布手段来达到。

② 能使流化床有一个良好的起始流态化状态，避免形成"死角"。这可以从气体流出分布板的一瞬间的流型和湍动程度，从结构和操作参数上予以保证。

③ 操作过程中不易被堵塞和磨蚀。

分布板对整个流化床的直接作用范围仅 0.2～0.3m，然而它对整个床层的流态化状态却具有决定性的影响。在生产过程中，常会由于分布板设计不合理，气体分布不均匀，造成沟流和死区等异常现象。

气体分布装置位于反应器底部，有两部分：气体预分布器和气体分布板两部分。其作用是使气体均匀分布，以形成良好的初始流化条件，同时支撑固体催化剂颗粒。

气体预分布器通常是一个倒锥形的气室，气体自侧向进入气体预分布器，在气室内进行粗略的重整。常用的气体预分布器的结构有三种：充填式分布器、开口式分布器、弯管式分布器。

气体分布板位于预分布器的上部，气体在预分布器里粗略地重整后进入气体分布板。气体分布板进一步把气体分布均匀，使气体形成一个良好的起始流化状态，创造一个良好的气固相接触条件。工业生产用的气体分布板的型式很多，主要有密孔板，直流式、侧流式和填充式分布板，旋流式喷嘴和分枝式分布器等，每种形式又有各种不同结构。

密孔板又称烧结板，被认为是气体分布均匀、初生气泡细小、流态化质量最好的一种分布板。但因其易被堵塞，并且堵塞后不易排出，加上造价较高，所以在工业中较少使用。

直流式分布板结构简单，易于设计制造。但气流方向正对床层，易使床层形成沟流，小孔易于堵塞，停车时又易漏料。所以除特殊情况外，一般不使用直流式分布板。图 6-8 所示的是三种结构的直流式分布板。

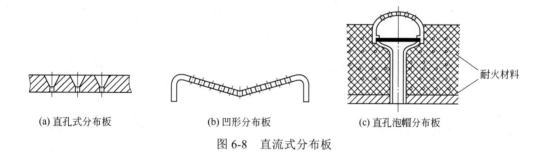

(a) 直孔式分布板　　　　(b) 凹形分布板　　　　(c) 直孔泡帽分布板

图 6-8　直流式分布板

填充式分布板是在多孔板（或栅板）和金属丝网上间隔地铺上卵石、石英砂、卵石，再用金属丝网压紧，如图 6-9 所示。其结构简单，制造容易，并能达到均匀布气的要求，流态化质量较好。但在操作过程中，固体颗粒一旦进入填充层就很难被吹出，容易造成烧结。另外经过长期使用后，填充层常有松动，造成移位，降低了布气的均匀程度。

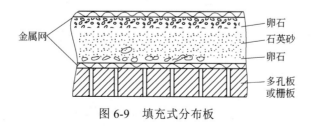

图 6-9　填充式分布板

　　侧流式分布板如图 6-10 所示，它是在分布板孔中装有锥形风帽，气流从锥形风帽底部的侧缝或锥形风帽四周的侧孔流出，是应用较广、效果较好的一种分布板。其中锥形侧缝分布板应用最广，其优点是气流经过中心管，然后从锥形风帽底边侧缝逸出，减少了孔眼堵塞和漏料，加强了料面的搅拌，气体沿板面流出形成"气垫"，不致使板面温度过高，避免了直孔式的缺点。锥形风帽顶部的倾斜角度大于颗粒的堆积角，不致使颗粒贴在锥形风帽顶部形成死角，并在三个锥形风帽之间又能形成一个小锥形床，这样多个锥形体有利于流化质量的改善。

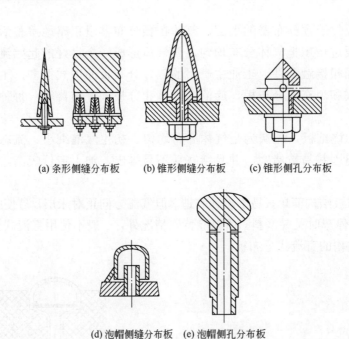

(a) 条形侧缝分布板　　(b) 锥形侧缝分布板　　(c) 锥形侧孔分布板

(d) 泡帽侧缝分布板　　(e) 泡帽侧孔分布板

图 6-10　测流式分布板

　　无分布板的旋流式喷嘴如图 6-11 所示。气体通过六个方向上倾斜 10° 的喷嘴喷出，托起颗粒，使颗粒激烈搅动。中部的二次空气喷嘴均偏离径向 20°～25°，造成向上旋转的气流，这种流态化方式一般应用于对气体产品要求不严的粗粒流态化床中。

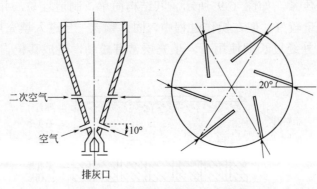

图 6-11　无分布板的旋流式喷嘴

短管式分布板是在整个分布板上均匀设置若干根短管，每根短管下部有一个气体流入的小孔，如图 6-12 所示，孔径为 9～10mm，为管径的 1/4～1/3，开孔率约 0.2%。短管长约 200mm。短管及其下部的小孔可以防止气体涡流，有利于均匀布气，使流化床操作稳定。

多管式气流分布器是近年来发展起来的一种新型分布器，由一个主管和若干带喷射管的支管组成，如图 6-13 所示。由于气体向下射出，可消除床层死区，也不存在固体泄漏问题，并且可以根据工艺要求设计成均匀布气或非均匀布气的结构。另外分布器本身不同时支撑床层质量，可做成薄型结构。

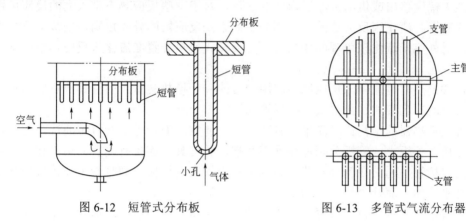

图 6-12　短管式分布板　　　　　图 6-13　多管式气流分布器

2.3　内部构件

为了破碎气体在床层中产生的大气泡，增大气固相间的接触面积以提高反应速率和转化率，流化床反应器往往设置一些内部构件。这些内部构件包括挡网、挡板和填充物等。如图 6-14 所示，挡网网眼通常为 15mm×15mm 或 25mm×25mm，网丝直径为 3～5mm。挡板有两种形式，即单旋挡板和多旋挡板，如图 6-15 所示。单旋挡板指使气体沿一个方向旋转的挡板，这种挡板结构简单、加工方便，但缺点是使粒子在床层中分布不均匀；多旋挡板会使气体有不同的旋转方向，气体和固体的接触更完全，颗粒分布更均匀，但缺点是结构复杂、加工不方便。

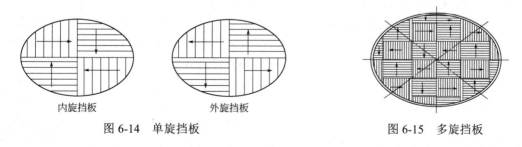

内旋挡板　　　　　外旋挡板

图 6-14　单旋挡板　　　　　图 6-15　多旋挡板

2.4　换热装置

利用流化床反应器进行工业生产的特点之一是物料在反应器内传热速率大、温度相

对均匀，所以对于同样的反应，流化床反应器所需的换热装置要比固定床
反应器中的换热装置小得多。但为了更好地为反应移出或供给热量，进一
步维持反应器中的温度均匀，流化床反应器多采用换热装置。常用的换热
装置有两种：夹套式换热器和内管式换热器。

流化床换热器
结构

夹套式换热装置是指在流化床反应器主体部分焊接或安装一夹套层，
这样便在夹套与器壁之间形成一层密闭的空间，冷热流体通过此空间加热或冷却反应器。
蒸汽由上部接管进入夹套，冷凝水由下部接管排出。如果冷却水进行冷却时，则由夹套
下部接管进入，而由上部接管流出。夹套式换热器传热的特点是传热速率稳定、传热面
积大，能大幅度移出或供给反应器内壁的热量。对于一些反应热不是太大的反应可用夹
套式换热装置。流化床反应器的外壳部分不像釜式反应器的外壳规则，安装夹套并不十
分方便，另外鉴于流化床可观的传热效率，夹套式换热装置在流化床反应器中应用并不
广泛。

内管式换热器是流化床反应器中应用较多的一种换热装置。内管式换热器的形式比
较多，常见的有列管式、蛇管式、U 形管式等。

列管式换热器的结构比较简单、紧凑、造价便宜，但管外不能机械清洗。此种换热
器管束连接在管板上，管板分别焊在外壳两端，并在其上连接有顶盖，顶盖和壳体装有
流体进出口接管。通常在管外装置一系列垂直于管束的挡板。同时管子和管板与外壳的
连接都是刚性的，而管内管外是两种不同温度的流体。

蛇管式换热装置是将金属弯管绕成各种与反应器内壁相适应的形状。蛇管式换热装
置具有结构简单和不存在热补偿问题的优点，缺点是换热效果差，对床层流态化质量有
一定的影响。

U 形管式换热器，每根管子都弯成 U 形，两端固定在同一块管板上，每根管子皆可
自由伸缩，从而解决热补偿问题。管程至少为两程，管束可以抽出清洗，管子可以自由
膨胀。其缺点是管子内壁清洗困难，管子更换困难，管板上排列的管子少。优点是结构
简单、质量轻、对催化剂损害小。

2.5　气固分离装置

在流化床反应器中化学反应一般发生的是气固相反应。在流化床反应器的上部（即
稀相段）细小的颗粒会被气体带出反应器。如果固体颗粒是催化剂，会造成催化剂损失，
必须把催化剂返送到反应器中以保证反应的正常进行。另外颗粒被上升气流带出还会影
响产品的纯度。所以在反应器的顶部通常设置气固分离器，以分离掺杂在上升气流中的
细小颗粒。常用的气固分离装置有旋风分离器和内置过滤器。

旋风分离器是利用离心力的作用从气流中分离出尘粒的设备。含有细
小颗粒的气体由进气管沿切线方向进入旋风分离器内，在旋风分离器内做
回旋运动而产生向心力，这些颗粒在离心力的作用下被抛向器壁，结构如
图 6-16 所示，主体的上部为圆筒形，下部为圆锥形。含有细小颗粒的气体
由圆筒上部的进气管切向进入，受器壁的约束而向下做螺旋运动。在惯性

旋风分离器
原理

离心力作用下，细小颗粒被抛向器壁而与气流分离，再沿壁面落至锥底的排灰口。净化
后的气体在中心轴附近由下而上做螺旋运动，最后由顶部排气管排出。通常，把下行的

螺旋形气流称为外旋流，上行的螺旋形气流称为内旋流（又称气芯）。内、外旋流气体的旋转方向相同。外旋流的上部是主要除尘区。旋风分离器内的静压强在器壁附近最高，仅稍低于气体进口处的压强，往中心逐渐降低，在气芯处可降至气体出口压强以下。旋风分离器内的低压气芯由排气管入口一直延伸到底部出灰口。因此，如果出灰口或集尘室密封不良，便易漏入气体，把已收集在锥形底部的粉尘重新卷起，严重降低分离效果。旋风分离器的应用已有近百年的历史，因其结构简单，造价低廉，没有活动部件，可用多种材料制造，操作条件范围宽广，分离效率较高，所以至今仍是化工、采矿、冶金、机械、轻工等工业部门里最常用的一种除尘、分离设备。旋风分离器一般用来除去气流中直径在 $5\mu m$ 以上的尘粒。对颗粒含量高于 $200g/m^3$ 的气体，由于颗粒聚结作用，它甚至能除去 $3\mu m$ 以下的颗粒。旋风分离器还可以从气流中分离出雾沫。对于直径在 $200\mu m$ 以上的粗大颗粒，最好先用重力沉降法除去，以减少颗粒对分离器器壁的磨损，对于直径在 $5\mu m$ 以下的颗粒，旋风分离器的分离效率不高，一般用内置过滤器。

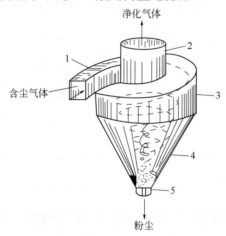

图 6-16　旋风分离器结构

1—进气管；2—排气管；3—圆柱体；4—圆锥体；5—粉尘排出口

　　内置过滤器也是流化床常采用的气固分离装置，位于反应器顶部的内置过滤器由一束竖直的管子构成，这些管子可以是素烧瓷管、开孔金属管或金属丝网管等。在管子的外面包扎数层玻璃纤维布。含有细小颗粒的气体通过玻璃纤维布时，由于玻璃纤维布的微孔只能允许气体分子通过而将绝大部分的固体阻止下来，从而达到气固分离的目的。相比于旋风分离器，内置过滤器的优点是可以分离更细更小的固体颗粒，直径在 $5\mu m$ 以下的细粒和粉尘多用内置过滤器分离。不过随着过滤的不断进行，附在内管表面的颗粒不断增多，部分堵塞玻璃纤维布的微孔，导致气体阻力变大。解决这种现象的方法是定期对内管进行反吹，以清除表面的颗粒。

1. 本任务内容安排框架性强、分类清晰，内部构件及工作原理表述详细，你是否有更好的学习方法将本任务的知识内容进行归纳总结？请表述出来。

_____

_____

_____

_____

_____

_____

_____

2. 试比较固定床反应器与流化床反应器的结构图，并分享给大家。

_____

_____

_____

_____

_____

_____

任务三　学习流化床反应器中流体流动

流体以一定的流速通过固体颗粒组成的床层时，将大量固体颗粒悬浮于运动的流体之中，从而使颗粒具有类似于流体的某些表观特性，这种流固接触状态称为固体流态化。利用这种流体与固体间的接触方式实现生产过程的操作，称为流态化技术。

流态化技术是一种强化流体（气体或液体）与固体颗粒间相互作用的操作，可使操作连续、生产强化、过程简化，在化工、能源、冶金等行业有着广泛的使用。例如固体燃料的燃烧、煤炭的气化与焦化、固体物料的输送、化工生产中的气固相催化反应、物料干燥、加热与冷却、石油裂解、冶金、环保等领域，而且其应用领域还在不断扩大。

3.1　流化床的不同阶段

图 6-17 所示给出了不同流速时床层的变化，设有一圆筒形容器，下部装有一块流体分布板，分布板上堆积固体颗粒，当一种流体从自底至顶以不同的速度通过反应器中的颗粒床层时，固体颗粒在流体中呈现出不同的状态，根据流体流速的大小，有以下几种情况。

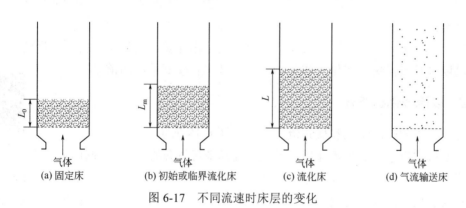

图 6-17　不同流速时床层的变化

3.1.1　固定床阶段

当流体的速度较低时，固体颗粒静止不动，床层的空隙率及高度都不变，流体只能穿过静止颗粒之间的缝隙而流动，颗粒床层不随流体的运动而运动，保持固定状态，这种情况称为固定床阶段。

3.1.2　流化床阶段

（1）临界流化床　当流体的流速增大到一定程度后，颗粒床层开始松动，床层中的颗粒发生相对运动，床层开始膨胀。当流速继续增大，床层膨胀程度加大，直至床层中的全部颗粒恰好悬浮在流动的流体中（颗粒本身的重力与流体和颗粒之间的摩擦力相等），但颗粒还不能自由的运动，这种情况称为临界流化床阶段，此时流体的速度称为临界流化速度。

（2）流化床　当流体的流速超过临界流化速度，这时反应器中的全部颗粒刚好悬浮在向上流动的流体中而能做随即的运动。流速增大，床层高度随之升高，这种床层称为流化床。

3.1.3　输送床

当流体的流速进一步增大到某一极限值时，流化床上界面消失，固体颗粒不再自由运动，而是分散悬浮在气流中，被流体从反应器中带出，这种情况称为输送床阶段。

3.2　流态化操作类型

流态化操作可有多种分类方法，不同的分类方法种类也不一样。

3.2.1　以流化介质分

可以分为气-固流化床、液-固流化床、三相流化床。

（1）气-固流化床　以气体为流化介质。目前应用最为广泛，如各种气-固相反应、流化床燃烧、物料干燥等。

（2）液-固流化床　以液体为流化介质。这类床问世较早，但不如前者应用广泛。多见于流态化浸取和洗涤、湿法冶金等。

（3）三相流化床　以气、液体两种流体为流化介质。这种床型自二十世纪七十年代有报道以来发展很快，在化工和生物化工领域中有较好的应用前景。

3.2.2　以流态化状态分

可以分为散式流态化和聚式流态化，如图 6-18 所示。

流态化现象

（1）散式流态化　当流体以足够大的流速流经固体颗粒时，固体颗粒在流体中均匀地、平稳地膨胀，形成一种稳定的、波动小的均匀床层。这种流态化称为散式流态化。散式流态化有以下特点：①在流化过程中有一个明显的临界流态化点和临界流化速度；②流化床层的压降为一常数；③床层有一个平稳的上界面；④流体流速增大时，也看不到明显的鼓泡或不均匀现象。通常，两相密度差小的系统趋向形成散式流态化，故大多数的液-固流态化为散式流态化。

（2）聚式流态化　当流体为气体时，以超过临界流化速度经过固体颗粒床层时，有一部分气体以气泡形式通过床层，气泡在上升的过程中不断聚集，引起整个床层的波动。上升的气泡把部分颗粒带至床面，气泡随之破裂。整个流化床由于有不断的气泡产生和破裂，床层并不稳定，颗粒也不均匀。这种流态化称为聚式流态化。聚式流态化的特点是：当流速大于临界流化速度后，流体不是均匀地流过颗粒床层，一部分流体不与固体混合就短路流过床层。如气-固系统，气体以气泡形式流过床层，气泡在床层中上升和聚并，引起床层的波动。聚式流化床大多是气-固流化床。

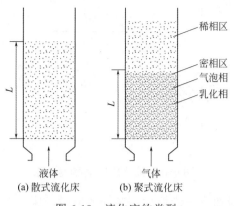

图 6-18　流化床的类型

（3）两种流态化的判别　一般认为液固流态化为散式流态化，而气固之间的流态化多为聚式流态化。但对于压力较高的气固系统或者用较轻的液体流化较重的颗粒，如水-铅流化系统，这种区别就不明显。因此准确判别流体与固体颗粒之间发生的流态化现象时，该流态化现象属散式流态化还是聚式流态化是至关重要的。研究表明，可用下列四个无量纲数的乘积来表征流化形态：

$$Fr_{mf}Re_{mf}\frac{\rho_p-\rho}{\rho}\times\frac{L_{mf}}{D}<100 \text{ 为散式流态化} \tag{6-1}$$

$$Fr_{mf}Re_{mf}\frac{\rho_p-\rho}{\rho}\times\frac{L_{mf}}{D}>100 \text{ 为聚式流态化} \tag{6-2}$$

式中，Fr_{mf} 为弗劳德数，$Fr_{mf}=\dfrac{u_{mf}^2}{d_p g}$；$Re_{mf}$ 为雷诺数，$Re_{mf}=\dfrac{d_p u_{mf}\rho}{\mu}$；$u_{mf}$ 为流体空床流速，m/s；d_p 为颗粒平均粒径，m；ρ、ρ_p 分别为流体密度和颗粒密度，kg/m³；L_{mf} 为床层高度，m；D 为床层直径，m；μ 为流体黏度，Pa·s。mf 为下标，表示临界流化状态。

另研究表明，当 $Fr_{mf}<0.13$ 时为散式流化，$Fr_{mf}>1.3$ 时为聚式流化。

3.3　流化床的压降与流速

3.3.1　理想流化床的压降与流速

当气体通过固体颗粒床层时，随着气速的改变，分别经历固定床、流化床和气流输送床三个阶段。这三个阶段具有不同的规律，从不同气速对床层压降的影响可以明显地看出其中的规律性。

固定床阶段，流体流速较低，床层静止不动，流体从颗粒间的缝隙中流过。随着流速的增加，流体通过床层的摩擦阻力也随之增大，即压降 Δp 随着流速 u 的增加而增加，如图 6-19 中的 AB 段。

流化床阶段，流速继续增大（超过 D 点时），颗粒开始悬浮在流体中自由运动，床层随流速的增加而不断膨胀，也就是床层孔隙率 ε 随之增大，但床层的压降却保持不变，如图 6-19 中的 DE 段所示。原因是从临界点后继续增大流速，孔隙率 ε 也随之增大，导致床层高度 L 增加，但 L（1-ε）却不变。所以 Δp 保持不变。

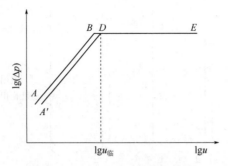

图 6-19　流化床压降-流速关系

流体输送阶段，当流速进一步增大到某一数值时，床层上界面消失，颗粒被流体带走而进入流体输送阶段。流体的压降与流体在空管道中相似。对已经流化的床层，如将流速减小，则 Δp 将沿 ED 线返回到 D 点，固体颗粒开始互相接触而又成为静止的固定床。但继续降低流速，压降不再沿 DB、BA 线变化，而是沿 DA' 线下降。原因是床层经过流化后重新落下，孔隙率比原来增大，压降减少。

床层初始流化状态下，床层的受力情况可以分析如下：

$$重力(向下) = L_{mf} A (1 - \varepsilon_{mf}) \rho_s g$$
$$浮力(向上) = L_{mf} A (1 - \varepsilon_{mf}) \rho_f g$$
$$阻力(向上) = A \Delta p$$

开始流化时，向上和向下的力平衡，

$$L_{mf} A (1 - \varepsilon_{mf}) \rho_s g = L_{mf} A (1 - \varepsilon_{mf}) \rho_f g + A \Delta p$$

床层压降：
$$\Delta P = L_{mf} (1 - \varepsilon_{mf})(\rho_s - \rho_f) g \tag{6-3}$$

式中，L_{mf} 为开始流化时的床层高度，m，ε_{mf} 为床层孔隙率；A 为床层截面积，m^2；ρ_s 为催化剂的表观密度，kg/m^3；Δp 为床层压降，Pa；ρ_f 为流体密度，kg/m^3。

从临界点后继续增大流速，孔隙率 ε 也随之增大，导致床层高度 L 增加，但 $L(1-\varepsilon)$ 却不变，所以 Δp 保持不变。在气固系统中，密度相差较大，可以简化为单位面积床层的质量，即

$$\Delta p = L(1-\varepsilon)\rho_s g \tag{6-4}$$

3.3.2　实际流化床的压降与流速

通过压降与流速关系图，可以分析实际流化床与理想流化床的差异，了解床层的流化质量。实际流化床的 Δp-u 关系较为复杂，图 6-20 就是某一实际流化床的 Δp-u 关系图。由图中看出，在固定床区域 AB 与流化床区域 DE 之间有一个"驼峰"。一旦颗粒松动到使颗粒刚能悬浮时，即下降到水平位置。另外，实际中流体的少量能量消耗于颗粒之间的碰撞和摩擦，使水平线略微向上倾斜。上下两条虚线表示压降的波动范围。

观察流化床的压降变化可以判断流化质量。正常操作时，压降的波动幅度一般较小，波动幅度随流速的增加而有所增加。在一定的流速下，如果发现压降突然增加，而后又突然下降，表明床层产生了腾涌现象。形成气栓时压降直线上升，气栓达到表面时料面崩裂，压降突然下降，如此循环下去。这种大幅度的压降波动破坏了床层的均匀性，使

气固接触显著恶化，严重影响系统的产量和质量。有时压降比正常操作时低，说明气体形成短路，床层产生了沟流现象。

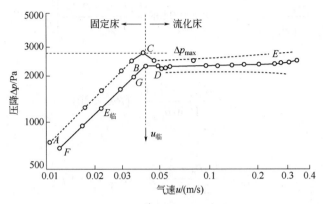

图 6-20　实际流化床 Δp-u 关系

颗粒层由固定床转为流化床时流体的表观速度、临界流化速度，也称起始流化速度、最低流化速度，以 u_{mf} 表示。影响临界流化速度的因素主要有颗粒直径、颗粒密度、流体黏度。实际操作速度常取临界流化速度的倍数（又称流化数 u/u_{mf}）来表示。

临界流化速度对流化床的研究、计算与操作都是一个重要参数，确定其大小是很有必要的。确定临界流化速度最好是用实验测定，也可用公式计算。

临界点时，床层的压降 Δp 既符合固定床的规律，同时又符合流化床的规律，即此点固定床的压降等于流化床的压降。均匀粒度颗粒的固定床压降可用埃冈（Ergun）方程表示：

$$\frac{\Delta p}{L} = 150 \frac{(1-\varepsilon_{mf})^2}{\varepsilon_{mf}^3} \times \frac{\mu_f u_0}{(\phi_s d_p)^2} + 1.75 \frac{(1-\varepsilon_{mf})}{\varepsilon_{mf}^3} \frac{\rho_f u_0^2}{\phi_s d_p} \qquad (6\text{-}5)$$

式中，u_0 为气体表观速度，m/s；ϕ_s 为形状系数；μ_f 为流体黏度，Pa·s。

如果将式（6-5）与式（6-3）等同起来，可以导出下式：

$$\frac{1.75}{\phi_s \varepsilon_{mf}^3} \left(\frac{d_p u_{mf} \rho_f}{\mu_f} \right)^2 + \frac{150(1-\varepsilon_{mf})}{\phi_s^2 \varepsilon_{mf}^3} \times \frac{d_p u_{mf} \rho_f}{\mu_f} = \frac{d_p^3 \rho_f (\rho_p - \rho_f) g}{\mu_f^2} \qquad (6\text{-}6)$$

对于小颗粒，式（6-6）左侧第一项可以忽略，故得

$$u_{mf} = \frac{(\phi_s d_p)^2}{150} \times \frac{(\rho_p - \rho_f)}{\mu_f} g \frac{\varepsilon_{mf}^3}{1-\varepsilon_{mf}} \quad (Re < 20) \qquad (6\text{-}7)$$

对于大颗粒，式（6-6）左侧第二项可忽略，得到

$$u_{mf}^2 = \frac{\phi_s d_p}{1.75} \times \frac{(\rho_p - \rho_f)}{\rho_f} g \varepsilon_{mf}^3 \quad (Re > 1000) \qquad (6\text{-}8)$$

如果 ε_{mf} 和（或）ϕ_s 未知，可近似取

$$\frac{1}{\phi_s \varepsilon_{mf}^3} \approx 14 \quad 及 \quad \frac{1-\varepsilon_{mf}}{\phi_s^2 \varepsilon_{mf}^3} \approx 11$$

代入式（6-6）后即得到全部雷诺数范围的计算式：

$$\frac{d_p u_{mf} \rho_f}{\mu_f} = \left[(33.7)^2 + 0.0408 \frac{d_p^3 \rho(\rho_p - \rho_f)g}{\mu_f^2} \right]^{\frac{1}{2}} - 33.7 \tag{6-9}$$

对于小颗粒

$$u_{mf} = \frac{d_p^2(\rho_p - \rho_f)}{1650\mu_f} \quad (Re_p < 20) \tag{6-10}$$

对于大颗粒

$$u_{mf}^2 = \frac{d_p(\rho_p - \rho_f)}{24.5\rho_f} g \quad (Re_p > 1000) \tag{6-11}$$

采用上述各式计算时，应将所得 u_{mf} 值代入 $Re_p = d_p u_{mf} \rho_f / \mu_f$ 中，检验是否符合规定的范围。如果不相符，应重新选择公式计算。

另一便于应用而又较准确的公式（李伐公式）是：

$$u_{mf} = 0.00923 \frac{d_p^{1.82}(\rho_p - \rho)^{0.94}}{\mu^{0.88}\mu^{0.06}} \quad (cm/s) \tag{6-12}$$

式（6-12）适用于 $Re_p < 10$ 即较细颗粒。如 $Re_p > 10$，即需再乘以图 6-21 中的校正系数。

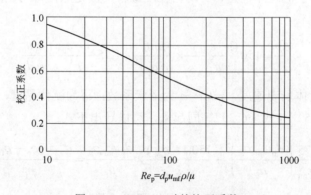

图 6-21　$Re_p > 10$ 时的校正系数

由式（6-12）看出，影响临界流化速度的因素有颗粒直径、颗粒密度、流体黏度等。实际生产中，流化床内的固体颗粒总是存在一定的粒度分布，形状也各不相同，因此在计算临界流化速度时要采用当量直径和平均形状系数。另外，大而均匀的颗粒在流化时流动性差，容易发生腾涌现象，加剧颗粒、设备和管道的磨损，操作的气速范围也很狭窄。在大颗粒床层中添加适量的细粉有利于改善流化质量，但受细粉回收率的限制，不宜添加过多。

平均颗粒直径可以根据实际测得的筛分组成计算，筛分组成是指各种不同直径的颗粒组成按质量分数计。

颗粒带出速度 u_t 是流化床中流体速度的上限，也就是流速增大到此值时流体对粒子的曳力与粒子的重力相等，粒子将被气流带走。这一带出速度，或称终端速度，近似地等于粒子的自由沉降速度。颗粒在流体中沉降时，受到重力、流体的浮力和流体与颗粒间摩擦力的作用。对球形颗粒等速沉降时，可得出式：

$$\frac{\pi}{6}d_p^3\rho_p = \xi_D\frac{\pi}{4}d_p^2\frac{u_t^2\rho_f}{2g} + \frac{\pi}{6}d_p^3\rho_f \tag{6-13}$$

整理后得

$$u_t = \left[\frac{4}{3}\times\frac{d_p(\rho_p-\rho_f)g}{\rho_f\xi_D}\right]^{1/2} \tag{6-14}$$

式中，ξ_D 为阻力系数，是 $Re_t=d_pu_t\rho_f/\mu_f$ 的函数。对球形粒子：

$$\xi_D=24/Re_t \qquad (Re_t<0.4)$$
$$\xi_D=10/Re_t^{1/2} \qquad (0.4<Re_t<500)$$
$$\xi_D=0.43 \qquad (500<Re_t<2\times10^5)$$

分别代入（6-14），得

$$u_t = \frac{d_p^2(\rho_p-\rho)g}{18\mu} \qquad (Re_t<0.4) \tag{6-15}$$

$$u_t = \left[\frac{4}{225}\times\frac{(\rho_p-\rho)^2g^2}{\rho\mu}\right]^{\frac{1}{3}}d_p \quad (0.4<Re_t<500) \tag{6-16}$$

$$u_t = \left[\frac{3.1d_p(\rho_p-\rho_f)g}{\rho_f}\right]^{1/2} \quad (500<Re_t<2\times10^5) \tag{6-17}$$

采用上列诸式计算的 u_t 也需再代入 Re_t 中以检验其范围是否相符。

对于非球形粒子，ξ_D 可用非对应的经验公式计算，或者查阅相应的图表。但在查阅中应特别注意适用的范围。

采用上面的公式还可以考察对于大、小颗粒流化范围的影响。

对细粒子，当 $Re_t<0.4$ 时：

$$\frac{u_t}{u_{mf}} = \frac{式（6-15）}{式（6-10）} = 91.6$$

对大颗粒，当 $Re_t>1000$ 时：

$$\frac{u_t}{u_{mf}} = \frac{式（6-17）}{式（6-11）} = 8.72$$

可见 u_t/u_{mf} 的范围在 $10\sim90$ 之间，颗粒越细，比值越大，即表示从能够流化起来到带走为止的这一范围就越广，这说明了为什么在流化床中用细的粒子比较适宜的原因。

3.3.3 实际流化床与理想流化床差异的原因

形成的原因是固定床阶段，颗粒之间由于相互接触，部分颗粒可能有架桥、嵌接等情况，造成开始流化时需要大于理论值的推动力才能使床层松动，即形成较大的压降。

实际生产中，流化气速（操作气速）是根据具体情况确定的。流化数 u/u_{mf} 一般在 $1.5\sim10$ 的范围内，也有高达几十甚至几百的。另外也有按 $u/u_t=0.1\sim0.4$ 来选取的。通常采用的气速为 $0.15\sim0.5m/s$。对热效应不大、反应速率慢、催化剂粒度小、筛分宽、床内无内部构件和要求催化剂带出量少的情况，宜选用较低气速；反之，则宜用较高的气速。

3.4　流化床中的气泡及其行为

流化床中气体和颗粒在床内的混合是不均匀的。根据研究，不受干扰的单个气泡的顶部呈球形，底部略为内凹，如图 6-22 所示。

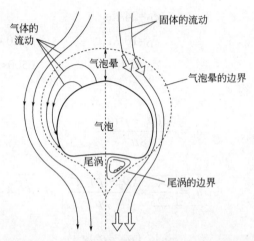

图 6-22　气泡及其周围气体与颗粒运动情况

气体经分布板进入床层后，一部分与固体颗粒混合构成乳化相，另一部分不与固体颗粒混合而以气泡状态在床层中上升，这部分气体构成气泡相。气泡在上升中，因聚并和膨胀而增大，同时不断与乳化相间进行质量交换，即将反应物组分传递到乳化相中，使其在催化剂上进行反应，又将反应生成的产物传到气泡相中来，可见其行为自然成为影响反应结果的一个决定性因素。根据研究，不受干扰的单个气泡的顶部呈球形，底部略微内凹。随着气泡的上升，由于尾部区域的压力较周围低，将部分颗粒吸入，形成局部涡流，这一区域称为尾涡。气泡上升过程中，一部分颗粒不断离开这一区域，另一部分颗粒又补充进来，这样就把床层下部的粒子夹带上去而促进了全床颗粒的循环与混合。图 6-22 中还绘出了气泡周围颗粒和气体的流动情况。在气泡较小、气泡上升速度低于乳化相中气速时，乳化相中的气流可穿过气泡上流，但当气泡大到其上升速度超过乳化相中的气速时，就会有部分气体从气泡顶部沿气泡周边下降，再循环回气泡内，在气泡外形成了一层不与乳化相气流相混合的区域，即气泡晕。气泡晕与尾涡都在气泡之外且随气泡一起上升，其中所含颗粒浓度与乳化相中几乎都是相同的。

学习札记

1. 什么是流态化现象？自然界中有哪些流态化现象？和同学们交流讨论。

2. 从固定床到流化床经历的三个阶段，试用 $\Delta p - u$ 的关系图加以描述，并分享给大家。

联系实际

针对所熟悉的化工生产过程，试说明哪些产品的生产工艺过程使用流化床催化反应器。试总结流化床催化反应器的用途。

任务四 流化床反应器的实训操作

4.1 气液固流化床性能测定实验

气液固三相流化床作为一种新型的化工过程,目的已引起人们广泛重视。它与其他反应器相比有床内温度均匀、传热效果好、外扩散系数大、传质速率快、生产能力高、便于大规模连续生产使用等特点,应用于重油加氢裂解、废水生化处理、煤的加氢液化等工业过程。

4.1.1 实验原理

流体通过颗粒床层的压降与流速的关系如图 6-20 所示。当流体流速很小时,固体颗粒在床层中固定不动。在双对数坐标纸上床层压降与流速成正比,如图 AB 段所示,此时为固定床阶段。当流速略大于 B 点之后,因为颗粒变为疏松状态排列而使压降略有下降。

该点以后,流体速度继续增加,床层压降保持不变,床层高度逐渐增加,固体颗粒悬浮在流体中,并随流体运动而上下翻滚,此为流化床阶段,称为流态化现象。开始流化的最小速度称为临界流化速度 u_{mf}。

当流体速率更高时,如超过图中的 E 点时。整个床层将被流体所带走,颗粒在流体中形成悬浮状态的稀相,并与流体一起从床层吹出,床层处于流体输送阶段。E 点之后正常的流化状态被破坏,压降迅速降低,与 E 点相应的流化速度称为最大流化速度 u_t。

实验是在直径为 50mm 的床中进行的。当气体通过含有固体粒子的床层时,出于气体鼓泡作用会形成气液固三相流态化。改变气速或液速,会使床层的操作状况发生变化,床层内各点的气含率及固含率也将随之而变。

4.1.2 装置、流程及试剂

实验流程见图 6-23,床层由 ϕ50mm(内径)的有机玻璃制成,分为预分布段和实验段两部分。预分布段内装有固体拉西环,气体及液体分布器的孔径为 1mm。主要仪器有涡轮流量计、文丘里流量计、转子流量计、数字显示仪、空气压缩机、漩涡气泵、水泵、压差传感器。实验固体粒子为 1mm 的氧化铝小球,液体为自来水,气相为空气。

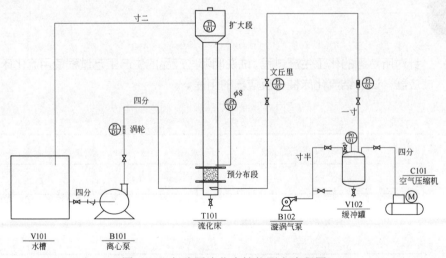

图 6-23 气液固流化床性能测定流程图

4.1.3 实施准备

任务卡

任务编号		任务名称	
学员姓名		指导教师	
任务组组长		任务组成员	
学习任务	气液固流化床性能测定		
学习目标	知识目标 （1）概述气液固三相流化床的操作特性及影响因素； （2）解释气相速度和液相速度对床层压降的影响。 技能目标 （1）具有识读与表述工艺流程图的能力； （2）根据现场装置及主要设备、仪表、阀门的位号、功能、工作原理，具有分析和使用的能力； （3）通过实验观察到的流态化过程，具有与理论分析做比较的能力； （4）熟悉实验过程，具有对实验各阶段做出及时调节和控制的能力； （5）通过分析影响临界流化速度与最大流化速度的因素，具有归纳总结实验结论的能力； （6）在生产过程中，具有随时对发生的其他事故进行判断和处理的能力； （7）熟悉主要阀门（流量调节阀）的位置、类型、构造、工作原理，具有正常操作及维护的能力； （8）能做好个体防护，实现安全、清洁生产。 素养目标 （1）具有严谨治学、勇于创新的科学态度和理论联系实际的思维方式； （2）具有自主学习和可持续发展能力，能利用线上课程资源进行自主学习； （3）严格执行 SOP 的意识和能力； （4）良好的语言表达和沟通能力； （5）具有强的应急应变能力，遇突发事件能冷静分析、正确处理； （6）具有精益求精、爱岗敬业、吃苦耐劳的职业精神和工匠精神； （7）逐步形成安全生产、节能环保的职业意识。		
工作内容及要求			
实施前	1. 填写任务卡，明确任务目标、内容及要求		
	2. 学习实训岗位操作规程（SOP），明确操作要领		
	3. 回答引导问题，填写任务预习记录		
实施中	1. 穿戴整洁、干净的实训服，佩戴乳胶手套、防毒口罩等防护用品		
	2. 严格按 SOP 完成备料		
	3. 严格按 SOP 完成投料、流量的控制、数据的处理		
	4. 正确进行数据处理和分析		
实施完成	1. 提交纸质版的任务完成工作册		
	2. 在教师引导下，总结完成任务的要点，系统地完成相关理论知识的学习		
	3. 比较理论计算值与实验值，归纳实验得到的结论		
	4. 通过分析计算，对整个任务完成的过程进行评价		
	5. 对实施过程和成果进行互评，得出结论		
进度要求			
1. 任务实施的过程、相关记录、成果和考核要在任务规定实操时间内完成			
2. 理论学习在任务完成后一天内完成（含自学内容）			
预习活页			
任务名称		子任务名称	
学员姓名/学号		任务组成员	

续表

引导问题

引导问题回答

任务预习记录

一、原辅料和产物理化性质、主要危险性及个体防护措施

1	原辅料/产物名称	物质的量/mol	密度/(kg/m³)	主要危险性	个体防护措施
2					
3					
4					
5					

二、实训操作注意事项

三、问题和建议

预习完成时间：　　年　　月　　日

4.1.4　任务实施

题目：气液固流化床性能测定生产岗位操作规程（SOP）

文件号：	生效日期：		审核期限：	页码：
起草人：	第一审核人：	第二审核人：	批准人：	发布部门：
日期：　年　月　日	日期：　年　月　日	日期：　年　月　日	日期：　年　月　日	

　　① 打开空气压缩机或漩涡气泵后，慢慢通入气体，缓慢调节气体进口阀至所需流量，测量空管时压降与气体流速关系。

　　② 打开离心泵，床层内加入 1/3 的液体，缓慢调节气体进口阀至所需流量，测量气液两相压降与气体流速关系，并注意观察不同气速下液面高度的变化。

　　③ 固定气体流速，打开离心泵后，缓慢调节液体进口阀至所需流量，测量此时压降与液体流速关系，并注意观察气泡的连续性，同时注意床内固体颗粒的状态。

　　④ 床在某一液体流速下，改变气速，观察该值下的床内状态，并记录床层压降。改变液体流速，重复上述步骤。

4.1.5　实验数据处理

　　① 记录不同条件下的压降 Δp 与气体流量的变化值，在双对数坐标纸上进行标绘；

　　② 确定相应的临界流化速度与最大流化速度。

4.1.6　结果及讨论

　　① 分析讨论流态化过程所观察到的现象，与理论分析做比较。

　　② 分析影响临界流化速度与最大流化速度的因素有哪些，归纳实验得到的结论。

　　③ 比较理论计算值与实验值，并作误差分析。

　　④ 列举各种不正常流化现象及产生的原因。

笔记

气液固流化床性能测定实验活页笔记

1. 学习完这个任务,你有哪些收获、感受和建议?

2. 你对气液固流化床性能实验评价,有哪些新认识和见解?

3. 你还有哪些尚未明白或者未解决的疑惑?

4.1.7 评价与考核

任务名称：气液固流化床性能测定		实训地点：	
学习任务：气液固流化床性能测定操作与控制		授课教师：	学时：
任务性质：理实一体化实训任务		综合评分：	

知识掌握情况评分（20 分）

序号	知识考核点	教师评价	配分	得分
1	实验原理		5	
2	实验工艺流程		3	
3	实验各阶段条件的调节和控制		4	
4	流态化过程所观察到的现象		4	
5	理论和实验值的误差分析		4	

工作任务完成情况评分（60 分）

序号	能力操作考核点	教师评价	配分	得分
1	对任务的解读分析能力		10	
2	正确按规程操作的能力		20	
3	处理应急任务的能力		10	
4	与组员的合作能力		10	
5	对自己的管控能力		10	

违纪扣分（20 分）

序号	违纪考核点	教师评价	分数	扣分
1	不按操作规程操作		5	
2	不遵守实训室管理规定		5	
3	操作不爱惜器皿、设备		4	
4	操作间打电话		2	
5	操作间吃东西		2	
6	操作间玩游戏		2	

4.2 煤制焦炭实训操作

4.2.1 实验原理

本装置为煤热解制半焦的实验评价装置。实验过程中一定粒度的煤在干燥器中经加热干燥脱水后，与砂加热器中预热的高温砂粒同时落入裂解反应器内混合裂解。裂解后，裂解气由预热的载气（N_2）汽提后经两级串联的气液分离器深冷去除液体，进入分析仪器，固体产物和砂粒进入反应器下部连接的焦砂收集罐，冷却降温后进行分离。

装置采集和控制采用天大北洋自编软件系统，对温度及反应器中气体的流量进行全程控制与采集，数据精确可靠。温度采用人工智能仪表控制，气体流量的控制和计量在涡轮流量计的基础上结合电动调节阀调控。

4.2.2 工艺流程

图 6-24 和图 6-25 分别是煤制焦炭实物图和煤制焦炭流程图。

图 6-24 煤制焦炭装置图

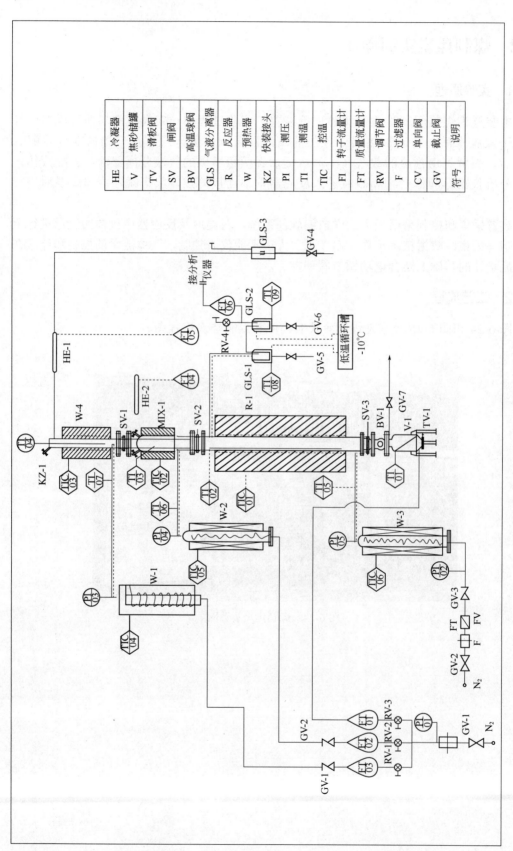

图 6-25 煤制焦炭实训装置工艺流程图

HE	V	TV	SV	BV	GLS	R	W	KZ	PI	TI	TIC	FI	FT	RV	F	CV	GV	符号
冷凝器	焦砂储罐	滑板阀	闸板阀	高温球阀	气液分离器	反应器	预热器	快装接头	测压	测温	控温	转子流量计	质量流量计	调节阀	过滤器	单向阀	截止阀	说明

4.2.3　实施准备

任务卡

任务编号		任务名称	
学员姓名		指导教师	
任务组组长		任务组成员	
学习任务	煤制焦炭操作与控制		
学习目标	知识目标 （1）说出煤热解制半焦的原理和工艺； （2）评价煤热解制半焦的实验装置。 技能目标 （1）具有识读与表述工艺流程图的能力； （2）根据现场装置及主要设备、仪表、阀门的位号、功能、工作原理，具有分析和使用的能力； （3）具有对实验各阶段作出及时调节和控制的能力； （4）在生产过程中，具有随时对发生的其他事故进行判断和处理的能力； （5）熟悉主要阀门（流量调节阀）的位置、类型、构造、工作原理，具有正常操作及维护的能力； （6）能做好个体防护，实现安全、清洁生产。 素养目标 （1）具有严谨治学、勇于创新的科学态度和理论联系实际的思维方式； （2）具有自主学习和可持续发展能力，能利用线上课程资源进行自主学习； （3）严格执行 SOP 的意识和能力； （4）良好的语言表达和沟通能力； （5）严格遵守操作规程的职业操守及具有团结协作、积极进取的团队合作精神。		

	工作内容及要求	
实施前	1．填写任务卡，明确任务目标、内容及要求	
	2．学习实训岗位操作规程（SOP），明确操作要领	
	3．回答引导问题，填写任务预习记录	
实施中	1．穿戴整洁、干净的实训服，佩戴乳胶手套、防毒口罩等防护用品	
	2．严格按 SOP 完成备料	
	3．严格按 SOP 完成投料、流量的控制、数据的处理	
	4．正确进行数据处理和分析	
实施完成	1．提交纸质版的任务完成工作册	
	2．在教师引导下，总结完成任务的要点，系统地完成相关理论知识的学习	
	3．比较理论计算值与实验值，归纳实验得到的结论	
	4．通过分析计算，对整个任务完成的过程进行评价	
	5．对实施过程和成果进行互评，得出结论	

进度要求
1．任务实施的过程、相关记录、成果和考核要在任务规定实操时间内完成
2．理论学习在任务完成后一天内完成（含自学内容）

	预习活页	
任务名称		子任务名称	
学员姓名/学号		任务组成员	

引导问题

引导问题回答

任务预习记录

一、原辅料和产物物理化性质、主要危险性及个体防护措施

	原辅料/产物名称	物质的量/mol	密度/(kg/m³)	主要危险性	个体防护措施
1					
2					
3					
4					
5					

二、实训操作注意事项

三、问题和建议

预习完成时间：　　年　　月　　日

4.2.4　任务实施

题目：气液固流化床性能测定生产岗位操作规程（SOP）

文件号：	生效日期：		审核期限：	页码：
起草人：	第一审核人：	第二审核人：	批准人：	发布部门：
日期：　年　月　日	日期：　年　月　日	日期：　年　月　日	日期：　年　月　日	

（1）准备工作

① 检查管路及阀门的开关状态是否正确；

② 连接好地线，通电检查各仪表、热电偶的工作状态；

③ 连接好气动阀门气源，保证气量充足，阀门开关顺畅；

④ 将煤块砸碎至颗粒大小为 3～6mm 备用；

⑤ 装填煤颗粒，在煤干燥器中装填试验所需煤颗粒适量；

⑥ 装填陶瓷小球，在热砂器中装填试验所需陶瓷小球适量；

⑦ 连接好冷却水管，打开制冷槽电源进行制冷循环；

（2）开车

①用氮气置换系统内空气，维持一定氮气流速，置换约 10min。

②通冷却水，水量调节至试验所需。

③在通少量 N_2 的情况下通电升温。开车前一定要确保热电偶插在正确的位置。升温时，当给定值和参数值都给定后控制效果不佳时，可将控温仪表参数 CTRL 改为 2 再次进行自整定。此外，温度控制设定不可忽高忽低、胡乱改动。控温仪表的使用应仔细阅读 AI 人工智能工业调节器的使用说明书，没有阅读该使用说明书的人，不能随意改动仪表的参数，否则仪表不能正常进行温度控制。

④温度到达设定温度后，设置氮气流量至试验所需值，等待温度再次稳定。

⑤反应操作：

a. 将煤干燥器中煤颗粒加热干燥；

b. 热砂器中陶瓷小球加热干燥至试验所需温度；

c. 打开干燥器出料闸阀，使煤颗粒落入热砂器中进行加热，加热 30min 以上；

d. 打开热砂器出料闸阀，使煤颗粒和陶瓷小球同时落入反应器中进行裂解，裂解 30min 以上；

e. 可反复开启和关闭热砂器出料闸阀，振落残余颗粒，最后按顺序关闭煤干燥器出料闸阀、热砂器出料闸阀；

f. 待煤裂解进行完全之后，先打开反应器出料球阀，再打开反应器出料闸阀，将裂解后的半焦煤炭和砂子放入焦砂罐中，同理，反应器出料闸阀应反复打开和关闭，以振落残余颗粒。

（3）停车

① 停止加热，继续通氮气待温度降至 200℃ 以下，关闭气源；

② 关闭冷却水和制冷槽；

③ 焦砂罐降温，排灰；

④ 关闭总电源。

4.2.5　故障与处理

① 开启电源开关指示灯不亮，并且没有交流接触器吸合声，则保险坏或电源线没有接好。

② 开启仪表等各开关时指示灯不亮，并且没有继电器吸合声，则分保险坏，或接线有脱落的地方。

③ 控温仪表、显示仪表出现四位数字，则告知热电偶有断路现象。

④ 仪表正常但电流表没有指示，可能保险坏或固态变压器、固态继电器坏。

⑤ 设备管路有漏液，停电检修。

⑥ 反应系统压力突然下降，则有大泄漏点，应停车检查。

⑦ 压力增高，尾气流量减少，系统有堵塞的地方，应停车检查。

4.2.6　注意事项

① 必须熟悉设备的使用方法，注意设备要良好接地，防止触电；

② 升温操作一定要有耐心，不能忽高忽低乱改乱动；

③ 流量的调节要随时观察及时调节，否则温度也不容易稳定；

④ 长期不使用时，将装置放在干燥通风的地方，如果再次使用，一定要在低电流下通电加热一段时间以除去加热炉保温材料吸附的水分；

⑤ 加热之前必须确保通入冷凝水；

⑥ 热电偶一定要放在所需要测定的位置上，要准确无误，不能在未插入位置内就升温加热，这样会造成温度无限制的上升，直至将加热炉丝烧毁。

煤制焦炭实训操作活页笔记

1. 学习完这个任务，你有哪些收获、感受和建议？

2. 你对煤热解制半焦的实验评价，有哪些新认识和见解？

3. 你还有哪些尚未明白或者未解决的疑惑？

4.2.7 评价与考核

任务名称：流化床反应器实训操作		实训地点：	
学习任务：煤制焦炭操作与控制		授课教师：	学时：
任务性质：理实一体化实训任务		综合评分：	

知识掌握情况评分（20分）

序号	知识考核点	教师评价	配分	得分
1	煤颗粒的准备		5	
2	煤制焦的原理		3	
3	裂解条件的控制		4	
4	裂解时间的控制		4	
5	产品质量		4	

工作任务完成情况评分（60分）

序号	能力操作考核点	教师评价	配分	得分
1	对任务的解读分析能力		10	
2	正确按规程操作的能力		20	
3	处理应急任务的能力		10	
4	与组员的合作能力		10	
5	对自己的管控能力		10	

违纪扣分（20分）

序号	违纪考核点	教师评价	分数	扣分
1	不按操作规程操作		5	
2	不遵守实训室管理规定		5	
3	操作不爱惜器皿、设备		4	
4	操作间打电话		2	
5	操作间吃东西		2	
6	操作间玩游戏		2	

任务五　流化床反应器仿真操作

下面以用于生产高抗冲击共聚物的工艺本体聚合装置为例说明气固相流化床非催化反应器的操作。

5.1　反应原理及工艺流程简述

5.1.1　反应原理

乙烯、丙烯以及反应混合气在一定的温度、压力下，通过具有剩余活性的干均聚物（聚丙烯）的引发，在流化床反应器里进行反应，同时加入氢气以改善共聚物的本征黏度，生成高抗冲击共聚物。

主要原料：乙烯、丙烯、具有剩余活性的干均聚物（聚丙烯）、氢气。

反应方程式：

$$n\mathrm{C_2H_4} + n\mathrm{C_3H_6} \longrightarrow \text{┤}\mathrm{C_2H_4—C_3H_6}\text{├}_n$$

主产物：高抗冲击共聚物（具有乙烯和丙烯单体的共聚物）。

副产物：无。

5.1.2　工艺流程简述

流化床反应器带控制点工艺流程图如图 6-26 所示，流化床反应器 DCS 图如图 6-27 所示，流化床反应器现场图如图 6-28 所示。

具有剩余活性的干均聚物（聚丙烯）在压差作用下自闪蒸罐 D301 从顶部进入流化床反应器 R401，落在流化床的床层上。在气体分析仪的控制下，氢气被加到乙烯进料管道中，以改进聚合物的本征黏度，满足加工需要。新补充的氢气由 FC402 控制流量，新补充的乙烯由 FC403 控制流量，需补充的丙烯由 FC404 控制流量，三者一起加入压缩机排出口。来自乙烯汽提塔 T402 顶部的回收气相与气相反应器出口的循环单体汇合，进入 E401 与脱盐水进行换热，将聚合反应热撤出后，进入循环气体压缩机 C401，提高反应压力后，与新补充的氢气、乙烯相汇合，通过一个特殊设计的栅板进入反应器。循环气体用工业色谱进行分析。

由反应器底部出口管路上的控制阀 LV401 来维持聚合物的料位。聚合物料位决定了停留时间，从而决定了聚合反应的程度，为了避免过度聚合物的鳞片状产物堆积在反应器壁上，反应器内配置一转速较慢的刮刀 A401，以使反应器壁保持干净。

栅板下部夹带的聚合物细末，用一台小型旋风分离器 S401 除去，并送到下游的袋式过滤器中。

共聚物的反应压力约为 1.4MPa（表），温度为 70℃，该系统压力位于闪蒸罐压力和袋式过滤器压力之间，从而在整个聚合物管路中形成一定压力梯度，以避免容器间物料的返混并使聚合物向前流动。

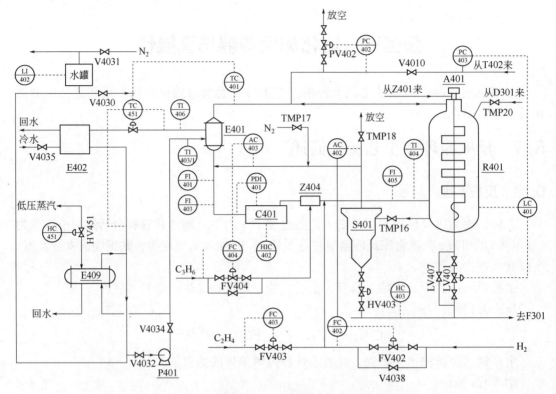

图 6-26　流化床反应器带控制点工艺流程图

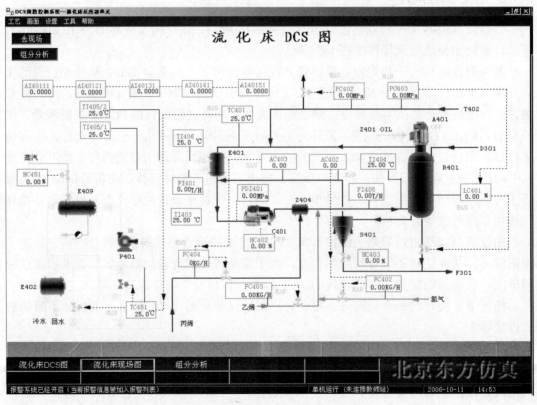

图 6-27　流化床反应器 DCS 图

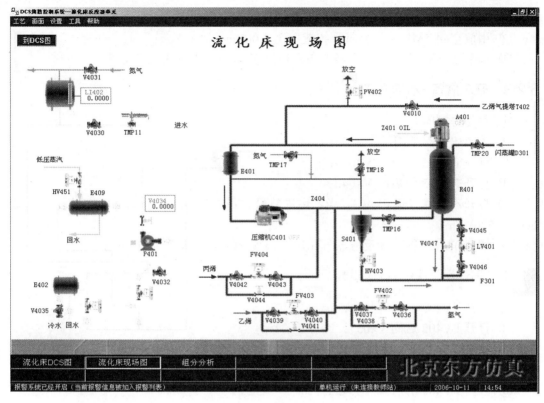

图 6-28　流化床反应器现场图

5.2　开车操作系统

5.2.1　开车准备-氮气充压加热

① 打开充氮阀 TMP17，用氮气给反应器系统充压；

② 当氮气充压至 0.1MPa 时，启动共聚压缩机 C401；

③ 将导流叶片 HC402 定在 40%；

④ 打开充水阀 V4030 给水罐充液；

⑤ 打开充压阀 V4031；

⑥ 当水罐液位 LI402 大于 10%时，打开泵 P401 进口阀 V4032；

⑦ 启动泵 P401；

⑧ 调节泵出口阀 V4034 至开度为 60%；

⑨ 打开反应器至 S401 入口阀 TMP16；

⑩ 手动打开低压蒸汽阀 HV451，启动换热器 E409；

⑪ 打开循环水阀 V4035；

⑫ 当循环氮气温度 TC401 达到 70℃左右时，TC451 投自动，设定值为 68℃。

5.2.2　开车准备-氮气循环

① 当反应系统压力达 0.7MPa 时，关充氮阀 TMP17；

② 在不停压缩机的情况下，用 PV402 排放；

③ 用放空阀 TMP18 使反应系统泄压至 0.0MPa（表）；

④ 调节 TC451 阀，使反应器气相出口温度 TC401 维持在 70℃左右。

5.2.3　开车准备-乙烯充压

① 关闭排空阀 PV402；

② 关闭放空阀 TMP18；

③ 打开 FV403 的前阀 V4039；

④ 打开 FV403 的后阀 V4040；

⑤ 打开乙烯调节阀 FV403，当乙烯进料量达到 567kg/h 左右时，FC403 投自动，设定值为 576kg/h；

⑥ 调节 TC451 阀，使反应器气相出口温度 TC401 维持在 70℃左右。

5.2.4　干态运行开车-反应进料

① 打开 FV402 前阀 V4036；

② 打开 FV402 后阀 V4037；

③ 将氢气的进料流量调节阀 FC402 投自动，设定值为 0.102kg/h；

④ 打开 FV404 的前阀 V4042；

⑤ 打开 FV404 的后阀 V4043；

⑥ 当系统压力升至 0.5MPa 时，将丙烯进料流量调节阀 FC404 投自动，设定值为 400kg/h；

⑦ 打开进料阀 V4010；

⑧ 当系统压力升至 0.8MPa 时，打开旋风分离器 S401 的底部阀 HV403 至开度为 20%；

⑨ 调节 TC451 阀，使反应器气相出口温度 TC401 维持在 70℃左右。

5.2.5　干态运行开车-准备接收 D301 来的均聚物

① 将 FC404 改为手动控制；

② 调节 FC404 开度为 85%；

③ 调节 HC403 开度至 25%；

④ 启动共聚反应器的刮刀，准备接收从闪蒸罐（D301）来的均聚物；

⑤ 调节 TC451 阀，使反应器气相出口温度 TC401 维持在 70℃左右。

5.2.6　共聚反应的开车

① 当系统压力升至 1.2MPa 时，打开 HC403 至开度为 40%，以维持流态化；

② 打开 LV401 的前阀 V4045；

③ 打开 LV401 的后阀 V4046；

④ 打开 LC401 至开度为 20%～25%，以维持流态化；

⑤ 打开来自 D301 的聚合物进料阀 TMP20；

⑥ 关闭 HC451，停低压加热蒸汽；

⑦ 调节 TC451 阀，使反应器气相出口温度 TC401 维持在 70℃左右。

5.2.7　稳定状态的过渡

① 当系统压力升至 1.35MPa 时，PC402 投自动，设定值为 1.35MPa；

② 手动开启 LC401 至 30%，让聚合物稳定地流过；

③ 当液位 LC401 达到 60% 时，将 LC401 投自动，设定值为 60%；

④ 缓慢提高 PC402 的设定值至 1.4MPa；

⑤ 将 TC401 投自动，设定值为 70℃；

⑥ 将 TC401 和 TC451 设置为串级控制；

⑦ 将 PC403 投自动，设定值为 1.35MPa；

⑧ 压力和组成趋于稳定时，将 LC401 和 PC403 投串级；

⑨ 将 AC403 投自动；

⑩ 将 FC404 和 AC403 串级联结；

⑪ 将 AC402 投自动；

⑫ 将 FC402 和 AC402 串级联结。

5.3　停车操作

5.3.1　降反应器料位

① 关闭 D301 活性聚丙烯的进料阀 TMP20；

② 手动缓慢调节 LC401，使反应器料位 LC401 降低至小于 10%。

5.3.2　关闭乙烯进料，保压

① 当反应器料位降至 10%，关闭乙烯进料阀 FV403；

② 关闭 FV403 的前阀 V4039；

③ 关闭 FV403 的后阀 V4040；

④ 当反应器料位 LC401 降至零时，关闭反应器出口阀 LV401；

⑤ 关闭 LV401 的前阀 V4045；

⑥ 关闭 LV401 的后阀 V4046；

⑦ 关闭旋风分离器 S401 上的出口阀 HV403。

5.3.3　关丙烯及氢气进料

① 手动切断丙烯进料阀 FV404；

② 关闭 FV404 的前阀 V4042；

③ 关闭 FV404 的后阀 V4043；

④ 关闭氢气进料阀 FV402；

⑤ 关闭 FV402 的前阀 V4036；

⑥ 关闭 FV402 的后阀 V4037；

⑦ 当 PC402 开度大于 80% 时，排放导压至火炬；

⑧ 当压力为零后，关闭 PV402；

⑨ 停反应器刮刀 A401。

5.3.4 氮气吹扫

① 打开 TMP17，将氮气通入系统；
② 当系统压力达 0.35MPa 时，关闭 TMP17；
③ 打开 PV402 放火炬，将系统压力降为零；
④ 停压缩机 C401。

5.4 正常操作管理及异常现象处理

5.4.1 正常操作

熟悉工艺流程，密切注意各工艺参数的变化，维持各工艺参数稳定。正常操作下工艺参数如表 6-1 所示。

表 6-1 正常操作工艺参数

位号	正常值	单位	位号	正常值	单位
FC402	0.35	kg/h	LC401	60	%
FC403	567.0	kg/h	TC401	70	℃
FC404	400.0	kg/h	TC451	50	℃
PC402	1.4	MPa	AC402	0.18	
PC403	1.35	MPa	AC403	0.38	

5.4.2 异常现象及处理

表 6-2 是流化床反应器常见异常现象及处理方法。

表 6-2 异常处理

序号	异常现象	产生原因	处理方法
1	温度调节器 TC451 急剧上升，然后 TC401 随之升高	运行泵 P401 停	① 调节丙烯进料阀 FV404，增加丙烯进料量 ② 调节压力调节器 PC402，维持系统压力在 1.35MPa 左右 ③ 调节乙烯进料阀 FV403，增加乙烯进料量，维持 C2/C3 比在 0.5 左右 ④ 将 FC403 改为手动控制 ⑤ 将 FC404 改为手动控制
2	系统压力急剧上升	压缩机 C401 停	① 关闭催化剂来料阀 TMP20 ② 手动调节 PC402，维持系统压力 PI402 在 1.35MPa 左右 ③ 手动调节 LC401，维持反应器料位 ④ 调节阀门 LC401 的开度，维持反应器料位 LC401 在 60% 左右
3	丙烯进料量为 0	丙烯进料阀卡	① 手动关小乙烯进料量，维持 C2/C3 比在 0.5 左右 ② 关催化剂来料阀 TMP20 ③ 手动关小 PV402，维持系统压力 PI402 在 1.35MPa 左右 ④ 调节阀门 LC401 的开度，维持料位 LC401 在 60% 左右 ⑤ 将 FC403 改成手动控制 ⑥ 将 LC401 改为手动控制

序号	异常现象	产生原因	处理方法
4	乙烯进料量为0	乙烯进料阀卡	① 手动关小丙烯进料量，维持 C2/C3 比 0.5 左右 ② 手动关小氢气进料量，维持 H2/C2 比 0.7 左右，反应温度 TC401 在 70℃左右 ③ 将 FC404 改成手动控制 ④ 将 FC402 改成手动控制
5	D301 供料阀 TMP20 关	D301 供料停止	① 手动关闭 LC401 ② 手动关小丙烯和乙烯进料量 ③ 手动调节压力 PC402 在 1.35MPa 左右，调节料位 LC401 在 60%左右 ④ 将 LC401 改成手动控制 ⑤ 将 FC404 改成手动控制 ⑥ 将 FC403 改成手动控制

学习成果考核

关闭操作提示，现场仿真考试，最后得分以系统评分为准。

任务六 掌握流化床催化反应器常见故障及处理方法

6.1 流化床反应器常见异常现象及处理方法

6.1.1 大气泡现象

流化床中生成的气泡在上升过程中不断合并和长大，直到床面破裂是正常现象。但是如果床层中大气泡很多，由于气泡不断搅动和破裂，床层波动大，操作不稳定，气固间接触不好，就会使气固反应效率降低，这种现象也是一种不正常现象，应力求避免。通常床层较高、气速较大时容易产生大气泡现象。

在床层内加设内部构件可以避免产生大气泡，促使平稳流化。

6.1.2 腾涌现象

如果床层高度与直径的比值过大，气速过高时，就容易产生气泡的相互聚合，而成为大气泡，在气泡直径长大到与床径相等时，就将床层分成几段，床内物料以活塞推进的方式向上运动，在达到上部后气泡破裂，部分颗粒又重新回落，这即是腾涌，亦称节涌。腾涌严重地降低床层的稳定性，使气固之间的接触状况恶化，并使床层受到冲击，发生震动，损坏内部构件，加剧颗粒的磨损与带出。

出现腾涌现象时，由于颗粒层与器壁的摩擦造成压降大于理论值，而气泡破裂时又低于理论值，即压降在理论值上下大幅度波动。一般来说，床层越高、容器直径越小、颗粒越大、气速越高，越容易发生腾涌现象。在床层过高时，可以增设挡板以破坏气泡的长大，避免腾涌现象发生。

6.1.3 沟流现象

沟流现象的特征是气体通过床层时形成短路，如图 6-29 所示。沟流有两种情况，包括图 6-29（a）所示的贯穿沟流和图 6-29（b）所示的局部沟流。在大直径床层中，由于颗粒堆积不匀或气体初始分布不良，可在床内局部地方形成沟流。此时，大量气体经过局部地区的通道上升，而床层的其余部分仍处于固定床状态而未被流化（死床）。显然，当发生沟流现象时，气体不能与全部颗粒良好接触，将使工艺过程严重恶化。反映在 $\Delta p\text{-}u$ 图上 Δp 始终低于理论值 W/A，如图 6-30 所示。

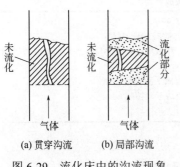

(a) 贯穿沟流　　(b) 局部沟流

图 6-29　流化床中的沟流现象

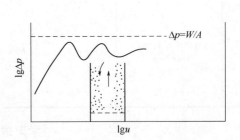

图 6-30　沟流时 $\Delta p\text{-}u$ 的关系

　　沟流现象产生的原因主要与颗粒特性和气体分布板的结构有关。下列情况容易产生沟流：颗粒的粒度很细（粒径小于 40μm）、密度大且气速很低时；潮湿的物料和易于黏结的物料；气体分布板设计不好，布气不均，如孔太少或各个风帽阻力大小差别较大。

　　消除沟流，应对物料预先进行干燥并适当加大气速，另外分布板的合理设计也是十分重要的。还应注意风帽的制造、加工和安装，以免通过风帽的流体阻力相差过大而造成布气不均。

6.2　流化床催化反应器常见故障及处理方法

　　流化床催化反应器常见故障及处理方法如表 6-3。

表 6-3　常见故障及处理方法

序号	故障现象	故障原因	处理方法
1	出料气体夹带催化剂	旋风分离器堵塞	调节进料摩尔比及压力、温度，如无效，则停车处理
2	回收催化剂管线堵塞	反应器保温、伴热不良，蛇管内温度低，反应器内产生冷凝水，导致催化剂结块	加强保温及伴热效果，提高蛇管内热水温度
3	回收催化剂插入管阀门腐蚀穿孔	保温或伴热不良，蛇管内热水温度低，反应器内产生冷凝水	不停车带压堵漏，如无法修补，则应停车，更换新件
4	蛇管泄漏	制造质量差，腐蚀、冲刷或停车时保护不良	立即停车，侧空，进行修补或更换冷却蛇管
5	大法兰泄漏	垫片变形，螺栓把紧力不均匀	紧法兰螺栓或更换垫片
6	反应器流化状态不良	分布器或挡板被催化剂堵塞	重新调整进料摩尔比，如无效，停车清理分布板或挡板

学习
札记

工业
文化

载人航天精神

1．中国载人航天工程

1992 年 9 月 21 日，中国政府决定实施载人航天工程，并确定了三步走的发展战略。第一步，发射载人飞船，建成初步配套的试验性载人飞船工程，开展空间应用实验；第二步，突破航天员出舱活动技术、空间飞行器的交会对接技术，发射空间实验室，解决有一定规模的、短期有人照料的空间应用问题；第三步，建造空间站，解决有较大规模的、长期有人照料的空间应用问题。

神舟五号和神舟六号飞行任务的圆满成功，标志着实现了工程第一步任务目标；神舟七号飞行任务的圆满成功，标志着中国掌握了航天员空间出舱活动关键技术；天宫一号与神舟八号和神舟九号交会对接任务的圆满成功，标志着中国突破和掌握了自动和手动控制交会对接技术；神舟十号飞行任务是工程第二步第一阶段任务的收官之战。

2010 年 9 月，中国启动研制载人空间站工程建设工作，其载人航天工程进入一个新的历史发展时期。中国载人空间站工程以空间实验室为起步和衔接，按空间实验室和空间站两个阶段实施：2016 年前，研制并发射空间实验室，突破和掌握航天员中期驻留等空间站关键技术，开展一定规模的空间应用；2020 年前后，研制并发射核心舱和实验舱，在轨组装成 60 吨级的载人空间站，突破和掌握近地空间站组合体的建造和运营技术、近地空间长期载人飞行技术并开展较大规模的空间应用。

为加强对工程的领导，中国政府设立了中国载人航天工程办公室，实施大型系统工程专项管理，统对协调工程 13 个系统的 110 多家研制单位、3000 多家协作配套和保障单位的有关工作。

2．精神内涵

航天事业的发展，离不开一定的经济基础和科技实力；航天奇迹的创造，更需要巨大精神力量的推动。中国载人航天工程实施以来，广大科研人员、部队官兵和职工艰苦奋斗、顽强拼搏，在载人航天工程的艰苦实践中，在挑战世界尖端科技领域的艰难征程中，铸就了"特别能吃苦、特别能战斗、特别能攻关、特别能奉献"的载人航天精神。其内涵主要表现如下：

（1）热爱祖国、为国争光的坚定信念。在载人航天工程实施过程中，广大航天工作者高举爱国主义旗帜，以祖国需要为最高需要，以人民利益为最高利益，自觉地把个人理想与祖国建设、民族振兴紧密联系在一起，表现出强烈的爱国情怀，展现了对祖国的赤胆忠诚。

（2）勇于登攀、敢于超越的进取意识。在中国载人航天工程比世界航天大国起步晚 30 多年的情况下，广大航天工作者知难而进、锲而不舍、自力更生、勤于探索、勇于创新，攻克了飞船研制、运载火箭的高可靠性、轨道控制、飞船返回、交会对接等国际宇航界公认的尖端课题，创造了对大型工程建设进行现代化管理的宝贵经验。

（3）科学求实、严肃认真的工作作风。广大航天工作者始终坚持把确保成功作为最高原则，坚持把质量建设作为生命工程，以提高工程安全性和可靠性为中心，依靠科学，尊重规律，精心组织、精心指挥、精心实施，在任务面前斗志昂扬、连续作战，在困难面前坚韧不拔、百折不挠，在成就面前永不自满、永不懈怠，创造了一流的工作业绩。

（4）同舟共济、团结协作的大局观念。全国数千个单位、十几万科技大军自觉服从大局、保障大局，集中力量办大事，同舟共济，群策群力，坚持统一指挥和调度，有困难共同克服，有难题共同解决，有风险共同承担，凝聚成强大合力。

（5）淡泊名利、默默奉献的崇高品质。为了成就载人航天飞行的伟大事业，中国航天人无私奉献、默默耕耘，他们不求名利地位，不计个人得失，慷慨地奉献了自己的青春年华、聪明才智，甚至宝贵生命。

3．时代意义

创新是一个民族进步的灵魂，是国家兴旺发达的不竭动力。科技创新能力是一个国家科技事业发展的决定性因素，是国家竞争力的核心，是强国富民的重要基础，是国家安全的重要保障。载人航天精神揭示了一条"自主创新"的路径。

载人航天工程实施以来，参加工程研制、建设和试验的航天工作者始终勤于探索、善于借鉴，勇于创造、敢于超越，瞄准当今世界航天科技发展的最前沿，攻克了多个国际宇航界公认的尖端课题，掌握了多项具有自主知识产权的核心技术，展示了新时期航天工作者的创新能力和时代风采。始终依靠科学、加强管理，严慎细实、一丝不苟，坚持把质量建设作为生命工程，把确保成功作为最高原则，以现代科学管理谋求最大效益，初步走出了一条高起点、高质量、高效益、低成本的航天发展道路。

载人航天精神是"两弹一星"精神在新时期的传承，是以爱国主义为核心的民族精神和以改革创新为核心的时代精神的生动体现。载人航天精神是中国航天人攻坚克难、不断进步的强大动力，是中华民族的宝贵精神财富。

知识拓展

知识拓展

请扫码学习流化床反应器中流体的传质和传热、流化床反应器的计算和化工环保领域中的移动床反应器。

项目测试

一、填空题

1．利用流态化技术进行化学反应的装置，称为_____。

2．多数流化床反应器的结构都包括_____、_____、_____、_____。

3．为了破碎气体在床层中产生的大气泡，增大气固相间的接触面积，反应器内设置一些_____。

4．流化床反应器中气体分布板的作用是_____和_____。其中开孔率的计算必须考虑_____压降和_____压降。

5．流化床反应器的气固分离装置有_____和_____。

6．流化床反应器按床层的多少分类，分为_____和_____。

7．流化床反应器内存在_____和_____两相。反应主要在_____相中进行。

8．固体颗粒在流体中呈现的状态有_____、_____和_____三种。

9．气体分布装置位于反应器底部有两部分，即_____和_____。

10．流化床反应器扩大段的主要作用是_____。

11．旋风分离器是利用_____的作用从气流中分离出尘粒的设备。旋风分离器的作用是_____，工艺尺寸的确定主要是根据工艺要求选择_____。

12．常见的流化床操作的不正常现象有_____、_____和_____三种。

二、选择题

1．流体通过颗粒床层时，颗粒悬浮在向上流动的流体中而做随机运动，此床层阶段称为（　　）。

A．固定床阶段　　　　　　　　　　B．临界流化床阶段

C．流化床阶段　　　　　　　　　　D．输送床阶段

2．聚式流态化大多是（　　）。

A．气-固流化床　　　　　　　　　　B．液-固流化床

C．三相流化床　　　　　　　　　　D．气-液流化床

3．下列各项不是流化床操作优点的是（　　）。

A．温度分布均匀　　　　　　　　　B．传质速率高

C．传热效率高　　　　　　　　　　D．返混程度小

4．气体分布装置的作用是（　　）。

A．增大气体的流速　　　　　　　　B．使气体分布均匀

C．减小气固接触时间　　　　　　　D．防止设备被堵塞

5．下列各项中不是流化床反应器内部构件的是（　　）。

A．挡网　　　　　　B．填充物　　　　　　C．挡板　　　　　　D．搅拌器

6．在流化床反应器中化学反应一般发生的是（　　）。

A．气-液反应　　　B．液-固反应　　　C．液-相反应　　　D．气-固反应

7．自由床是流化床反应器（　　）分类分出来的。

A．按床层的外形　　　　　　　　　B．按床层中是否设置内部构件

C．按颗粒在系统中是否循环　　　　D．按反应器内层数的多少

8．流化床反应器正常开车时应用（　　）置换反应系统。

A．N_2　　　　　　　B．H_2　　　　　　C．空气　　　　　　D．稀有气体

9．流化床反应器内物料流动的状态　可通过（　　）改变。

A．改变反应器温度　　　　　　　　B．改变反应器压力

C．改变气体的流速　　　　　　　　D．改变气体的停留时间

10．出料气体中夹带催化剂的原因有可能是（　　）造成的。

A．反应器温度过高　　　　　　　　B．旋风分离器堵塞

C．分布器被堵塞　　　　　　　　　D．反应器内压力过高

三、判断题

1. 流体只能穿过静止颗粒之间的空隙而流动，这种床层称为固定床。（　　）
2. 散式流化床多用于气固相反应。（　　）
3. 流化床反应器的传质传热效果比固定床反应器的传质传热效果好。（　　）
4. 沟流现象又可分为贯穿沟流和局部沟流。（　　）
5. 旋风分离器一般用来除去气流中直径在 5um 以下的尘粒。（　　）
6. 流化床反应器中的传质和传热较好，不需要大型的换热设备。（　　）
7. 直流式分布板结构简单，易于设计制造，是流态化质量最好的一种分布板。（　　）
8. 分布器被催化剂堵塞，容易导致反应器流化状态不良。（　　）
9. 流化床反应器开车时，不必控制流体的流速。（　　）
10. 进料管或出料管堵塞时，应用空气吹扫。（　　）

四、思考题

1. 什么是固体流态化？
2. 简述流态化技术的优缺点。
3. 流化床反应器内常用的换热装置有哪些？
4. 什么是流化床？与固定床比有什么特点？
5. 流化床催化反应器的结构主要由哪几部分组成？各部分作用是什么？
6. 流化床反应器的分类有哪些？各有哪些特点和应用？
7. 流化床反应器中为什么要有气固分离装置？
8. 从固定床到流化床经历的三个阶段，试用 $\Delta p\text{-}u$ 的关系在图上加以描述。指出临界流化速度和带出速度的物理意义。
9. 当气体通过固定颗粒床时，随着气速的增大，床层将发生何种变化？形成流化床时气速必须达到何值？两种流态化的概念是什么？如何判断？
10. 流化床反应器开车前应如何准备？
11. 流化床中质量传递和热量传递有何特点？
12. 反应器流化状态不良的原因是什么？如何处理？
13. 流化床有哪几种不正常的流态化状态？对流化床的操作有何影响？
14. 流化床反应器常见故障有哪些？产生的原因是什么？如何排除？

项目七 其他类型反应器

学习目标

知识目标

1. 描述气液固三相反应器的分类和基本特征；
2. 描述生化反应器的分类和基本特征；
3. 描述电化学反应器的分类和基本特征；
4. 描述聚合反应器的分类和基本特征。

技能目标

能对反应器进行优化选择。

素质目标

1. 培养学生分析问题、解决问题的能力；
2. 培养学生自我学习、自我提高、终身学习意识。

学习建议 查阅相关资料，了解气液固三相反应器、生化反应器、电化学反应器、聚合反应器工业上的应用并了解其他新型反应器的发展动态。

任务一 识别气液固三相反应器

在非均相反应中，同时存在气相、液相、固相三种不同相态的反应过程，称为气液固三相反应。例如，许多矿石的湿法加工过程中固相为矿石的三相反应，石油加工和煤化工中许多存在固相催化剂的三相催化反应等。

1.1 气液固三相反应器的类型

根据气液固三相的物料在反应物系中所起的作用，可以将反应器分为下列几种类型：

①反应器中同时存在三相物质，各相不是反应物就是产物，例如氨水与二氧化碳反应生成碳酸氢铵结晶就属于气体和液体反应生成固体产物；

② 采用固相为催化剂的气液催化反应，例如煤的加氢催化液化、石油馏分加氢脱硫等；

③ 气液固三相中有一相为惰性物料，虽然有一相并不参与化学反应，但从工程的角度看仍属于三相反应的范畴，例如采用惰性气体搅拌的液固反应、采用固体填料的气液反应、以惰性液体为传热介质的气固反应等。

根据床层在反应器中的状况，一般将工业上常用的气液固三相反应器分成两种类型，即固体处于固定床和固体处于悬浮床，下面分别进行介绍。

1.1.1 固定床气液固三相反应器

固定床气液固三相反应器是指固体静止不动、气液流动的气液固三相反应器。根据气体和液体的流向不同，可以分为气液并流向下流动、气液并流向上流动以及气液逆流（通常液体向下流动，气体向上流动）三种操作方式，如图 7-1 所示。不同的流动方式下，反应器中的流体力学、传质和传热条件都有很大的区别。

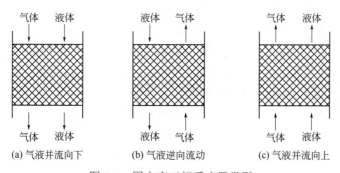

图 7-1 固定床三相反应器类型

三相反应器液体向下流动，在固体催化剂表面形成一层很薄的液膜，和与其并流或逆流的气体进行接触，这种反应器称为滴流床或涓流床反应器，其结构参考图 7-2。在滴流床反应器中，固体催化剂颗粒静止不动而形成固定床，气液两相并流或逆流流过床层的空隙。由于气液逆流时流速要受发生液泛的限制，而并流则无此限制，所以在实际中，气液的流向以并流居多。

滴流床反应器使用广泛，具有许多优点：整个操作处于置换流状态，催化剂被充分润湿，可以获得较高的转化率；反应器操作液固比很小，能够使均相反应的影响降至最小；因为滴流床中的液层很薄，液层的传热和传质阻力都很小，而且并流操作不会造成液泛；另外滴流床反应器的压降也比鼓泡反应器小。但滴流床反应器在直径较大时容易出现低液速操作时液流径向分布不均，如沟流、旁路可能造成催化剂润湿不完全，径向温度不均匀，局部过热，使催化剂迅速失活和液层过量汽化问题。催化剂颗粒不能太小，而大颗粒催化剂又存在明显的内扩散影响。

1.1.2 悬浮床气液固三相反应器

气液固三相反应器中，当固体在反应器内以悬浮状态存在时，都称为悬浮床三相反应器。它一般使用细颗粒固体，根据使固体颗粒悬浮的方式将反应器分为以下几种：

① 机械搅拌悬浮式；

② 不带搅拌的悬浮床三相反应器，用气体鼓泡搅拌，也称为鼓泡淤浆床反应器；

③ 不带搅拌的气液两相并流向上而颗粒不被带出床外的三相流化床反应器；

④ 不带搅拌的气液两相并流向上而颗粒随液体带出床外的三相输送床反应器，或称为三相携带床反应器；

⑤ 具有导流筒的内环流反应器。

其中，机械搅拌悬浮三相反应器依靠机械搅拌使固体悬浮在三相反应器中,适用于开发研究阶段及小规模生产，而鼓泡淤浆三相反应器是从气液鼓泡反应器变化而来，更适合大规模生产，在三相床催化反应器中是应用最广泛的型式，具有导流筒的内环流反应器常用于生物反应工程，若用于湿法冶金中的浸取过程，称为气体提升搅拌反应器或巴秋卡槽。

由于悬浮床气液固三相反应器中液体量大，所以热容大，传热系数也大。这对回收反应余热，控制床层温度无疑是非常有利的，对防止超温，维持恒温反应提供了保证。但同时也增加了气体中的反应组分通过液相的扩散阻力，要求催化剂的耐磨性较高等问题。另外，三相流化床和三相携带床在使用中必须解决相应的液固分离问题和淤浆输送问题。

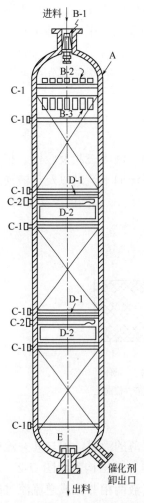

进料 B-1

A

B-2

C-1

C-1

B-3

C-1

D-1

C-1
C-2

C-1

D-1

C-1
C-2

D-2

C-1

C-1

E

催化剂
卸出口

出料

图 7-2　重油加氢涓流床示意图

1.2　滴流床三相反应器

滴流床反应器与前面讨论的用于气固相催化反应的固定床反应器相类似，区别是后者只有一单相流体在床内流动，而前者的床层内则为两相流体（气体和液体）。显然，两相流的流动状况要比单相流复杂。原则上讲在滴流床中气液两相既可以并流也可以逆流，但在实际中以并流操作为多数。并流操作可以分为向上并流和向下并流两种形式。流向的选择取决于物料处理量、热量回收以及传质和化学反应的推动力。逆流时流速会受到液泛现象的限制，而并流则无此限制，可以允许采用较大的流速。因此，滴流床反应器是一种气液固三相固定床反应器。由于液体流量小，在床层中形成滴流状或涓涓细流，故称为滴流床或涓流床反应器。

滴流床反应器一般都是绝热操作。如果是放热反应，轴向有温升。为防止温度过高，一般总是使气体或部分冷却后的产物循环。

对于常用的气液并流向下的滴流床反应器，由于滴流床内气液两相并流向下的流动状态很复杂，它取决于气液流速、催化剂的颗粒大小与性质、流体的性质等，而且直接影响滴流床的持液量和返混等反应器性能，所以确定床层的流动状态是研究滴流床反应器性能的基础。一般按气液不同的表观质量流速 [kg/(m² · h)] 或表观体积流速 [m³/(m² · h)]，可以把气液并流向下滴流床内的流动状态大致分为四个区，即滴流区、过渡流动区、脉冲流动区、分散鼓泡区。形成不同区域的最大气速与液体流速有关。液体流速越大，越易形成脉冲区与鼓泡区。

1.3 鼓泡淤浆床反应器

上述的滴流床反应器是固体处于固定床的三相反应器，而固体处于悬浮床的三相反应器，根据使固体悬浮的作用力不同，又可分为四个类型，即机械搅拌釜、环流反应器、三相流化床反应器和鼓泡塔。机械搅拌釜及鼓泡塔在结构上与气液反应器所使用的没有原则上的区别，只是在液相中多了悬浮着的固体催化剂颗粒而已。环流反应器的特点是器内装设有一导流筒，使流体以高速在器内循环，一般速度在 20m/s 以上，大大强化了质量传递。三相流化床反应器中，液体从下部的分布板进入，使催化剂颗粒处于流化状态。与气固流化床一样，随着液速的增加，床层膨胀，床层上部存在一清液区，清液区与床层间具有清晰的界面。气体的加入较之单独使用液体时的床层高度要低。液速小时，增大气速也不可能使催化剂颗粒流化。三相流化床中气体的加入使固体颗粒的运动加剧，床层的上界面变得不那么清晰和确定。鼓泡塔是以气体进行鼓泡搅拌，也称为鼓泡淤浆床反应器。它是从气液鼓泡反应器变化而来，将细颗粒物料加入气液鼓泡反应器中去，固体颗粒依靠气体托起而呈悬浮状态，液相是连续相，所以它的基础是气液鼓泡反应器。

与其他浆态反应器类似，作为催化反应器的鼓泡淤浆床反应器有如下优点：

① 床内催化剂颗粒细，不存在大颗粒催化剂颗粒内传质和传热过程对化学反应转化率、收率及选择性的影响；

② 床层内充满液体，所以热容大，与换热元件的传热系数高，使反应热容易移出，温度容易控制，床层处于恒温状态；

③ 可以在停止操作的情况下更换催化剂；

④ 不会出现催化剂烧结现象。

但此类反应器也存在一些不足，如对液体的耐氧化和惰性要求较高，催化剂容易磨损，气相呈一定的返混等。

鼓泡淤浆床反应器是以气液鼓泡反应器为基础的，床内的流体力学特性与气液鼓泡反应器相同接近，主要有流型、固体完全悬浮时的临界气速、气含率与气泡尺寸分布。

任务二 识别生化反应器

生化反应器是利用生物催化剂进行生化反应的设备，是生化产品生产中的主体设备。它在理论、外形、结构、分类和操作方式等方面基本上类似于化学反应器。但是生化反应器用于进行酶反应、动植物细胞培养、常规微生物和基因工程菌的发酵，所以底物的成分和性质一般比较复杂，产物类型很多，且常常与细胞代谢等过程紧密相关。因此，生化反应器又有其自身的特点，一般应满足以下条件：

① 能在不同规模要求上为细胞增殖、酶的催化反应和产物形成提供良好的环境条件，即易消毒，能防止杂菌污染，不损伤酶、细胞或固定化生物催化剂的固有特性，易于改变操作条件，使之能在最适合条件下进行各种生化反应；

② 能在尽量减少单位体积所需功率输入的情况下提供较好的混合条件，并能增大传热和传质速率；

③ 操作弹性大，能适应生化反应的不同阶段或不同类型产品生产的需要。

2.1　生化反应器的类型

生化反应器可以从多个角度进行分类，最常用的是根据反应器的操作方式将其分为间歇操作、连续操作和半间歇操作等多种方式。根据操作方式对生化反应器进行分类能反映出反应器的某些本质特征，因而是常用的一种分类方法。间歇操作反应器的反应物料一次加入一次卸出，反应物系的组成仅随时间变化，属于非稳态过程。由于它适合于多品种、小批量、反应速率较慢的反应过程，又可以经常进行灭菌操作，因此在生化反应工程中常采用这种操作方式。连续操作反应器具有产品质量稳定、生产效率高的优点，适合于大批量生产，特别是它可以克服在进行间歇操作时细胞反应所存在的由于营养基质耗尽或有害代谢产物积累造成的反应只能在一段有限的时间内进行的缺点。连续操作主要用于固定化生物催化剂的生化反应过程。但是连续操作一般易发生杂菌污染，而且操作时间过长，细胞易退化变异。半间歇操作是一种同时兼有以上两种操作某些特点的操作，它对生化反应有着特别重要的意义。例如，存在有基质抑制的微生物反应，当基质浓度过高时会对细胞的生长产生抑制作用，若利用半间歇操作，则可控制基质浓度处在较低的水平，以解除其抑制作用。此种半间歇半连续操作又常称补料分批培养，或称流加操作技术。在此种操作过程中，由于加料，反应液体积逐渐增大，到一定时间应将反应液从反应器中放出。如果只取出部分反应液，剩下的反应液继续进行补料培养，反复多次进行放料和补料操作，此种方法又称重复补料或重复流加操作。

常用的另一种分类方法是根据反应器的结构特征来进行的，其中包括釜式、管式、塔式、膜式等。它们之间的主要差别反映在其外形和内部结构上的不同。还有一种分类方法是根据反应器所需能量的输入方式来进行的，其中有机械搅拌式、气升式、液体喷射环流式等。

2.1.1　机械搅拌式反应器

机械搅拌式反应器是目前工业生产中使用最广泛的一种生化反应器。医药工业中第一个大规模的微生物发酵工程是青霉素生产，它是在机械搅拌式反应器中进行的。迄今为止，对新的生物过程，首选的生化反应器仍然是机械搅拌式反应器。机械搅拌式反应器能适用于大多数的生物过程，是已经形成标准化的通用设备。对于工厂来说，使用的通用设备，对不同的微生物发酵工程具有更大的灵活性。因此通常只有在机械搅拌式反应器的气液性质或剪切力不能满足生物过程时才会考虑选用其他类型的反应器。

机械搅拌式反应器的最大特点是操作弹性大，对各种物系及工艺的适应性强，但其效率偏低，功率消耗较大，放大困难。

2.1.2　气升式反应器

气升式反应器是在鼓泡塔反应器的基础上发展起来的，它以通入的气体为动力，靠导流装置的引导，形成气液混合物的总体有序循环。器内分为上升管和下降管，通入气体的部分，气含率高，相对密度轻，随气泡上升，气液混合物向上升，至液面处大部分气泡破裂，气体由排气口排出；剩下的气液混合物相对密度较上升管内的气液混合物大，由下降管下沉，形成循环。

根据上升管和下降管的布局，可将气升式反应器分为两类。一类称为内循环式，上升管和下降管在反应器内，具有同一轴心线，在器内形成循环；内循环式的结构比较紧凑，导流筒可以做成多段，用以加强局部及总体循环，导流筒内还可以安装筛板，使气体分布得以改善，并可抑制液体循环速度。另一类称为外循环式，通常将下降管置于反应器外部，可以在下降管内安装换热器以加强传热，且更有利于塔顶及塔底物料的混合与循环，加强传热。

气升式反应器结构简单，不需搅拌，因此造价较低，易于清洗和维修，不易染菌，传质和传热效果好，易于放大，剪切应力分布均匀，能耗较低，装填系数可达80%～90%。但是要求的通气量和通气压头较高，使空气净化工段的负荷增加，而且对于黏度较大的发酵液，氧传递系数较低。

2.1.3　液体喷射环流型反应器

液体喷射环流型反应器有多种型式。它们是利用泵的喷射作用使液体循环，并使液体与气体间进行动量传递达到充分混合。该类反应器有正喷式和倒喷式两类。其特点是气液间接触面积大，混合均匀，传质、传热效果好和易于放大。

2.2　其他型式的生化反应器

2.2.1　固定床生化反应器

固定床生化反应器的基本原理是反应液连续流动通过静止不动的固定化生物催化剂。固定床生化反应器主要用于固定化生物催化剂反应系统。根据物料流向的不同，可分上流式和下流式两类。其特点是可连续操作、返混小、底物利用率高和固定化生物催化剂不易磨损。

2.2.2　流化床生化反应器

通过流体的上升运动使固体颗粒维持在悬浮状态进行反应的装置称为流化床反应器。多用于底物为固体颗粒、或有固定化生物催化剂参与的反应系统。

流化床中固体颗粒与流体的混合程度高，所以传质和传热效果好，床层压降较小，但是固体颗粒的磨损较大。流化床生化反应器不适合有产物抑制的反应系统。

为改善其返混程度，现又出现了磁场流化床反应器，即在固定化生物催化剂中加入磁性物质，使流化床在磁场下操作。

流化床可用于絮凝微生物、固定化酶、固定化细胞反应过程以及固体发酵，近年来也有用于培养贴壁动物细胞的例子。流化床的典型例子为固体基质制曲过程（气固流化床），以及用絮凝酵母酿造啤酒（液固流化床）。固定化细胞流化床已应用于生产乙醇和废水的硝化与反硝化，在生化行业中液固流化床更为常见。

2.2.3　膜反应器

是将酶或微生物细胞固定在多孔膜上，当底物通过膜时，即可进行酶催化反应。由于小分子产物可透过膜与底物分离，从而可防止产物对酶的抑制作用。这种反应与分离过程耦合的反应器，简化了工艺过程。

生化反应器目前正向大型化和自动化的方向发展，而生化反应器的规模与生物过程的特性紧密相关。重组人生长激素的大规模生产只有 200L 的规模，医药工业中传统的微生物次级代谢发酵产品青霉素已经达到了 200m³ 的规模，大的废水处理生化反应器有 15000m³。这些生化反应器的型式和操作方法是各不相同的。反应器体积的增大，可以使生产成本下降；但反应器的大型化也会受到传热和传质能力的限制。随着生物催化剂活性的提高和反应器体积的增大，对生化反应器传递性能的要求将会更高。

任务三　识别电化学反应器

实现电化学反应的设备或装置统称为电化学反应器，它广泛应用于化工、能源等各个部门。在电化学工程的三大领域，即工业电解、化学电源、电镀中应用的电化学反应器，包括各种电解槽、电镀槽、一次电池、二次电池、燃料电池。

3.1　电化学反应器的特点及分类

3.1.1　电化学反应器的特点

电化学反应器的结构与大小不同，功能与特点迥异，然而却具有以下一些基本特征。

① 都由两个电极（第一类导体）和电解质（第二类导体）构成。

② 都可归入两个类别，即由外部输入电能，在电极和电解液界面上促成电化学反应的电解反应器，以及在电极和电解质界面上自发地发生电化学反应产生电能的化学电源反应器。

③ 反应器中发生的主要过程是电化学反应，并包括电荷、质量、热量、动量的四种传递过程，服从电化学热力学、电极过程动力学及传递过程的基本规律。

④ 电化学反应器是一种特殊的化学反应器。首先它具有化学反应器的某些特点，在一定条件下可以借鉴化学工程的理论和研究方法；其次它又具有自身的特点，如在界面上的电子转移及在体相内的电荷传递、电极表面的电势及电流分布、以电化学方式完成的新相生成（电解析气及电结晶）等，而且它们与化学及化工过程交叠、错综复杂，难以沿袭现有的化工理论及方法解释其现象，揭示其规律。

3.1.2　电化学反应器的类型

电化学反应器作为一种特殊的化学反应器，可以从不同的角度进行分类。但通常是根据反应器结构和反应器工作方式进行分类的：

① 按照反应器结构分为箱式电化学反应器、板框式或压滤机式电化学反应器、结构特殊的电化学反应器；

② 按反应器工作方式可分为间歇式电化学反应器、置换流式电化学反应器、连续搅拌箱式电化学反应器；

③ 按反应器中工作电极的形状分为二维电极反应器、三维电极反应器。

3.2　电化学反应器的主要构件

尽管按不同的分类方式，电化学反应器有许多型式，每一种型式的电化学反应器又是由各种构件组成的，但是几乎所有的电化学反应器在设计或选型时都要遇到对三个主要方面的选择，即电解槽、电极材料、隔膜。

3.2.1　电解槽

电解槽是由槽体及其内部的阳极、阴极、电解液、膜和参比电极组成的。

最简单的电解槽内部只有阳极、阴极和电解液。当电解槽内只有阳极和阴极时称为两电极型，有参比电极时称为三电极型；电解槽内没有隔膜时称为一室型，用隔膜将阳极室和阴极室分开的称为两室型。电解槽的具体型式很多，根据需要可以设计成各种形状。

3.2.2　电极材料

电极材料应该对所进行的电化学反应具有最高的效率，为此，它至少应该有以下几种特性：

① 电极表面对电极反应具有良好的催化活性，电极反应的超电势要低；
② 一般来说，它在所用的环境下应该是稳定的，不会受到化学或电化学的腐蚀破坏；
③ 是电的良导体；
④ 容易加工，具有足够的机械强度。

实际上，很难同时满足上述所有要求，电极催化活性随反应而异，而且一般具有催化性能的物质都是比较昂贵的。工业上常将它们涂布在某种较便宜的基底金属上，如阳极基体用钛，阴极基体用铁、锌和铝等。稳定性的问题也是相对的，所谓惰性阳极也是有一定的使用寿命。目前氯碱工业中应用的 DSA 阳极寿命已远超过电解槽里的其他部件，但受到导电性和机械性能的限制。

3.2.3　隔膜

有些电化学过程，必须把阴极液和阳极液隔开，以防止两室的反应物或产物相互作用或混合，从而造成不良的影响。选择隔膜的原则如下：

① 电阻率低，具有良好的导电性能，以便减少电解槽的欧姆压降；
② 能防止某些反应物质的扩散渗透；
③ 足够的稳定性和长的使用寿命；
④ 价廉、易加工、无污染等。

事实上，这些原则也是相对的，可根据电解过程的实际确定所选用的隔膜。隔膜通常分为两大类，即非选择性的隔膜和选择性的离子交换膜。

非选择性隔膜是多孔材料，其作用只是降低两极间的传递速率，而不能完全防止因浓度梯度存在而发生的渗透作用，这类物质一般价廉、容易得到。离子交换膜是具有高选择性的隔离膜。它仅让某种离子通过，而阻止其他离子穿透，性能十分优良，但价格昂贵。在隔膜材料中，聚四氟乙烯是一种新型材料，它具有耐浓酸、耐碱和耐有机溶剂的特性，即使温度高达530K，它仍然保持稳定。

3.3　常用结构的电化学反应器

3.3.1　箱式电化学反应器

　　箱式电化学反应器既可间歇工作，也可半间歇工作。蓄电池是典型的间歇反应器，在制造电池时，电极、电解质被装入并密封于电池中，当使用电池时，这一电化学反应器既可放电，也可充电。电镀中经常使用敞开的箱式电镀槽，周期性地挂入零件和取出镀好的零件，这显然也是一种间歇工作的电化学反应器。然而在电解工程中，例如电解炼铝、电解制氟及很多传统的电解工业，应用更多的是半间歇工作的箱式反应器。大多数箱式电化学反应器中电极都垂直交错地放置，并减小极距，以提高反应器的时空产率。然而极距的减小往往受到一些因素的限制，例如在电解冶金槽中，要防止因枝晶成长导致的短路，在电解合成中要防止两极产物混合产生的副反应，为此，有时需在电极之间使用隔膜。箱式反应器中很少引入外加的强制对流，而往往利用溶液中的自然对流，例如电解析气时，气泡上升运动产生的自然对流可有效地强化传质。

　　箱式反应器多采用单极式连接，但采用一定措施后也可实现复极式连接。

　　箱式反应器应用广泛的原因是结构简单、设计和制造较容易、维修方便，但缺点是时空产率较低，难以适应大规模连续生产以及对传质过程要求严格控制的生产。

3.3.2　板框式或压滤机式电化学反应器

　　如前所述，这类电化学反应器由很多单元反应器组合而成，每一单元反应器都包括电极、板框、隔膜，电极可垂直或水平安放，电解液从中流过，不需另外制作反应器槽体。一台压滤机式电化学反应器的单元反应器数量可达100个以上。

　　压滤机式电化学反应器的特点：

　　① 单元反应器的结构可以简化及标准化，便于大批量的生产；

　　② 可选用各种电极材料及膜材料，满足不同的需要；

　　③ 电极表面的电位及电流分布较为均匀；

　　④ 可采用多种湍流促进器来强化传质及控制电解液流速；

　　⑤ 可以通过改变单元反应器的电极面积及单元反应器的数量较方便地改变生产能力，形成系列，适应不同用户的需要；

　　⑥ 适于按复极式连接（其优点为可减小极间电压降，节约材料，并使电流分布较均匀），也可按单极式连接。

　　压滤机式电化学反应器还可组成多种结构的单元反应器。

　　压滤机式电化学反应器的单极面积增大时，除可提高生产能力外，还可提高隔膜的利用率，降低维修费用及电槽占地面积。

　　压滤机式电化学反应器的板框可用不同材料制造，如非金属的橡胶和塑料以及金属材料，前者价格较低，但使用时间较短，维修更换耗费时间，后者使用时间长，但价格较高。

在电化学工程中压滤机式电化学反应器已成功用于水电解、氯碱工业、有机合成（如己二腈酯电解合成）以及化学电源（如叠层电池、燃料电池）。

任务四　识别聚合反应器

聚合反应是把低分子量的单体转化成高分子量的聚合物的过程，实现这一过程的反应器称为聚合反应器。从本质上讲，聚合反应器与前面讨论的其他化学反应器没有多少区别，只是针对聚合反应系统的高黏度、高放热的特点，在解决传热与流动两大问题上采取了一些措施。

4.1　聚合反应器的类型

聚合反应器的种类很多，按反应器的型式可分为搅拌釜（槽）式、塔式和管式反应器，还有一些特殊型式的聚合反应器。选择何种型式的聚合反应器，要根据聚合工艺的要求而定。同一类反应器要有它自己的规律，但可以用于多种反应系统。因此，聚合反应工程的任务就是要设法找到聚合反应的特性与聚合反应器的特性两者之间的最佳匹配。

4.2　常用聚合反应器

4.2.1　釜（槽）式聚合反应器

应用最广泛的是釜式聚合反应器，这是进行聚合反应的主要反应器型式。此类反应器的主要特点是依靠搅拌器使物料得到良好的混合。搅拌作用使物料处于流动状态，从而增大了物料与反应器换热面之间的传热系数。在连续操作时，由于物料的返混，反应器内反应物料的浓度比进料浓度低得多，在全混流状态下它就等于反应器的出口浓度，大大降低了反应速率，导致放热速率也大大减小，因此釜式聚合反应器的一个突出优点就在于它缓和了聚合热的去除问题。此外，为了保持非均相聚合中粒子的悬浮，也要依靠搅拌。选用搅拌器的型式主要根据物料的黏度而定，当反应物料浓度较低时，搅拌桨直径与釜径之比可以小一些，转速则较快；当黏度较大时，搅拌桨叶直径应增大，并与釜径接近，桨叶末端与反应器内壁空隙减小，这样可以使所有物料都能受到搅拌作用，但此时转速较慢，也可以达到同样的要求而不使消耗功率过大。当釜的高径比大于 2.0～2.5 时，可设里多层桨，各层间距为桨叶直径的 1.0～1.5 倍。

4.2.2　塔式聚合反应器

塔式聚合反应器多用于连续生产，并且对物料的停留时间有一定要求。在合成纤维工业中，塔式聚合器所占的比例有 30% 左右，主要用于一些缩聚反应。在本体聚合反应和溶液聚合反应中，应用也很广泛，如生产聚己内酰胺（尼龙 6）的 VK 塔。单体己内酰胺从顶部加入，这时物料黏度较小，缩聚的初始阶段生成的水变成气泡从顶部排出，而物料则沿塔下流。由于依靠壁外夹套的加热，物料黏度不致太高，所以物料得以依靠重力流动。塔内还装有横向碟形挡板，使物料返混减少，停留时间均一。对于聚己内酰胺的 VK 塔，根据其结构不同，还有不少改进的型式。再如本体法生产聚苯乙烯的塔式反应器、三个塔串联操作的苯乙烯连续本体聚合的方塔式反应器等。

4.2.3　管式聚合反应器

在聚合物的生产中，管式反应器的应用远不及在其他化工产品的生产中用得普遍，只在少部分聚合物的生产中有所运用。在尼龙 66 的熔融缩聚生产中，其预聚合反应器即为管式反应器。另一个例子是乙烯的高压聚合，管内压力可达 300MPa 以上，管长可达 1000m。由于物料黏度高，易于粘壁，故操作中常使压力做周期性的脉动（变化数兆帕），以便把附于管壁处的物料冲刷下来。

4.3　特殊型式聚合反应器

实际生产中，除了上述常见型式的聚合反应器外，还有许多特殊型式的反应器，以便满足一些特殊的聚合体系或对聚合物的特殊要求。这些特殊类型的聚合反应器都是以处理高黏度下的聚合系统为目的。例如，供本体聚合或缩聚后阶段用的所谓后聚合反应器，在继续进行聚合的同时，还需要把残余单体或缩聚生成的小分子物质脱除。所以往往一面要通过器壁传热以保持相当高的温度，一面还要减压，并且使表面不断更新，以便小分子的排出。此外，为了防止粘壁或存在死区，在结构上还有种种特殊的考虑。目前，特殊型式的聚合反应器中有的已在工业上应用，但更多的还处在研究阶段。

根据反应器结构类型的不同，特殊型式的聚合反应器有板框式、卧式、捏合机式、螺杆挤出式、履带式等型式。

全球首台 3000 吨超级浆态床锻焊加氢反应器问世

2020 年 6 月 1 日，中国一重集团有限公司发布消息，由中国一重集团大连核电石化有限公司承制的全球首台 3000 吨超级浆态床浙江石化锻焊加氢反应器完工发运、列装起航。该设备的成功制造再次刷新了世界锻焊加氢反应器的制造纪录，标志着我国超大吨位石化装备制造技术继续领跑国际，进一步彰显了中国一重作为"大国重器"的技术创新能力和超级工程的创造实力。

全球首台 3000 吨超级浆态床浙江石化锻焊加氢反应器是浙江石化 4000 万吨/年炼化一体化二期项目的核心设备。设备单重超 3000 吨、总长超 70 米、外径 6.15 米、壁厚 0.32 米，是目前世界单重最大的浆态床锻焊加氢反应器。该项目建成后将进一步优化我国石化产业布局，加快中国七大世界级石化产业基地建设，为"一带一路"和"长江经济带"的蓬勃发展将起到积极的推动作用。

2018 年 5 月 24 日，凭借雄厚的技术实力、先进的制造工艺、完善的质保体系、优秀的市场业绩，在浙江石化和中国石化工程建设公司的信任、支持下，中国一重一举承揽了全部 6 台 3000 吨超级浆态床锻焊加氢反应器的制造合同。合同签订后，中国一重秉承创新与精益的理念，在质量上精益求精、在指标上永攀高峰，中国一重齐齐哈尔铸锻钢事业部和大连核电石化有限公司同步启动、技术中心焊接团队与机加团队同向而行，面对反应器超长超重超厚、内部结构特殊等诸多挑战，面临焊接难度极大、新冠肺炎疫情暴发等诸多难题，广大工程技术人员和操作人员发挥聪明才智、激发创新活力，顽强拼搏、攻坚克难，自行设计制造了世界先进的 3500 吨自顶升式数字化托辊，奠定了极限吨位安全旋转焊接的制造基础；认真研究工艺方案，形成了拥有自主知识产权的超重型工件主焊缝收缩应力与重力平衡技术；自主制造了深孔全自动 TIG 焊机，突破了不锈钢衬管深孔自动对接焊接难点。通过严格项目管理、严守工艺规范、严肃质量监管，高质量完成了首台反应器的制造任务。

中国一重历来葆有深厚的家国情怀，始终以振兴民族工业和服务国家战略为己任，是维护国家国防安全、经济安全和科技安全的重要骨干力量。深耕超大型石化技术装备领域近 40 年，中国一重"双超"锻焊加氢反应器从无到有、从小到大，从最初荣获国家科学技术进步一等奖的 400 吨级加氢反应器，到今天震撼面世的 3000 吨级浆态床锻焊加氢反应器，凝结了几代一重人和我国石化人的心血与汗水，中国一重人在产业报国和科技强国伟大实践中始终奋勇追赶、超越极限，接连不断刷新着自己创造的世界纪录。

 知识拓展

请扫码学习热管反应器。

知识拓展

 项目测试

1. 常用的工业聚合反应器有哪几种型式？简述其工业实例。
2. 查阅资料，聚氯乙烯在工业上是采用什么方法进行生产的？
3. 常用的气液固三相反应器按照床层的性质主要有哪些类型？各举出一些工业实例。
4. 什么是生化反应器？与其他反应器有哪些不同？
5. 生化反应器最常用的分类方法是什么？不同的操作方式有哪些特点？
6. 电化学反应器根据反应器结构和反应器工作方式分为哪几类？
7. 化学反应器有哪些主要部件？其作用是什么？
8. 试查阅资料了解其他新型反应器的发展动态。

参考文献

[1] 冯柏成, 解东, 于洪强, 等. 管式反应器合成苯硫酚的工艺研究[J]. 青岛科技大学学报(自然科学版), 2017, 38(003): 71-79.

[2] 门秀杰, 孙海萍, 雷强. 移动床反应器在化工和环保领域应用研究进展[J]. 当代化工, 2016, 45(11): 5.

[3] 陈玉民, 温高峰. MTG 工艺路线的选择方案[J]. 中氮肥, 2012(006): 1-5.

[4] 陈炳和, 许宁. 化学反应过程与设备[M]. 2 版. 北京: 化学工业出版社, 2010.

[5] 陈炳和, 许宁. 化学反应过程与设备[M]. 4 版. 北京: 化学工业出版社, 2020.

[6] 郭锴, 唐小恒, 周绪美. 化学反应工程[M]. 北京: 化学工业出版社, 2017.

[7] 杨雷库. 化学反应器[M]. 北京: 化学工业出版社, 2009.

[8] 杨雷库, 刘宝鸿. 化学反应器[M]. 3 版. 北京: 化学工业出版社, 2012.

[9] 朱洪法, 刘丽芝. 石油化工催化剂基础知识[M]. 2 版. 北京: 化学工业出版社, 2010.

[10] 舒均杰. 基本有机化工工艺学[M]. 2 版. 北京: 化学工业出版社, 2009.

[11] 朱炳辰. 化学反应工程[M]. 5 版. 北京: 化学工业出版社, 2012.

[12] 刘承先, 文艺. 化学反应器操作实训[M]. 北京: 化学工业出版社, 2006.

[13] 周波. 反应过程与技术[M]. 3 版. 北京: 高等教育出版社, 2014.

[14] 左丹. 反应器操作与控制[M]. 北京: 化学工业出版社, 2019.

[15] 杨春晖, 郭亚军. 精细化工过程与设备[M]. 2 版. 哈尔滨: 哈尔滨工业大学出版社, 2010.

[16] 陈群. 化工仿真操作实训[M]. 3 版. 北京: 化学工业出版社, 2014.

[17] 陈甘棠. 化学反应工程[M]. 3 版. 北京: 化学工业出版社, 2009.

[18] 李玉才. 化学反应操作[M]. 北京: 化学工业出版社, 2015.

[19] 李倩, 刘兴勤. 化工反应原理与设备[M]. 3 版. 北京: 化学工业出版社, 2021.